Literature

문학과 수학과 etc.

Mathematics

김태화 지음

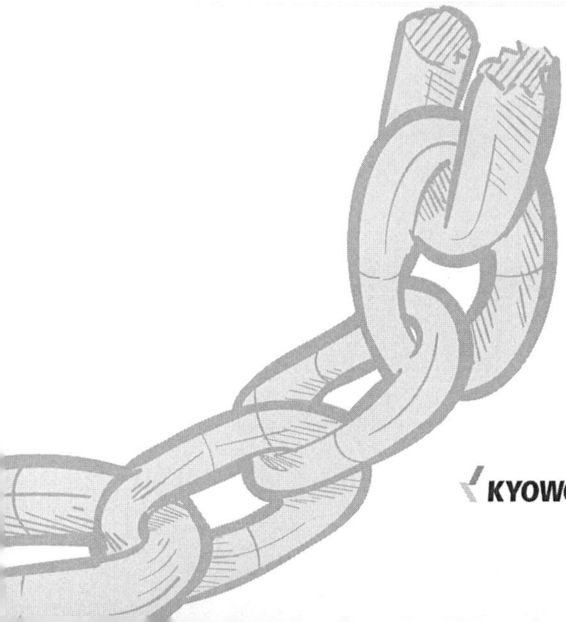

KYOWOO

저자의 말

• 글쓰기의 배경

최근 몇 년 전부터 학제 간의 융합연구가 붐을 일으키고 있다. 그러한 변화에 발맞추어 2017년 우리 대학에도 '인문 역량 강화'라는 강령으로 교양 교육을 문학, 넓은 의미에서는 인문학과 융합하는 차원에서 신규교과목의 개설이 있었다. 그래서 학과에서는 필자가 책을 집필하게 되었고, 그동안 축적된 나의 문학 사랑과 여러 밤을 지새운 열정의 대가로 2018년에 두 권의 책 『문학과 수학 I, II』[1]을 출간했다. 이 책에서는 그 중 『문학과 수학 I』의 내용을 새롭게 보충하고 전반적으로 재편집했다. 다음 글들은 2018년에 써 둔 것을 부분적으로 발췌하여 재수정했음을 여기에 밝혀둔다.

이글은 수학자의 입장에서 문학도가 배워야 할 기본적인 방향을 제시하는 데 그 목적이 있다. 동시에 수학자가 문학자의 다양한 감성적 태도를 어떻게 수용해야 하는가를 상호보완적으로 보여주고자 애를 썼다. 먼저 우리는 때때로 감성을 배제하고 단순하게 바라보는 사고도 배울 필요가 있지 않을까? 이러한 감성이 배제된 글들은 대체로 딱딱하고 일반적인 교양서적들과는 분명히 차이가 있기 마련이다. 그래서 필자는 첫 시도를 수학적인 딱딱한 지식을 문학적인 구성 속에 어떻게 가미할까를 고민해 보았다. 절대 쉽지

---

1) 김태화, 『문학과 수학 I, II』, 부경대학교 출판부, 2018.

는 않다. 처음 써가는 방식은 뭔가 모르게 오류도 많고 그에 따른 상처도 깊은 법이다. 그런 것쯤은 어느 정도 인내하고 감수해야 새로운 세상의 여명을 느낄 수 있지 않을까? 매 순간 깨어 있는 몸으로 글을 써가야 함이다.

먼 산을 멍하니 바라보면서 가끔 나는 이런 생각을 하곤 했다. 만약 인간이 무한의 끝을 직접 우리의 눈으로 확인할 수 있었다면 어떠했을까? 만약 그렇게 되었다면 우리는 꿈이나 상상은 물론 희망까지도 모조리 사라진 무미건조한 상태가 되지 않았을까. 그렇게 되면 수학자는 골치 아픈 극한개념을 배울 필요도 없고 문학자는 더는 상상 속 이야기나 동화 속 이야기도 지어내지 않았으리라. 무엇보다 신학은 전혀 배울 필요도 없었으리라는 생각이 든다. 인간이 알 수 없는 영역을 모두 눈으로 다 확인했다는 사실은, 참으로 희망이 없고 열정이 빠진 무미건조한 세상일 것이다. 그래서 나는 신이 우리에게 사다리를 타고 올라갈 수 있는 한계, 즉 계층 간의 위계를 만들어 놓았다고 생각한다. 인간의 위계는 무한세계로는 절대 들어갈 수 없다는 것. 그래야만 신의 존재가 가능해지기 때문이다.

신이 있느냐 없느냐는 이렇게 무한을 두고 생각하면 쉽게 논쟁을 피해 갈 수 있다. 바꾸어 생각해보면 신의 존재를 부정하는 것은 무한의 세계를 부정하는 것이 아닐까? 파스칼은 『팡세』에서 신이 있다고 가정하는 편이 없다고 생각하는 것보다 확률적으로 더 낫다고 생각했다. 왜냐하면, 신의 존재 여부는 그 누구도 불가해하지만, 만약 실제로 신이 존재한다면 신이 있다고 가정하는 것이 확률적으로 유리한 입장이라는 것이다. 확률적 게임이론의 측면에서 파스칼은 신의 존재를 긍정했지만 난 확률보다는 무한에 대한 끊임없는 동경과 상상이 인간에게 꿈과 희망, 그리고 미지의 세계인 신의 영역을 꿈꾸게 했다고 생각한다. 무한을 이해하려는 노력이 다양한 학문을 만들었고, 우리들의 생각을 자유롭게 했다는 점에서 난 신의 존재를 믿는 쪽이다. 여기서 필자가 신학을 논하고자 하는 것은 결코 아니다. 단지 신비로움과 무한에 관한 생각이 필자에게 알 수 없는 미지의 세계에 발을 들여놓게 했고, 눈으로는 볼 수 없는 것들도 상상하고 꿈같은 얘기를 쓰도록 이끌었다. 이 책은 그러한 관점에서 수학자가 수학이 아닌 분야인 문학과 기타 분야(ETC) 대한 인식을 조금 다른 차원에서 이해한 것뿐이다.

- **이 책의 구성은?**

제1장에서는 이분법과 삼분법 사고를 소개한다. 먼저 1.1절에서는 그러한 관계가 수학과 문학을 이해하는 데 있어 발생하는 차이점을 설명해줄 수 있다고 생각하여 이 절에서는 이분법과 삼분법에 관한 다양한 예제를 통하여 그 둘의 차이점을 살펴보았다. 이어서 1.2절에서는 그래프 이론의 흔적을 찾아 오일러의 산책로를 따라가 보았다. 더욱 1.3절에서는 문학의 장르가 하이퍼 그래프 이론과 어떤 위상 관계에 놓여있는지를 살펴보았고, 1.4절에서는 학문의 다양한 분야에서 나타나는 삼분법의 활용 예제들도 준비하였다. 특히 1.5절에서는 컴퓨터의 발전과 함께 정보과학이 던져주었던 11년마다 주기적으로 바뀌어왔던 구호와 그 변화들도 되짚어보았다. 그리고 1.6절에서는 언어학의 기표(記標, 말소리)와 기의(記意, 의미) 문제와 더불어 메타개념인 층위 언어를 조금 들여다보았고, 1.7절에서는 수학 이외에도 예술 등 학문 전반에 지대한 영향을 끼쳤던 고대 신비주의자 피타고라스와 그의 학파의 베일에 싸인 수비학적인 내용도 추적해보았다. 매절이 끝날 때마다 ≪스스로 배우는 코너≫를 마련하여 미진했던 본문 내용을 독자 여러분들이 서로 토론하면서 스스로 보충학습을 하도록 배려하였다.

제2장에서는 학창 시절에 읽었던 소설책 또는 그동안 '생활과 수학'이란 교과목을 강의하면서 보충하고 메모해 둔 내용을 기초로 하여 8편의 소설책 속의 수학지식 쌓기를 시도했다. 2.1절에서는 오가와 요코의 소설 『박사가 사랑한 수식』[2)]과 2.2절에서는 베르나르 베르베르의 18개의 단편을 엮어놓은 책,

『나무』3)에 있는 두 단편 「수의 신비」와 「암흑」을 살펴보았다. 전문적인 논리를 바탕으로 하는 수학이 아니고 수비학에 가까운 고대 그리스 시대 피타고라스와 그의 학파가 수를 생활과 우주에 비교하여 연구했던 수의 고찰들을 분석하고 살펴볼 것이다. 비록 좀 과장되고 허구적일 수도 있겠지만 이러한 내용이 문학에 어떻게 파고 들어가 과학과 인문 사이에 삼분법적으로 우리에게 던지는 충격이 무엇인지를 추적해본다. 2.3절에서는 SF 과학 작가 테드 창의 1991년 잡지에 발표된 후 2002년 단행본으로 엮은 『당신 인생의 이야기』4) 속에 포함된 단편 「영으로 나누면」에서는 수학사에 나오는 수학자들과 함께 기본적인 수학 논리가 문학 장르에 삽입되어 전체적인 플롯이 어떻게 짜여가는지를 살펴볼 것이다. 2.4절 마크 해던의 『한밤중에 개에게 일어난 의문의 사건』5)에서는 확률을 찾는 '몬티 홀 문제'라는 TV 게임 쇼 이야기, 생태함수에 이어 '콘웨이의 병사들'이라는 퍼즐도 음미한다. 이어서 2.5절에서는 영국의 소설가 그레이엄 그린의 『사랑의 종말』6)속에 잠재된 제논의 역설과 수학 용어들을 살펴보고, 2.6절 플라톤의 『국가론』7)에서는 대체로 일반인들이 회피하는 내용만 발췌하여 좀 더 분명히 하고자 새로운 분석을 시도했다. 특히 국내에서의 번역은 편집에서 제외됐던 애매하고 모호한 이야기들을 외국인의 영어번역을 토대로 재번역해 보았으며, 독자들의 관심을 유도해보고자 심혈을 기울였다. 이어서 2.7절에서는 <고대 그리스

---

2) Okawa Yoko, *博士の愛した数* 2003. 김난주 옮김, 『박사가 사랑한 수식』, ㈜이레, 2004/ ㈜현대문학, 2014.

3) Bernard Werber, *L'Arbre des possible*, 2002. 이세욱 옮김, 『나무』, ㈜열린 책들, 2003.

4) Ted Chang, *Strories of your life and others*, Virginia Kidd Agency, Inc. 2002. 김상훈 옮김, 『당신 인생의 이야기』, 행복한책읽기 작가선집 01, 2004.

5) Mark Haddon, *The curious incident of the dog in the night-time*, Gillon Aitken Associates, 2003. 유은영 옮김, 『한밤중에 개에게 일어난 의문의 사건』(앞으로 「한밤개(약어)」로 표기한다), 문학수첩리틀북스, 2004.

6) Graham Greene, *The End of the Affair*, Daily Mail Book of the Month, Heinemann, 1951. 황찬호 옮김, 『事件의 核心·사랑의 終末』, 삼성판 세계문학전집 43, 삼성출판사, 1976.

7) Plato: *The Republic.* 이병길 옮김, 『국가론』, 박영사, 1975(초판), 1996(2판), 2007(중판).

철학자와 함께하는 바른 정치>라는 부제로 『국가론』의 스토리텔링을 시도했다. 2.8절에서는 플라톤의 다섯 대화편 중 「티마이오스」[8]을 살펴보았다. 이글에서 플라톤은 남이탈리아의 로크리스(Lokris) 출신의 학자(실존 인물인지는 확실하지 않다) 티마이오스Timaios의 입을 빌려[9] 음악의 음계(피타고라스 완전 8도 음계)와 관련된 내용과 플라톤 입체와 연관이 있는 부분을 발췌/인용한 후 자세한 분석을 시도했다. 그리고 마지막 2.9절에서는 제26회 이상문학상 대상을 받은 권지혜의 「뱀장어 스튜」속에 있는 뫼비우스 띠를 찾아보았다.

제3장에서는 경전, 예술 등 기타(ETC) 속에 잠재해 있는 수학 지식 쌓기를 살펴보았다. 3.1절에서는 우리 민족의 3대 고기古記 중 하나인 우주의 경전인 천부경天符經의 수리 철학적 분석을 시도했다. 천부경은 3분법의 한 예로, 우주 수학의 근원을 설명해주고 있다. 필자는 2019년 12월에 단월드(丹 world)에서 정성(또는 절)수련을 시작하면서 천부경을 처음 접했다. 그 후, 에너지 차원에서 천부경 전문을 해석했던 일지 이승헌 총장님의 두 권의 책[10]도 읽게 되었다. 40년이 넘도록 시인 이상李箱의 초기 수학 시 연구에 매달렸던 필자인지라 곧바로 천부경 속에 잠재해 있는 수에 빠져들었다. 2020년 11월, 마스트 힐러 3차과정인 PBE(Power Brain Enlightment)수련을 마치고, 1에서 10까지의 수학적 원형의 수를 기하학적으로 분석해 놓았던, 오랫동안 접고 있었던 미카엘 슈나이더Michael Schneider의 책[11]이 머릿속에 활짝 펼쳐졌다. 그 순간! 수강생들에게 천부경을 알려야겠다는 일념으로 곧장 이 절의 초고를 노트북

---

8) Plato: *Plato's five dialogues-Theaitetos/Philebos/Timaios/Kritias/Parme nides*, 천병희 옮김, 『플라톤의 다섯 대화편-테아이테토스/필레보스/티마이오스/크리티아스/파르메니데스』, 도서출판 숲, 2016.

9) 다섯 대화편 중 「티마이오스」에서는 4명의 대담자 '소크라테스Sokrates, 티마이오스Timaios, 크리티아스Kritias, 헤르모크라테스Hermokrates'가 등장한다.

10) 이승헌, 단학 , 한문화, 1992(초판), 2011(개정3판), 52~54쪽. 『힐링소사이어티를 위한 12가지 통찰』, 한문화, 2001(1쇄). 2015(24쇄), 254-259쪽.

11) Michael Schneider: *A beginner's guide to constructing the universe—The mathematical archetypes of Nature, Art and Science,* 1994. 이충호 옮김, 『자연, 예술, 과학의 수학적 원형』, 경문사, 2002,

키보드로 타자했다. 3.1절에서 필자는 오로지 수학자의 입장에서 미카엘 슈나이더의 책과 비교해 가면서 천부경 속에 잠재해 있는 수의 패턴과 현상을 살펴보았다. 그리고 3.2절에서는 무한의 대가인 모리츠 코르넬리스 에셔의 그림 속 무한, 즉 반복 순환하는 패턴을 천부경과 비교하여 살펴보았고, 3.3절에서는 불교 속에 스며있는 천부경의 내용을 살펴보았다. 그리고 3.4절에서는 필자가 2002년 출간했던 책[12]의 제1장 속에 삽입해 두었던 사랑을 주제로 다루었던 여러 문학 작품의 파편을 엮어놓은 「가장 아름다운 사랑은?」의 내용을 수정하여 재편집했다. 마지막으로 독자 여러분이 ≪스스로 배우는 코너≫의 보충 내용을 잘 활용할 수 있도록 꼭 필요하다고 생각되는 풀이와 힌트를 부록 편에 제공했다.

- **편집을 끝내면서**

오늘날 학문은 역동적으로 발전한다. 어쩌면 지수 또는 기하급수적으로 발전하고 있다고 하는 편이 더 정확할지도 모른다. 하루를 자고 나면 수많은 새로운 정보가 다음 날 또 쏟아진다. 특히, 몇 년 전부터 학계에서는 많은 수학자와 통계학자들을 중심으로 빅 데이터의 활용에 관심이 집중됐다. 하루가 다르게 학문이 발전하고 응용되어 매일 쏟아지는 수많은 데이터 속에서 정보과학이 융합하여 그러한 데이터들의 유사성을 취합하여 대통령선거의 판세도 쉽게 분석해내고 있다. 이렇게 홍수처럼 쏟아지는 정보 데이터를 통하여 많은 유사한 관련 책들이 저서 또는 편저로 출판되었다. 이러한 시점에서 학문의 진보와 발전을 가장 적절하게 표현했던 에릭 템플 벨이 쓴 책의 한 소절을 떠올려 보자.

---

12) 김태화, 『이상의 줌과 이미지』, 교우사, 2002.

> 수학이 꾸준하게 발달한다면, 백 년 후 사람들은 우리에게 이 질문을 던질 것이다. 우리 앞에는 더 높은 봉우리가 있음을 안다. 그다음에는 더 높은 봉우리, 또 더 높은 봉우리가 우리를 기다리고 있다. 미지의 세계가 속삭이는 것에 귀를 기울이는 용감한 사람들이 있는 한, 그것은 끊임없이 계속된다. 이런 식으로 계속 발전해 나가면, 앞으로 1세기 후의 개척자들이 보면, 지금 우리가 차지하고 있는 높은 산봉우리는 끝없이 펼쳐진 평원에 놓여있는 나지막한 언덕에 불과해 구별하기조차 힘들 것이다. 우리가 어떤 진보를 이룩하였는지 알기 위해서, 지난 100년간 우리가 힘들게 정복한 한 두 개의 산봉우리에 올라가기 전에, 우리가 출발하기 전에 어떤 위치에 있었는지 돌아보도록 하자.[13)]

앞 인용에서 첫 단어인 '수학' 대신에 어떠한 학문의 이름을 바꾸어 넣어도 괜찮다. 끊임없이 진보하고 발전해 가는 학문을 이해하려는 시도는 끊임없이 이어진 봉우리가 높게, 더 높게, 또 더 높게, ……, 이처럼 이어진 '더 높게' 보이는 곳으로, 올라가려고 애쓰는 몸부림일 것이다. 그러기 위해서는 마지막 문장처럼 자신의 과거를 한 번쯤 되돌아보아야 한다. 초심으로 돌아가서 빠뜨린 것은 없었는지? 현시점에서 재정리하고 무엇이 부족했는지를 깊이 있게 되새겨보아야 할 것이다.

학문의 여기저기에서 점차로 고대 자연 철학자들이 해왔던 것처럼 유사한 또는 서로 다른 학제 간의 융합연구가 그 욕구의 볼륨을 높이고 있다. 이러한 맥락에서 필자가 초심으로 돌아가 학창 시절에 읽었던 문학책들을 찾아보았다. 일기장도 뒤적여보고 앨범 속에 꽂혀있던 메모지들도 뒤적여보았다. 학창 시절 꼼꼼히 해 둔 나의 습관 덕분에 그동안 잊혀갔던 많은 것을 되찾아 다시금 메모했다. 어쩌면 그것들이 이 글을 쓰는데 원동력이 되었는지도 모른다. 이 글을 쓰기 전에 도서관에 들러 메모지에 적힌 관련 책들을 모두 빌려와 다시 전체를 읽고 학창 시절 발췌하여 기록해두었던 메모들과

---

13) Eric Temple Bell, *The Queen of Science*, 1931. 이무현 옮김, 『과학의 여왕, 수학』, 경문사, 1997, 16쪽.

비교해가면서 새롭게 조명을 시도했다. 대학 졸업 후 40년이 넘는 세월을 수학에 몸담고 문학책을 바라보는 인식구조인지라 부족한 필자에게 자꾸만 망설이게도 했다. 그렇게 오늘까지 미뤄왔지만, 우리 대학 학생들의 '인문 역량 강화'라는 취지에 발맞추어 인문과 자연과학의 융합 차원에서 '문학과 수학과 ETC'란 책명으로 새로운 도서를 집필하게 되었다. 비록 이 책은 필자가 학창 시절의 메모와 그동안 '생활과 수학'이란 교과목강의를 하면서 수집했던 자료들을 참고하였지만, 일기장에 메모해 둔 관련 도서들은 빌려와 전문을 전체적으로 정독한 후 창의적으로 다시 집필했다. 여기에 덧붙여 필자가 이전에 출판했던 두 권의 책[14)15)]에 게재된 내용 중에 오류는 수정하고 보완했으며, 부분적으로 이 책에 재편집했음을 여기에 밝혀둔다. 그리고 이 책에서는 편의상 『단행본 또는 잡지』, <그림>, 「시 또는 단행본의 소제목」 등으로 구분하여 표기했다.

끝으로 퇴임 전 이 책이 있기까지 용기와 격려를 아끼지 않았던 학과 교수님들의 배려에 먼저 감사를 드리면서, 인문 역량 교재용으로 이 책의 출판을 맡아준 교우사 출판부와 이 책이 있기까지 여러 차례 수정에도 불구하고 편집을 맡아 꼼꼼히 읽고 오류와 체제를 잡아주신 출판사 오판근 사장님과 더불어 편집부 여러분들에게 감사함을 전한다. 무엇보다도 제3장의 천부경 및 연계된 내용을 새롭게 추가하고 보충할 수 있도록 천부경과의 첫 만남을 이어준 단월드 호흡 명상 센터의 창시자 일지 이승헌 총장님과 더불어 센터원장님들께 감사드리면서, 이 책의 미진했던 부분과 잘못된 부분은 앞으로 강의를 해가면서 계속 보충하고 바로잡을 것이다.

2022년 2월 22일

저자 김태화

14) 김태화(2002), 앞의 책.

15) 김태화, 『수학 논리, 그 무한한 힘』, 경문사, 2007(1판), 2009(2판).

차례

| 제1장 |

이분법 수학과 삼분법 문학

> 철학은 이 웅장한 책 — 즉, 우주 — 에 써진다. 이 책은 우리 시야 앞에 항상 펼쳐진 채 있지만, 그 언어를 이해하고 그 언어를 쓴 문자를 해석하는 법을 먼저 배우지 않으면 이해할 수 없다. 그것은 수학의 언어로 쓰여 있으며, 그 문자는 삼각형, 원과 그 밖의 기하학적 도형이다. 이것들이 없다면 인간의 힘으로는 단 한 단어도 이해할 수 없으며, 이것들이 없다면 우리는 캄캄한 미로 속에 방황할 것이다.1)

1.1 수학과 문학, 그 차이는?

수학과 문학의 차이점은 무엇인가? 라고 누가 내게 물으면 난 이렇게 대답할 것이다.

> 수학은 공식처럼 논리적인 추론으로 어떤 생각이 딱 맞아떨어지는 것을 추구하는 학문이다. 반면에 문학은 무한히 열린 사고와 풍성한 감성으로 변화무쌍한 영감을 좇아가는 학문이다.

왜냐하면, 수학에서는 오로지 1+1=2뿐이지만 문학에서는 다양한 답이 나올 수 있기 때문이다. 예를 들면 1+1=1 또는 1+1=0이라고 썼다고 틀린 것은 아니기 때문이다. 수학적인 용어를 빌려 엄밀히 말하면 수학이 이분법적 사고에

---

1) Galileo Galilei(1564~1642), 1611년. Michael Schneider(1994). 이충호 옮김(2002), xvii쪽.

기인한 학문이라면 문학은 삼분법적인 사고로 세상을 투시한다. 삼분법의 사고는 미지의 무한세계 또는 광활한 대자연에서 자연스럽게 일어나는 것으로, 하나로 이어주는 근원(또는 본성)의 작용이라고 말할 수 있겠다. 우리의 대자연 생태계는 근원에 바탕을 두고 있기에 삼분법적으로 공존한다. 예를 들면 식물은 '잎/줄기/뿌리', 동물은 '머리/몸/팔다리'로 삼분되어 있기 때문이다. 태양을 기준점으로 대자연 역시 햇빛을 받는 양지와 받지 못하는 음지, 즉 '양지/태양/음지'로 삼분 된다. 앞의 예들에서 두 대립개념을 서로 유기적으로 이어주는 '줄기, 몸, 태양'이 항상 그들 사이에 존재한다. 더 많은 이분법과 삼분법에 관한 차이점을 한번 관련 서적[2] 또는 인터넷에서 찾아보아라.

상반되는 두 대립개념의 공존을 부정하는 것, 예를 들면 '~이다'와 '~아니다'를 동시에 인정하지 않는 것이 수학의 논리체계라면 두 대립개념을 동시에 포용하고 공유할 수 있는 것이 삼분법 사고에 바탕을 둔 문학이다.[3] 수학은 증명이라는 논리체계를 따르는 형식학문이기에 상반되는 두 대립개념을 같은 체계 속에 두면 모순이 발생한다. 반면에 문학에서는 필요하다면 선의의 거짓말, 더 나아가 신학에서 다루는 영적인 세계 또는 신의 존재를 인정하기도 한다.

오늘날 두 학문의 본질은 확연하게 그 농도의 차이가 있지만, 수학을 나타내는 영어단어 'mathematics'의 어원을 거슬러 올라가 보면 그러한 차이가 더는 무의미함을 발견하게 될 것이다. 기하학의 대가인 미카엘 슈나이더 박사는

---

2) 김태화(2009), 92~98쪽.

3) 수학에서는 '~이다'(명제 p로 표기)가 '참'이면 '~아니다'(명제 ¬p로 표기)라는 항상 '거짓'이 된다. 그러므로 'p'와 '$\neg p$'가 동시에 발생하면 '모순'($\neg p \wedge p$로 표기)이라고 말한다. 수학의 논리체계는 '모순'을 일으키는 중간 또는 사이를 배제(이것을 배중률이라 한다)함으로 모든 명제가 '참/거짓'으로 양분된다. 이러한 논리체계를 이분법이라고 한다. 반면에 '모순'을 인정하면서 'p/($\neg p \wedge p$)/$\neg p$'로 나누는 것을 삼분법이라 한다. 우주의 법칙은 대체로 삼분법으로 되어있다. 예를 들면, '천/인/지', '과거/현재/미래', 식물의 '뿌리/줄기/잎', 동물의 '머리/몸통/팔다리', '음/중/양', 실수의 '음수/0/양수' 등이 있다.

그의 책의 서문에서 수학의 어원을 다음과 같이 설명하고 있다.

> 고대 그리스에서 자연과학의 연구와 자기 인식에 몰두한 피타고라스의 뛰어난 제자들을 '모든 것을 연구하는 사람들'이라는 뜻으로 '마테마테코이(mathematekoi)'라고 불렀다. '마테마(mathema)'는 '일반적인 배움'을 뜻하며, '깨닫다'라는 고대 영어 'mathein'과 '깨우치다'라는 뜻의 고대 독일어 'munthen'의 어원이 되었다. 오늘날 math(수학)라는 단어는 세속적인 측량과 양들을 다루는 분야를 가리키는 제한적인 의미로 사용되고 있다. 우리는 의식하지 못하는 사이에 광범위한 통찰력을 폭 좁은 전문지식으로 바꾸어놓고 만 것이다.4)

앞 인용에서 알 수 있듯이 수학을 뜻하는 영어 'mathematics'의 어원은 고대 그리스인에게는 '일반적인 배움'을 나타내는 '마테마'에서 유래했음을 엿볼 수 있다. 여기서 말하는 일반적인 배움은 대자연 속에서 발견되는 이치나 개념들을 총망라한다고 볼 수 있다. 그러한 차원에서는 문학도 '마테마'에 포함되는 것이다. 그러므로 고대 그리스인들에게는 문학과 수학 또는 인문과 자연의 분명한 경계가 전혀 없었다는 것이다. 문학과 수학의 엄밀한 구분은 대체로 뉴턴 이후 과학이란 용어가 탄생했고, 그 이후로 인문과 자연과학으로 양분됐다.

스스로 배우는 코너 1.1

1. 고대 그리스의 철학자 아리스토텔레스의 『오르가논』은 그의 모든 논리학 저서와 업적의 총괄적인 명칭이고 그리스어로 학문연구의 도구·기관을 뜻한다. 『오르가논』에 분류되어있는 아리스토텔레스의 논리학 저서들을 열거하여보아라. 또한, 아리스토텔레스의 연역적 추론에는 몇 가지 규준이

4) Michael Schneider(1994), 이충호 옮김(2002), xiii 쪽.

있다. 첫 번째는 모든 대상은 그 자체와 같다는 동일률, 즉 'p는 p이다'라고 하는 항진명제[5]이다. 그리고 모순율은 어떤 명제도 참이면서 동시에 거짓이 될 수는 없다. 바꾸어 말하면, 참인 동시에 거짓인 명제는 언제나 모순을 낳는다는 것이다. 마지막으로 배중률은 명제는 참 또는 거짓, 둘 중의 하나로 제3의 경우, 참인 동시에 거짓은 불가하다는 전제이다. 좀 더 엄밀히 명제로 설명을 해보겠다. 'p는 p이다'는 항진이므로 참이고 'p는 p가 아니다'라는 거짓이 된다. 이 두 문장의 중간에 있는 명제는 'p는 p이고 동시에 p가 아니다'가 되어 이것은 모순명제이다. 이러한 모순명제를 제거하면 이분법이 되고 이러한 모순명제를 인정하면 삼분법이 되는 셈이다. 현실에서 이러한 모순명제를 인정하고 있는 다양한 예제들을 찾아서 말하고 서로 토론하여라. 더욱, 이 세 가지 규준 이외에 아리스토텔레스가 연역적 추론 과정에서 도입했던 규준과 규칙들을 찾아 말하여보아라. 마지막으로 수학 또는 생활 속에서 동일률이 나타나는 예를 더 많이 찾아서 발표하고 서로 토론하여보아라.

2. 아리스토텔레스의 삼단논법은 3단계의 과정을 밟는 연역적 추론을 말한다. 예를 들면, "모든 사람은 언젠가는 죽는다. 소크라테스는 사람이다. 그러므로 소크라테스는 죽는다."라는 것과 같이 추론한다. 처음의 두 명제는 가정이고 세 번째 명제가 결론이다. 논리학에서 연역법에 대립하는 귀납법을 관련 서적이나 인터넷에서 찾아 그것이 무엇인지를 밝히고 서로 토론하여보아라.

3. 문제 1.1.1[6]에서 수학의 논리는 이분법에 근거한다고 말했다. 왜냐하면, 참과 거짓이 명백히 구별되는 문장[7]에만 관심이 있기 때문이다. 그러한 것들은

---

5) 항상 참인 명제를 말한다.

6) ≪스스로 배우는 코너 1.1≫의 첫 번째 문제를 본문에 인용할 때는 '문제 1.1.1'로 표기했다. 앞으로 ≪스스로 배우는 코너≫에 있는 문제들을 본문에 인용할 때는 이처럼 표기한다.

대체로 가정과 결론으로 구성되어 있다. 자연수 ℕ을 홀수와 짝수, 또는 1을 제외한 자연수의 집합을 소수와 합성수로 나누는 것도 이분법적인 사고이다. 이 외에도 이분법 사고의 예는 무수히 많다. '양자/전자', '고대/현대', '하늘/땅', '남/여', '생/사', '흑/백', '음/양', '상/하', '좌/우', '앞/뒤', '내/외', 'O/X' 등이 있다. 이러한 이분법 사고는 그 중간 또는 사이에 있는 것은 인정하지 않는다. 바꿔 말하면, 첫 번째 문제에서 언급했던 배중률을 적용하기에 수학의 논리체계는 '참/거짓'의 이분법적 사고에 그 뿌리를 두고 있다고 말할 수 있다. 반면에 삼분법 사고는 흑백의 논리가 아닌 그 중간 또는 사이 및 통합의 논리를 모두 인정한다. 흑과 백의 사이에 놓여있는 개념이란 어떤 것인가? 그것은 중용 또는 민주적인 의사결정에 필요한 소통이요 통합의 개념이다.

이러한 통합적 사고의 예로는 헤겔[8]의 변증법 논리체계인 '정반합'이다. 변증법을 창안할 그 당시 헤겔은 '정반합'이라는 용어 대신에 '즉자(정)/즉자대자(합)/대자(반)'을 사용했다. 오늘날 헤겔의 변증법인 정반합의 합에 해당하는 것으로 '즉자대자', 두 대립개념인 '즉자'와 '대자'를 나란히 공존토록 표기해 놓고 있다. 문제 1.1.1에서 'p이고 동시에 p가 아니다'라고 말하는 것과 같은 표현이다. 그렇지만 그 의미는 수학적인 모순의 개념을 뛰어넘어 긍정과 부정의 통합으로 다시금 본래의(개선된) 즉자(정)로 되돌아와 하나의 순환을 그려가도록 장치하고 있다는 점에서 그 차이가 있다. 헤겔의 이러한 순환과정의 반복은 새로운 변화를 창조하도록 설정했다는 점에서 인간사의 삼분법적인 관계를 설명하는 대표적인 예이다. 이러한 순환과정으로 새로 탄생한 즉자는 처음 p인 즉자에서 개선된 즉자 p^1에 해당한다. 이 p^1은 두 대립개념을 조정하고 의견과 수렴과정을 거쳐 결정된 것이기에 p보다는

---

7) 논리에서는 이러한 문장을 명제*proposition*이라 한다.

8) 헤겔(Georg W. F. Hegel, 1770~1931)은 독일의 철학자이며 변증법을 창조했다.

한 차원 발전되고 통합된 안인 셈이다. 그러므로 헤겔의 변증법이야말로 현실에서 양립하는 문제를 보다 발전된 대안으로 조정해갈 수 있는 하나의 소통 방법이다. 헤겔의 변증법인 '정반합'의 과정을 계속 유한 번 반복하면 '$p \to p^1 \to \cdots \to p^n$'가 될 것이다. 이것은 수학에서 어떤 문제를 풀 때, 주어진 가정 p에서 시작하여 계속 발전시켜 새로운 명제들을 도출해가면서 마지막 결론 $q(=p^n)$를 찾아가는 직접증명의 과정과 매우 흡사하다. 대개 수학의 증명은 크게 직접증명과 간접증명으로 나눌 수 있다. 간접증명에는 어떤 것이 있는가? 그 내용과 방법들을 설명하고 서로 토론하여보아라.

4. 삼분법 사고에 대한 예를 좀 더 들어보자. 수학에서는 자연수 $\mathbb{N}$에서 정수 $\mathbb{Z}$에로의 발전은 양(+)과 음(−)의 양극화 사이에 바로 영(0)을 중간에 두고 있다는 것이다. 그래서 정수를 '생각의 수'라고 부른다. 이처럼 중간에 0을 둠으로써 완전한 대칭 구조를 이룬다. 다른 한 예로, 우주를 '하늘/땅'으로 나누는 것은 이분법적 사고이다. 반면에 '천지인', 땅과 하늘 사이의 경계에 인간을 두는 것은 삼분법 사고이다(1.8절). 삼분법적인 사고는 이분법적인 사고와는 달리 그 중간과 사이에 조정자의 구실을 하는 중립적인 개념을 항상 설정해 두고 있다. 그러므로 상반된 두 대립개념은 상호 조정이 끝난 후 서로 양보와 화해의 단계를 거쳐 하나로 통합되어 나타나게 된다. 이러한 현상이 다음 인용처럼 이상李箱의 초기 시 또는 유고 시속에서도 문제 1.1.3에서 헤겔이 '즉자대자'로 표현했던 것처럼 서로 대립한 두 시어가 다음처럼 나란히 함께 기술되어 나타나고 있다(강조 인용자).

> 나의신경은**창녀보다도더욱정숙한처녀**를원하고있다[9]

9) 김해경, 「이상한가역반응−수염」, 일문『조선과 건축』, 1931.7, 임종국 편, 『이상전집』, 1956. 김주현 주해, 『정본 이상문학전집』 1_시, 2_소설, 3_수필 · 기타, 소명출판, 2009(앞으로 간단히 『전집 1~3』으로 표기한다). 『전집 1』, 40쪽.

항상소용돌이를갖는**퇴색한순백색**이다.[10)]

사막보다도정밀한절망은사람을불러세우는**무표정한표정**의무지한한대의 산호나무의사람의발경脖頸의배방인전방에상대하는자발적인공구恐懼로부터이지만사람의절망은정밀한것을유지하는성격이다.[11)]

무사한세상이병원이고**꼭치료를기다리는무병**이끗끗내잇다.[12)]

새장 속에서 지저귀는 새 나는 콧 속 털을 잡아뽑는다.
밤 **소란한 정적** 속에서 미래에 실린 기억이 종이처럼 뒤엎어진다[13)]

이제 이상의 초기 또는 유고 시속에 나타나 있는 삼분법표현(모순어법)들을 발표순으로 다음처럼 간략하게 표로 그려놓자.

시제	시어(모순어법)	동일시	『전집 1』 (쪽)
「수염」	"창녀보다도더욱 정숙한처녀"	창녀≡더욱정숙한처녀	(40)
「광녀의고백」	"퇴색한순백색"	퇴색≡순백색	(52)
「차8씨의 외출」	"무표정한표정"	무표정≡표정	(78)
「지비」	"무사한세상이병원"// "꼭치료를기다리는 무병"	무사한세상≡병원 꼭치료를기다리는병 ≡무병	(105)
「각혈의 아침」	"소란한 정적"	소란≡정적	(208)

이상의 창작품에 나타난 이러한 모순어법들은 작가의 심리적 양면성을 표출하는 것일 뿐만 아니라 양극성의 두 대립을 하나로 삼분법적으로 통합하고자 하는 작가의 의도적인 창작기법이라고 생각할 수 있다. 그리고 이상의

10) 김해경, 「조감도—광녀의 고백」, 일문『조선과 건축』, 1931.8, 『이상전집』, 1956. 『전집 1』, 52쪽.

11) 이상, 「건축무한육면각체—차8씨의 출발」, 일문 『조선과 건축』, 1932.7, 임종국 편, 『이상전집』, 1956. 『전집 1』, 78쪽.

12) 이상, 「지비」, 『조선중앙일보』, 1935.9.15. 『전집 1』, 105쪽.

13) 이상의 유고시, 「喀血의 아침」, 『文學思想』, 1976.7. 『전집 1』, 208쪽.

초기소설 「지도의 암실」에서도 이러한 대립개념이 나란히 병렬로 표현되어 많이 나타난다. 이상의 창작품 중에서 이외의 삼분법표현(모순어법)이 더 있는지를 조사하고 서로 토론하여보아라.

5. 추상적인 개념들인 미, 사랑, 우정, 순수 등과 같은 개념들은 삼분법적인 사고로 해석될 수 있다. 마지막 한 예로 '순수/순진/불순'으로 삼분하는 경우를 살펴보자.[14] 순수란 영어단어 'purity'로 '때 묻지 않음'을 나타낸다. 순수와 대립한 개념은 '순수하지 않음'을 나타내는 영어단어 'impurity', 즉 '불순'이다. 그러므로 '순수/불순'으로 구분하는 것은 이분법적인 사고이다. 그런데 어린아이가 행동하는 것을 보고 우리는 '순진하다'라고 말한다. 영어로 나타내면 'be innocent'이다. 형용사 'innocent'는 '죄 있는'을 나타내는 'nocent'(지금은 고어로 간주 되어 잘 사용하지 않지만)에 대립하는 단어이다. 순수한 눈빛을 가진 어린아이가 점차 자라가면서 순진한 아이가 된다. 아이는 신기하고 낯선 세상에서 때때로 예기치 않는 죄를 범할 수가 있다. 왜냐하면, 아이는 불장난을 할 때나 도둑질을 할 때, 그는 그것이 죄가 되는지를 전혀 모르고 그러한 행동을 할 수 있기 때문이다. 그래서 사회의 법은 청소년들에게는 선도의 의미로 많은 관용을 베푼다. 그렇지만 나이가 들어 그러한 행위가 죄가 됨을 알고서도 그러한 행위를 저지르면 사회의 법은 이제 냉혹하다. 이처럼 순진한 아이는 죄를 범할 수도 있고 그렇지 않을 수도 있기에 순진함의 의미는 순수와 불순에 대한 중간 의미이고, 반면에 순수함은 불순하지 않음, 즉 절대로 죄를 짓지 않은 상태이므로 '순수/순진/불순'으로 나누는 것은 삼분법적인 사고이다. 독자 여러분도 위와 같이 실제로 활용되고 있는 삼분법의 예를 일상생활 속에서 찾아서 발표하고 서로 토론하여보아라.

---

14) 김태화(2009), 94쪽.

6. 태초에 빅뱅[15]이 있었다. 그리하여 우주는 고르게 팽창하면서 오늘날의 우리가 사는 우주가 생성되었다. 빅뱅 이론과 우주팽창설을 지지하는 과학자의 주장이다. 1995년에 오스트레일리아의 여성 과학저술가인 마거릿 웨르하임(Margaret Wertheim, 1958~)이 물리학과 수학을 융합한 수리물리학의 입장에서 펴낸 한 권의 책이 있다. 그녀가 자신의 책 서두에서 언급하는 우주의 시작과 종말에 대한 근원적인 시각은 다음과 같다.

> 우리는 이 우주가 약 150억 년 전에 이른바 빅뱅(Big Bang)이라는 대대적인 폭발에서 시작되었으며, 언젠가 역(逆)의 빅뱅, 즉 빅크런치(Big Crunch)가 일어나 내파(內波) 되리라고 믿는다.[16]

앞 인용은 우주의 생성은 빅뱅 시 초 팽창과 함께 천천히 식어갔으며 우주의 종말은 결국 크게 분쇄되어 내부에서 폭발한다고 말하고 있다. 이것 또한 추측일 뿐이다. 그렇다면, 우리가 사는 우주가 무한히 팽창한다고 믿는가? 아니면 언젠가는 빅크런치가 일어나 내파(內破)된다고 믿는가? '무한'과 관련지어 달리 표현하면, 우리의 우주는 유한인가 무한인가? 이 질문은 천문학자 또는 우주를 연구하는 과학자들의 세 가지 근원적인 질문[17] 중의 하나이다. 이 문제에 대한 그들의 접근은 우리가 사는 우주가 한없이 팽창한다면 열린 우주[18]가 될 것이고 반대로 수축한다면 닫힌 우주[19]가 될 것이라 믿는다. 그러나 이 두 우주에는 우리의 우주와는 달리 생명체가 살 수 없기에 우리가

---

15) Michael Guillen, *Bridge to infinity*, Sobel Weber Associations, Inc., 1983. 박영훈 옮김, 『인간적인 너무나 인간적인 수학』, 10101, 2000, 77-84쪽.

16) Margaret Wertheim, *Pythagoras' trouser-God, physics and the gender wars*, Five Continents Music, Inc. 1995. 최애리 옮김, 『피타고라스의 바지: 여성의 시각에서 본 과학의 사회사』, 사이언스북스, 1997, 10쪽.

17) 천문학자들을 궁금하게 했던 나머지 두 가지 근원적인 우주원리에 대한 문제는 '우주는 어떻게 시작되었는가? 그리고 어떻게 끝날 것인가?'이다.

18) 비유클리드기하학의 쌍곡선 기하에 해당한다.

19) 비유클리드기하학의 타원기하에 해당한다.

사는 우주는 이 두 우주를 경계 짓는 임계 우주(때때로 고른 팽창을 하는 평평한 우주)에 근접해 있다고 말한다.[20] 이처럼 대우주 역시 과학자들은 '열린 우주/임계 우주(평평한 우주)/닫힌 우주'로 삼분하고 있다. 다른 차원에서 이러한 삼분 구조를 조금 더 살펴보자. 시간을 따라 빅뱅 이전으로 거슬러 올라가면 우주의 존재 그 자체가 없는 텅 빈 공(空)[21]의 상태가 아닌가! 우리가 빅뱅을 기점으로 두 대립 세계, 즉 '공의 세계/빅뱅/무한세계'로 삼분할 수 있겠다. 그런데 이 둘의 대립 세계는 둘 다 과학으로는 알 수 없는 신비로운 곳이다. 불교를 연구하는 철학자 또는 절대자를 믿는 신학자들이 더 잘 알 수는 있겠지만, 3.3절에서 필자와 같은 수학자들도 어떤 함수($t \mapsto t^{-1}$, $t \neq 0$)를 이용하여 두 세계의 관계를 논리적으로 비교해볼 것이다.

바로 위에서 언급했던 두 개의 불가사의한 영역인 불교 철학에서 말하는 공의 세계와 신학에서 주장하는 무한세계로 문학이 나래를 펼치고 수학보다 먼저 비상한다. 수학자가 논리적으로 따지고 있는 동안에 그들은 손쉽게 영감의 날개를 펼치고 그러한 세계 속으로 꿈같은 상상을 하며 곧장 날아간다. 그런데 언제나 그랬듯이 수학은 한 걸음 뒤에서 문학이 펼쳐놓은 퍼즐 조각들을 요리조리 움직여보면서 'O/X'('맞다/틀리다')라는 이분법적인 산술논리에 근거하여 그것들을 조립하고 있다. 퍼즐 조각들이 다 이어지고 나면 종국에는 하나의 형체만 남는다. 수학자는 이 마지막 올바른 형체를 '정리'라고 부른다. 그리고 퍼즐 조각을 맞추어나가는 행위가 바로 논리적인 증명과정이다.

위의 내용에서 언급했던 우주팽창설과 관련지어 '열린 우주/임계 우주/닫힌 우주'로 삼분했던 내용을 앞에 소개했던 미카엘 길렌의 책, 이종우가 편찬한 책, 등을 참고하거나 인터넷으로 검색하여 그 내용을 찾아 읽어본 후

---

20) 이종우 편저, 『유한과 무한으로의 여행』, 경문사, 2000, 258~259쪽.

21) 수학의 집합에 대한 공리체계 중 첫 번째 공리에 해당하는, 원소가 하나도 없는 공집합($\varnothing$로 표기)의 존재를 공리로 도입하는 것과 매우 흡사하다.

서로 토론하여 보아라.

7. 시, 그림 등의 예술작품 중에서 삼분법적인 이야기가 나오는 창작품을 더 많이 더 많이 찾아 그 이유를 밝히고 서로 토론하여라.

8. 독자 여러분이 생각하는 수학과 문학의 공통점과 차이점을 요약하여 발표하고 서로 토론하여보아라.

1.2 오일러의 산책로22)

토폴로지Topology의 어원은 자리를 뜻하는 그리스어 'topos'와 '학문'을 나타내는 접미어 'logy'가 결합한 것으로 '자리를 연구하는 학문'을 뜻한다. 좀 더 부연하면, 오늘날 '도형의 위치와 형상을 연구하는 학문'이란 의미로 '위상位相'이라고 한다. 일상에서 우리가 쉽게 접할 수 있는 도형에는 점, 직선과 같은 무정의 용어인 단순한 모양에서부터 다각형(삼각형, 사각형 등), 정다면체(플라톤 입체; 정4, 6, 8, 12, 20면체), 축구공 모양처럼 서로 다른 정다면체가 함께 결합 되어있는 준정다면체(아르키메데스 입체), 구면, 자동차 타이어와 유사한 원환면(토러스) 등과 같은 다양한 도형들이 있다.

기하학은 수학의 한 분야로 이러한 수학적 원형과 도형들을 일정한 관점에서 바라보고 이들의 성질을 조사하거나 분류 또는 구별하는 학문이다. 위상에서 도형을 관찰하는 포인트는 그것이 '연속적으로' 다른 모양으로 변형되는가? 또는 그렇지 않은가? 에 있다. 이러한 측면에서 볼 때 사면체, 달걀, 정육면체의

22) 김태화, 『해석학 입문』, 교우사, 2001(초판), 2011(3판), 66~70쪽.

표면들은 다음 그림처럼 모두 구면과 연속적으로 변형될 수 있기에 위상에서는 서로 동형[23]이라고 말하고 있다.

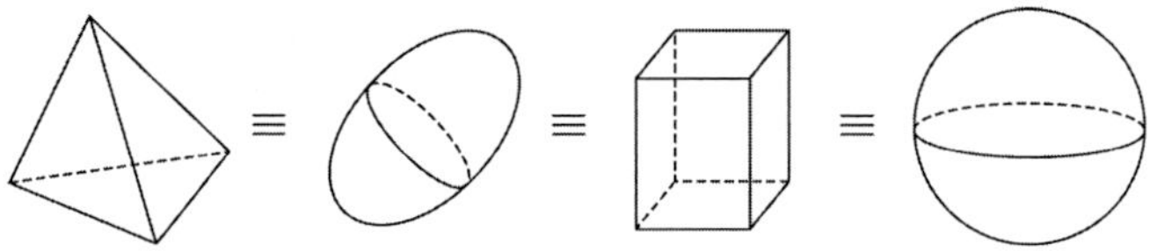

오늘날 그래프 이론에서 말하는 그래프는 우리가 잘 알고 있는 함수의 그래프와는 차이가 있다. 여기서 말하는 그래프는 꼭짓점과 그것들을 연결하는 변(모서리)들로 구성된 도형을 말한다. 예를 들면, 사람들을 꼭짓점으로 간주할 때 변은 두 사람이 만날 때 그들을 서로 연결하는 이동 경로가 된다.

그래프 이론은 1736년 쾨니히스베르크(Königsberg), 현 러시아의 칼리닌그라드(Kaliningrad)라는 도시에서 태어났다. 이 도시에는 프레겔(Pregel)강이 시내를 가로질러 흐르고 있었다. 또한, 그곳에 살았던 사람들이 한 지역에서 다른 지역으로 이동할 수 있도록 다음 그림처럼 7개의 다리가 강 위에 놓여 있었다. 그곳에 살면서 산책을 좋아했던 한 시민이 어느 일요일 날 홀로 산책을 하면서 혼잣말로 이렇게 중얼거렸다.

23) 수학적으로는 동형사상에 의하여 동일시(앞으로 ≡로 표기)된다는 것이다. 수학에서 논리기호 '≡'(동일시)은 수식의 등호 '='(같다)와는 구분하여 사용한다.

집을 떠나 일곱 개의 다리들을 꼭 한 번씩만 건너고
집으로 되돌아오는 산책이 가능할까?

그는 그러한 산책로의 존재를 무척 궁금해 왔다. 그런데 이 의혹은 1736년 스위스의 수학자 오일러(Euler, Leonhard, 1707~1783)에 의하여 놀랍게도 그러한 산책로가 존재하지 않음이 밝혀졌다. 그 이후로 이 문제는 우리에게 쾨니히스베르크 다리 문제로 알려졌다. 쾨니히스베르크 다리 문제는 분명히 수학적인 도형을 다루고 있다. 다리의 길이나 강의 한가운데 있는 섬의 크기, 다리와 다리가 이루는 각도 등과 같은 고전적인 도형의 성질인 길이, 크기, 각角 등에는 관심이 없다. 오직 강을 따라 형성된 인접 지역들과 다리가 어떻게 연결되어있는지가 이 문제의 핵심이다. 다음 그림 (a)처럼 강을 따라 형성된 인접 지역을 진한 점으로 나타내고 다리를 통과하여 인접 지역으로 이동하는 경로는 선으로 나타내어보자. 그런 후, 각각의 점들을 선으로 연결해보자.

(a) (b) (c)

그러면 앞 그림 (a)은 (b)의 과정을 거쳐 점차로 유연하게 변형된 단순한 도형 (c)로 바뀐다. 이 마지막 도형이 바로 위상에서 위치와 형상을 관찰하는 다른 한 방법인 '유연하다'라는 관점에서 살펴본 도형이다. 그림 (c)의 그래프에서 쾨니히스베르크 다리 문제는 출발점과 도착점이 똑같은 꼭짓점이 되도록 한붓그리기가 가능한가? 라고 묻는 문제와 동치가 된다. 순환산책로를 찾고자 하는 사람들은 반드시 한 지역(출발점)에서 출발하여, 모든 다리를 꼭 한 번씩만 건넌 후, 목적지인 처음의 자리로 되돌아와야 한다. 각 지역에서 산책을 시작하는 다리와 되돌아오는 다리는 항상 짝을 이룬다. 바꾸어 말하면 그래프 (c)의 각 꼭짓점에서의 모서리(변)의 총개수는 반드시 짝수가 되어야만 출발점과 도착점이 일치하는 한붓그리기가 가능하다는 것이다. 그런데 쾨니히스베르크 다리 문제는 그림 (c)의 각 꼭짓점에서의 변의 총개수는 모두 홀수이므로 한붓그리기가 불가능함을 금방 알 수가 있다. 그렇지만 다음 그림처럼 두 개의 다리를 추가로 더 놓는다면 각 꼭짓점에서 모서리(변)의 총개수는 모두 짝수가 된다. 이제는 쾨니히스베르크의 시민들은 언제나 자기 집에서 출발하여 각 다리를 꼭 한 번씩만 건너고 자신의 집으로 되돌아오는 순환산책로를 찾을 수 있다(우측 그림).

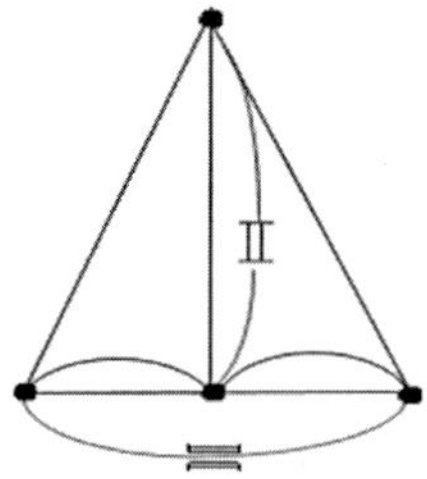

스스로 배우는 코너 1.2

1. 그래프 이론에서 그래프 G =(V, E), 여기서 V는 유한개 꼭짓점들[24]의 집합이고 E⊂V×V는 유한개 모서리들의 집합으로 모든 e∈E는 e={u, v}, u, v∈V로 나타낼 수 있다. 보다 일반적으로 하이퍼 그래프 H =(V, E)는 E가 V의 임의의 부분집합, 즉 $E\subset\overbrace{V\times\cdots\times V}^{n}$, $n \geq 2$로 확장된다. 특히, 하이퍼 그래프 H에서 $n = 2$인 경우가 그래프 G임을 주목하여라.

또한, 그래프에서 꼭짓점에 모인 모서리의 수를 꼭짓점의 차수라 부르고, 꼭짓점 x의 차수를 d(x)로 나타낸다. d(x)가 홀수인 점 x∈V를 홀수 꼭짓점, 짝수이면 짝수꼭짓점이라 부른다. 특히, 임의의 그래프 G가 n개의 꼭짓점, 즉 |V|=n[25]을 갖는다고 가정하면, 한 개의 모서리는 두 개의 꼭짓점에 연결되어있기에 꼭짓점에 대한 차수의 총합은 다음 등식에 의하여 항상 짝수가 됨을 알 수 있다. 따라서 모든 그래프의 홀수 꼭짓점의 개수도 짝수이다.

---

24) 일반적으로 컴퓨터과학에서는 이러한 점을 노드 node라고 부른다.

25) 집합 A의 크기 $|A|$는 A의 원소들의 총개수를 표기한다.

$$d(x_1)+d(x_2)+ \cdots +d(x_n)=2|E|$$

정의 그래프 G의 임의의 두 꼭짓점 x, y에 대하여 x와 y사이에 변의 이음길이 있을 때 G는 연결되어있다고 말한다.

일반적으로 한붓그리기에 대한 다음 오일러 정리를 증명하고 서로 그 증명 과정을 비교하고 토론하여보아라.

정리 연결된 그래프 G가 한붓그리기가 가능할 동치는 주어진 그래프의 홀수 꼭짓점의 개수가 0 또는 2이다.[26)]

2. 그래프 이론에 관한 관련 책[27)]을 읽고, 일상생활에서 발생하는 그래프 문제들을 찾아 그 내용을 발표하고 서로 토론하여보아라.

3. 문제 1.2.1에 제시된 오일러 정리에서 그래프의 홀수 꼭짓점이 0인 경우는 앞에서 언급했던 것처럼 출발점과 도착점까지 한붓그리기가 자연스럽게 가능하다. 우리에게 낯설지 않은 우측 그림처럼 홀수 꼭짓점이 2인 경우는 한 홀수 꼭짓점 x에서 출발하면 반드시 다른 홀수 꼭짓점 y에 도착하고 똑같이 한붓그리기가 가능하다. 왜? 논리적 방법(오일러 정리의 증명과정)으로 변의 이음 길을 따라 한붓그리기를 그려가는 절차를 설명하여보아라.

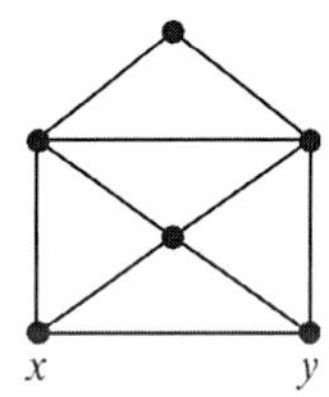

4. 플라톤 입체 중 하늘을 표상하는 정십이면체는 12개의 오각형(⬠)의 면이 우측 그림처럼 구성되어 있다. 19세기 윌리엄 해밀턴 경(Sir William R. Hamilton)은 처음으로 정십이면체의

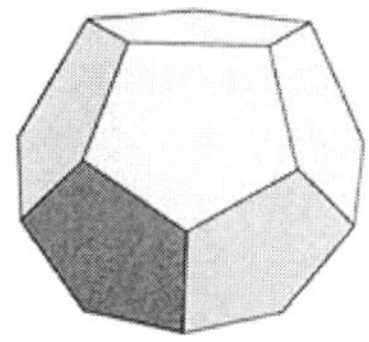

26) 곽진호 · 이재운, 『조합적 곡면위상론』, 제3판, 경문사, 2007, 42–44쪽.
27) 박형빈, 『수학은 생활이다』, 경문사, 1998(1판), 2001(2판).

한 꼭짓점을 출발하여, 모든 꼭짓점을 단 한 번씩 지나서 처음 출발했던 꼭짓점으로 되돌아올 수 있는 길을 찾는 수수께끼를 창안하였다. 정십이면체를 평면 위에 그래프로 나타내어보면 꼭짓점이 20개이고, 모서리(변)가 30개인 다음 그림과 같은 그래프로 나타낼 수 있으며, 그 위에 진한 황색 사선으로 표시된 해밀턴 순환로를 찾을 수 있다. 인터넷에서 해밀턴 순환로를 검색하여 왜 한붓그리기가 가능했는지를 밝혀보아라. 기초적인 그래프 이론의 보충학습을 원하면 앞에 소개했던 책[28] 등을 참고하여라.

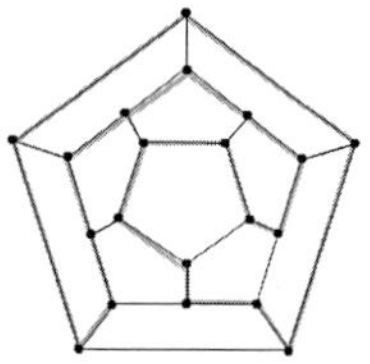

5. 1847년 독일 수학자 리스팅(Listing, Johann Benedict, 1809~1882)이 그의 저서 '위상수학에 관한 연구(Vorstudien zur Topologie)'에서 토폴로지(위상)란 단어를 처음 사용하였지만, 훨씬 이전에 그는 이 용어를 고안해 냈다고 한다. 그러나 위상적인 발상의 근원은 리스팅 보다 앞선 스위스의 수학자 오일러에 의하여 처음 제기되었던 것인데, 그것은 이 절에서 살펴보았던 쾨니히스베르크 다리 문제이다.

다른 한편, 위상의 관점에서 우리에게 너무나 잘 알려진 뫼비우스 띠 Möbius stripe라는 한 도형이 있다. 뫼비우스 띠는 1858년 뫼비우스[29]와 리스팅이 서로 독립적으로 발견했다. 앞면과 뒷면을 구별할 수 있도록 한 면만 색칠한 직사각형 모양의 긴 종이를 하나 준비한 후 앞뒷면의 모서리 끝에 다음처럼 적어두자.

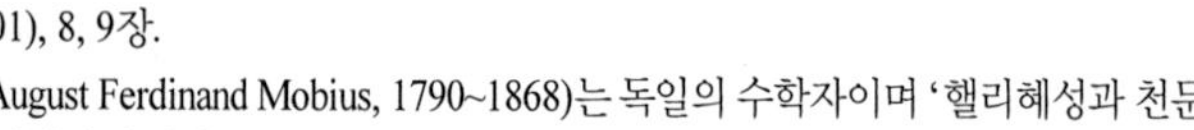

28) 박형빈(2001), 8, 9장.

29) 뫼비우스(August Ferdinand Mobius, 1790~1868)는 독일의 수학자이며 '핼리혜성과 천문학의 원리' 등 정역학, 천체역학에 대한 논문을 발표했던 천문학자이다. 그러나 오늘날 우리에게는 '뫼비우스 띠'로 더 잘 알려져 있다.

한번 꼬아서 A, D'와 B, C'을 함께 붙이면 이젠 안과 밖의 경계가 존재하지 않는 오직 한 면밖에 없는 2차원의 곡면을 얻는데 이것을 오늘날 '뫼비우스 띠'라 부른다(그림 1.1(a)).

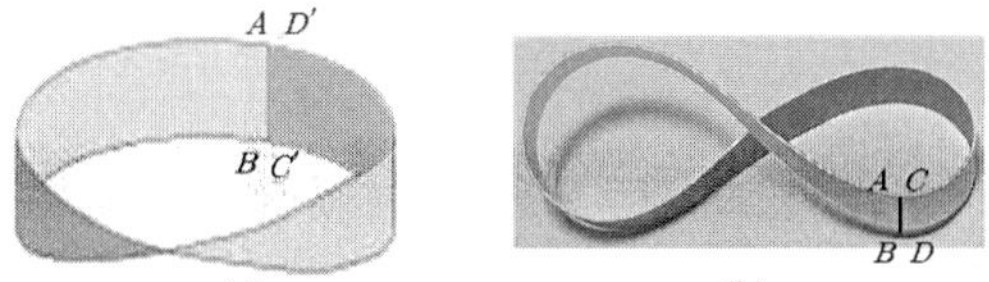

(a) (b)

그림 1.1

그러나 팔자 모양으로 비틀어 A, C와 B, D끼리 서로 붙이면 같은 색끼리 서로 다른 순환고리를 만든다(그림 1.1(b)). 이러한 예는 3.2절에서 에셔(Esher)가 1946년과 1956년에 각각 그렸던 두 작품, <기마병Horseman>과 <백조Swan>에서 쉽게 찾아볼 수 있다. 더욱 일반적으로 밑과 위가 열려있는 원기둥을 이용하여 만든 가장자리가 없는 또 다른 2차원적인 곡면이 있다. 이것은 1882년 독일의 수학자 클라인(Felix Klein, 1849~1925)이 처음 고안한 것으로 그의 이름을 따서 클라인 병이라 부른다(우측 그림). 클라인 병은 가장자리(테두리)가 없어 안과 밖의 구분이 없는 2차원적인 곡면[30]이기에 이 병에 물을 부으면 붓는 즉시 흘러내리게 된다. 이러한 성질 때문에 실용화가 이루어지지 않고 있다.

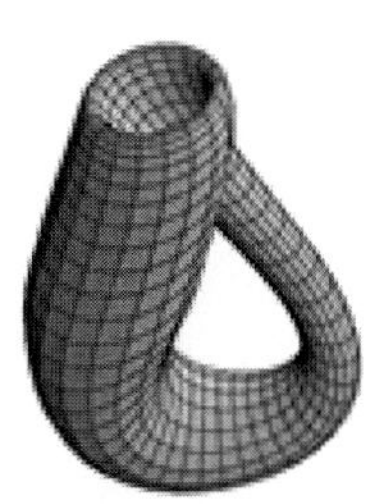

반면에 뫼비우스 띠는 방앗간 또는 제조공장 등에서 발전기에서 발생하는 동력을 다른 기계에 전달하기 위하여 뫼비우스 띠 모양을 그리면서 상하, 좌우로 돌아가고 있는 여러 종류의 벨트들을 볼 수 있다. 이렇게 한 번 꼬아서

30) 두 개의 뫼비우스 띠를 이용하여 그 경계(모서리)를 따라 똑같이 붙이면 클라인 병이 만들어진다. 거꾸로 클라인 병을 파선으로 자르면 똑같은 모양의 두 개의 뫼비우스 띠로 나누어진다.

걸어두면 벨트의 앞뒷면이 고르게 닿아 벨트의 수명이 길어지는 장점이 있다. 이외에도 전도체로 된 리본의 양면에 알루미늄 띠를 붙여 뫼비우스 띠를 만들면 탁월한 전류저항 장치의 기본이 됨이 밝혀져 현실적으로 많이 응용되고 있다. 그 밖에도 인터넷 검색 또는 관련 도서를 찾아 이 띠가 우리의 일상생활에 어떻게 응용되고 있는지를 살펴보아라. 또한, 예술, 건축, 조각, 회화 등에서 실제로 뫼비우스 띠를 그린 작품들을 찾아 발표하고 그 의미를 서로 토론하여보아라.

1.3 하이퍼 그래프로 바라보는 문학 장르

한 작가가 영감과 자의식을 쫓아가며 글쓰기를 할 때 어떤 수학적 현상이 일어나는가? 이 물음에 대한 추론은 문학의 장르를 분류하는 것과 매우 흡사하다. 작가가 원고지 위에 글쓰기를 하는 행위 또는 키보드를 이용하여 자판을 치는 행위는 불연속적이지만 작가의 영감과 자의식이 전달되어 글쓰기를 하는 과정은 연속적이라고 생각할 수 있기 때문이다. 작가가 쓴 작품이 단순한 몇 개의 연속된 선으로 구성된 작품은 대체로 수필로 분류되고 여러 개의 서로 다른 연속곡선들을 복잡하게 매듭지어 놓은 것은 소설이 된다. 그 매듭은 단락을 장, 절 등으로 구분하게 하는 요소로써 작가가 여러 날 동안 글쓰기를 하면서 또는 커피를 마시면서 잠시 휴식을 가졌던 공백의 흔적들이다. 수필과는 대조적으로 장편 소설은 대체로 이러한 매듭들이 일련번호로 매겨진다. 더욱 시에서는 추상화를 그리는 화가가 사실적인 풍경에서 하나씩 그 대상의 일부를 지워가든가 혹은 변형 또는 왜곡해가는 것처럼 처음 사용했던 시어가 보다 고차원적인 층위 언어, 즉 메타언어로 추상화되어 나타나기 때문에, 더욱 복잡한 매듭으로 꼬여있다고 생각할 수 있다. 따라서 우리는 한 작가가 쓴 작품 속에 잠재해 있는 어떤 하이퍼 그래프를 찾아 살펴보는 것은 글쓰기를 했던 작가의 내적 순수미를 맛보는 행위에 해당한다.

문학의 장르를 문제 1.2.1에서 잠깐 소개했던 하이퍼 그래프 H=(V, E)의 개념과 관련지어 설명해보자. 여기서 V는 문단의 핵심 키워드들로 구성된 집합이고 e∈E는 각 문단을 이어주는 작가의 영감을 연속적으로 이어주는 자의식이다. 일반적으로 계속되는 각 문단에서 핵심 키워드들이 여러 개 중첩으로 파생되어 나타날 수도 있기에 일반적으로 하이퍼 모서리 e(∈E$\subset\overbrace{V\times\cdots\times V}^{n}$, $n \geq 2$)는 다가 사상이다. 그러므로 문학 작품 장르의 전체 플롯은 어떤 하이퍼 그래프 H로 그려질 수 있다. 우리는 이러한 하이퍼 그래프를 하나의 창작품 중에서 한 개 이상을 찾아낼 수도 있으며, 역으로 어떤 형태의 하이퍼 그래프, 예를 들면 이상한 고리 모양으로 구성된 하이퍼 그래프를 가정하고 작가가 여러 작품 중에서 그러한 유사한 고리 모양의 하이퍼 그래프를 찾아서 상호비교도 할 수 있을 것이다. 그런데 이렇게 찾은 하이퍼 그래프들은 작가의 무엇을 나타내는가? 라고 묻는다면, 이것은 바로 그 작가의 자의식이 그려낸 '순수한 내적 이미지'라고 말할 수 있다.

수학의 아름다움은 이러한 내적 이미지를 찾는 데 있다. 수학의 내적 아름다움에 대한 다음 인용은 본 저자가 쓴 책[31]에서 이미 인용했던 것이지만 여기서 다시 한번 되짚어보자. 1994년 키스 데블린(Keith Devlin, 1947~)은 그의 저서 『수학 : 패턴의 과학』의 서문에서 수학의 내적 아름다움을 설명하기 위하여 영국의 뛰어난 수학자 하디(Godfrey Harold Hardy, 1877~1947)가 1940년에 출판했던 『어떤 수학자의 변명』이라는 책 속에 있는 다음 구절을 인용했다.

31) 김태화(2009), 7~8쪽.

The mathematician's patterns, like the painter's or the poet's must be beautiful; the ideas like the colors or the words, must fit together in a harmonious way. Beauty is the first test: there is no permanent place in the world for ugly mathematics. And here I must deal with a misconception which is still widespread (though probably much less so now than it was twenty years ago), what Whitehead has called the 'literary superstition' that love of an aesthetic appreciation of mathematics is 'a monomania confined to a few eccentrics in each generation'.

It would be quite difficult now to find an educated man quite insensitive to the aesthetic appeal of mathematics. It may be very hard to define mathematical beauty, but that is just as true of beauty of any kind－we may not know quite what we mean by a beautiful poem, but that does not prevent us from recognizing one when we read it.32)

화가 또는 시인과 같은 수학자의 양식은 반드시 아름다워야 하며 색 또는 말과 같이 생각들은 반드시 조화로운 방법으로 서로 어울려야 한다. 아름다움은 제1의 시금석이다. 이 세계에 추한 수학이 차지할 수 있는 영구적인 장소는 없다. (중략) 수학적인 아름다움을 정의하기는 매우 어려울 수 있지만, 이것은 어떠한 종류의 아름다움을 정의할 때도 마찬가지이다. 우리는 아름다운 시가 의미하는 바를 제대로 알지 못할 수 있지만, 그것이 우리가 시를 읽을 때 아름다움을 느끼는 것을 방해하지 않는다.33)

하디가 언급한 아름다움은 대체로 추상적 형태와 논리적 구조의 아름다움이며 수학교육을 충분히 받은 사람들만이 관찰할 수 있고 이해할 수 있는 아름다움이다. 다시 말하면, 수학적 기호와 수식들이 표출해 내는 단순, 정확, 순수,

---

32) G. H. Hardy, *A Mathematician's Apology*, University of Alberta Mathemati -cal Sciences Society, 1940, pp. 14. Available on the World Wide Web at http://www.math. ualberta.ca/mss/

33) Keith Devlin, *Mathematics: The Science of Patterns; the search for order in Life, Mind and the Universe*, Scientific American Library, 1994. 허민·오혜영 옮김, 『수학: 양식의 과학』, 경문사, 1996, 12쪽.

우아, 함축 등과 같은 수학적 깊은 맛을 체험하는 곳에서 얻게 되는 내적 아름다움이다. 영국의 유명한 수학자이자 철학자인 버트런드 러셀에 따르면, 이것은 냉정하고 준엄한 아름다움이다. 버트런드 러셀은 1917년에 그의 10편의 수필을 제본하여 출판했던 책 『신비주의와 논리학 및 다른 수필들』의 4장 「수학 연구」편에서 수학적 아름다움을 다음과 같이 묘사했다.

> Mathematics, rightly viewed, possesses not only truth, but supreme beauty--a beauty cold and austere, like that of sculpture, without appeal to any part of our weaker nature, without the gorgeous trappings of painting or music, yet sublimely pure, and capable of a stern perfection such as only the greatest art can show.[34)]
>
> 정확히 보면, 수학은 진실뿐만 아니라 최상의 아름다움을 갖고 있다. 이것은 조각품의 아름다움과 같이 우리의 나약한 감정의 어떠한 부분에도 호소하지 않고 그림이나 음악과같이 화려한 장식도 없지만, 최고로 순수하고 단지 최고의 예술만이 보여줄 수 있는 것과 같은 완벽성을 갖고 있는 냉정하고 준엄한 아름다움이다.[35)]

다른 추상예술과 비교하여 순수 수학이 갖는 속성을 가장 함축적으로 표현하고 있다. 문학 장르에 대한 작가의 의식을 문단 구조와 비교하는 이러한 추론 자세는 앞으로 수학의 한 응용 분야인 하이퍼 그래프 이론과 문학을 융합하고 통합할 수 있는 하나의 디딤돌이 될 수 있다고 필자는 생각한다. 나아가 이러한 분야의 심층 연구는 작가가 영감을 좇아 글쓰기를 할 때 표출되는 그의 순수한 내적 미를 파악할 수 있는 한 척도가 되리라 믿는다.

---

34) Bertrand Russell, *Mysticism and Logic and Other Essays*, George Allene & Unwin LTD, London, 1917. IV. The Study of Mathematics(58~73): pp. 61. https://en. wikisource.org/wiki/Mysticism_and_Logic_and_Other_Essays

35) Keith Devlin(1994), 허민·오혜영 옮김(1996), 13쪽.

스스로 배우는 코너 1.3

1. 문제 1.2.1에 소개했던 그래프의 정의를 일반화시킨 하이퍼 그래프의 정의를 인터넷 또는 관련 도서를 찾아 자세히 소개한 후, 문학 작품의 장르(시, 수필, 소설 등)를 하이퍼 그래프와 결부 짓는 필자의 생각과 다른 의견이 있다면 그것을 제시하고 서로 토론하여보아라.

2. 음악의 장르를 문학의 장르와 결부할 수 있는지? 만약 있다고 생각한다면 그 대응 관계를 제시하고 서로 토론하여보아라.

3. 이 절에서 소개한 영국의 수학자 G. H. 하디의 『어떤 수학자의 변명』과 버트런드 러셀의 책 『신비주의와 논리학 및 다른 수필들』의 4장에 있는 「수학 연구」편을 인터넷에서 검색하여 해당 전문을 살펴보고 그 내용을 발표하고 서로 토론하여보아라.

4. 수학의 내적 미에 대응하는 외적 미로 프랙털[36]을 예로 든다. 1967년 폴란드계 프랑스 수학자인 만델브르트(Benoit Mandelbrot, 1924~)가 처음으로 프랙털이란 개념을 창시했다. 그의 업적과 프랙털과 관련된 세 권의 책[37][38][39]을 소개한다. 인터넷 또는 이 세 권의 책에서 프랙털과 관련된 이론들과 다양한 프랙털 그림들을 요약하여 발표하고 서로 토론하여보아라.

5. 수학의 내적 미와 문학 작품(소설, 수필 등)에서 나타난 작가의 내적 미를 비교

---

36) 프렉털*fractal*이란 부분이 전체를 닮은 성질을 뜻하며 전문적 용어를 빌리면 자기 유사성 또는 회귀성이라 말한다. 예를 들면, 고사리 잎과 눈송이, 브로콜리, 해안선, 큰 번개, 눈의 결정 등 자연계에서 쉽게 찾아볼 수 있다.

37) 박경미, 『수학콘서트』, 동아시아, 2006, 198~215쪽.

38) Ian Stewart, *What Shape is a Snowflake?—Magical numbers in Nature*, W. H. Freeman & Company, 2001. 전대호 옮김, 『눈송이는 어떤 모양일까?—자연 속에 있는 마법의 수』, 한승펴냄, 2005.

39) Robert L. Devaney, *Chaos, Fractal, and Dynamics — Computer experiments in Mathematics*, Addison-Wesley, 1990.

해보고, 이 둘의 차이점과 공통점이 있다면, 그 내용을 요약하여 발표하고 서로 토론하여보아라.

1.4 삼분법의 활용과 조정자

누가 조정자가 되어야 하는가? 이 질문은 삼분법 사고(모순어법)와 관련이 깊다. 서로 양립하는 두 대립개념을 어떻게 조정할 것인가? 하는 이 질문에 대한 답은 수학의 이분법 사고, 즉 'p이다'라고 주장하는 자와 'p가 아니다'라고 하는 상반된 두 주장을 다 들어보고 이 둘의 조정에 관여할 수 있는 자는 바로 'p이고 동시에 p가 아니다'라고 주장하는 자이다. 수학에서는 그러한 문장은 모순이 된다. 그렇지만 실생활에서는 그러한 상황들이 흔히 발생한다. 일 예를 들면, 정치에서 집권당을 여당이라고 하고 집권은 하지 못했지만, 견제를 할 수 있는 당을 야당이라 한다. 대통령 또는 수상은 이 두 개의 당을 잘 조정하여 국정을 운영해야만 순조롭게 국정을 운영할 수 있다. 그러한 대통령이 바로 조정자이다. 조정자는 결코 대립하는 양당에 편중됨이 없이 두 의견을 잘 숙지하여 상호 조정의 단계를 거쳐 통합된 새로운 대안을 찾아내야 한다. 그렇게 조정과 소통으로 국정을 운영해야만 국민에게 유익한 정치를 할 수가 있다. 이러한 관점에서 보면 '여당/대통령(조정자)/야당'의 삼분 구조가 보다 현실적이고 민주적인 바른 정치를 구현할 수 있는 정치구조이다. 앞의 정치구조를 가장 잘 반영해주는 예시가 문제 1.1.3에서 살펴보았던 헤겔의 변증법인 '정반합'의 소통임을 떠올려 본다.

— 에니어그램

삼분법을 가장 극명하게 보여주는 예는 심리검사 MBTI[40]와 그 맥을 같이

하는 성격유형 검사의 일종인 에니어그램[41]이다. 에니어그램은 둥근 실에 아홉 개의 염주가 끼어 있는 모양을 취하고 있다. 우측 그림처럼 염주에 번호를 매기면 한 개의 삼각형(3-6-9)이 그려지는데 이것이 에니어그램의 기본 3요소[42]가 된다. 3과 6의 위치가 각각 수동과 능동적인 행위를 하는 자리라면 '3+6=9'라는 등식처럼 9의 자리는 3과 6의 두 행위를 조정하는 수가 되기에 삼각형의 정점에 자리 잡고 있다. 그러므로 에니어그램의 기본 3요소는 삼분법적인 관계로 설정되어 있다(우측 그림). 기본 3요소에 있는 수 3은 '느끼는'을 뜻하는 영어단어 'feeling'이다. 그것은 '괴롭다, 기쁘다, 외롭다, 고통스럽다, 사랑스럽다, …' 등과 같이 소극 또는 수동적으로 '느끼는' 성질이다. 반면에 수 6은 무엇을 행한다는 영어단어 'doing'으로 '사고한다, 기쁘게 해준다, 괴롭힌다, 고통을 준다, 사랑한다, …' 등과 같이 적극 또는 능동적으로 행동하는 성질을 말한다. 그러므로 수 9는 이 두 성질 모두에 관여하는 중용적인 성질을 갖는다. 그러므로 수 9(=3+6)는 영어단어로 '반적극적' 또는 '반수동적'이라고 말할 수 있다.[43] 마지막으로 삼분법의 실용적인 예를 하나 더 소개하고 이 절을 마친다.

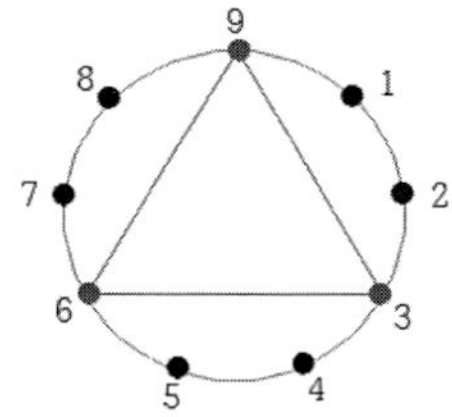

— 양자컴퓨터

우리가 현재 주로 사용하고 있는 디지털컴퓨터[44]에 이어 21세기 물리학의

---

40) MBTI는 심리검사의 한 종류인 「성격유형 검사」를 말한다. 이것은 스위스의 심리학자 융(Jung, Carl G. 1875~1961)의 심리 유형론을 바탕으로 Katharine C. Briggs와 Isabel B. Myers가 일상생활에서 자신과 타인의 성격 역동을 이해하는 데 유용하게 활용할 수 있도록 연구 개발한 16가지의 성격유형 선호 지표이다.

41) 에니어그램enneagram은 9를 의미하는 enneas와 그림을 의미하는 grammos라는 두 개의 그리스어가 합성되어 만들어진 단어로 '9개의 점으로 이루어진 그림'이라는 의미이다.

42) 김태화(2009), 235~247쪽.

43) 김태화(2009), 217쪽.

44) 전기의 스위치 상태가 '꺼짐/켜짐' 상태를 각각 '0/1'의 두 개의 비트에 대응시켜 연산 작업을 수행하

양자역학과 정보과학이 융합하여 만든 새로운 양자컴퓨터[45]가 멀지 않아 상용화될 것 같다. 디지털컴퓨터의 연산이 0과 1, 두 개의 비트로 처리하고 있는 반면에 양자컴퓨터는 0과 1의 중첩을 나타내는 한 개의 새로운 비트, 즉 큐비트qubit[46]을 도입하여 훨씬 빠르게 정보를 처리한다. '0/큐비트/1'로 써보면, 큐비트가 우측 그림처럼 앞에서 언급했던 삼분법의 중간 또는 사이에 해당함을 알 수 있다. 여러 대의 디지털컴퓨터를 병렬로 연결한 컴퓨터의 정보처리가 선형적이라면 양자 병렬로 연결한 양자컴퓨터의 처리 속도는 멱의 지수로 무척 빠르다. 그러므로 오늘날의 디지털컴퓨터로는 처리할 수 없는 많은 정보도 양자컴퓨터는 빠르게 처리해 낼 것이다. 21세기의 미래는 양자 정보처리 시대로 과학의 급속한 발전은 과거에는 전혀 불가능하다고 믿었던 것도 실현하는 4차 산업혁명의 시대로 인도하고 있다. 4차 산업혁명은 실용화된 드론, 인공지능 로봇 등을 사용한 산업의 전 분야에 대두된 혁명이다. 예전엔 상상 속에만 머물렀던 것이 실현된다는 것이다(1.5절의 표 1.1의 구호 'Thinking is real'). 현재까지 '비트코인' 가상화폐를 안전하게 통제하고 있던 블록체인의 프로그램 시스템도 양자컴퓨터가 실용화되면 쉽게 그 암호가 뚫릴 수 있다고 이 분야의 전문가들은 이미 경고하고 있다. 더욱, 양자 컴퓨터에 양자 인공지능이 결합하면 어떻게 될까? 라고 상상해본다. 그러면 과학의 공상적인 SF영화로만 생각했던 기계가 인간을 지배하는 그런 시대가 실제로 머지않아 도래할 수도 있다.

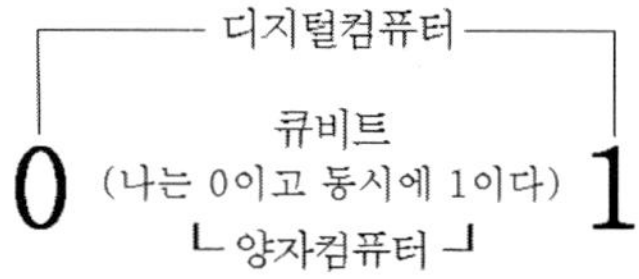

는 컴퓨터이다.

45) 1983년 로스앨러모스 연구소에서 행한 강연에서 최초로 파인만(Feynman)은 양자역학의 법칙을 잘 따르는 새로운 컴퓨터의 가능성을 제안했다.

46) 양자비트(quantum bit)의 약어이다.

스스로 배우는 코너 1.4

1. 1982년 논문에 발표했던 파인만(Richard P. Feynman, 1918~1988)의 양자컴퓨터의 아이디어를 찾아보고 디지털 방식과의 차이점을 말하여보아라. 또한, 현재까지 발전해 온 양자컴퓨터의 발자취를 조사한 후, 그 문제점과 단계적 보완내용을 발표하고 서로 토론하여보아라.
2. 일상에서 발견되는 또 다른 삼분법의 활용 예를 가능한 한 많이 찾아 요약한 후 그 내용을 발표하고 서로 토론하여보아라.
3. 문학과 예술 속에 활용된 삼분법의 예를 더 많이 조사해 보고 서로 토론하여보아라.
4. 불교 철학 또는 신학에서 삼분법의 활용 예가 더 있는지를 조사해 보고 만약 있다면 그것을 요약하여 발표한 후 서론 토론하여보아라.
5. 삼분법 활용의 한 예로 다루었던 에니어그램의 유래와 관련 자료들을 미카엘 슈나이더의 역서[47] 또는 필자의 책[48] 및 인터넷 등을 검색하여 그 내용을 분석/요약하여 발표한 후 서로 토론하여보아라.

1.5 11년을 주기로 살펴본 구호의 변화

21세기 수학은 어디로 가야 하는가? 라는 질문을 2007년도에 해석학 교재에 삽입해 두었던 내용을 여기에 옮겨본다. 수학을 가르치는 교수 방법에는 다양한 접근이 필요함을 잘 알고 있다. 18세기까지는 주로 미적분학을 중심으로 계산

47) Michael Schneider(1994), 이충호 옮김(2002), 316~322쪽.

48) 김태화(2009), 235~247쪽.

능력을 강조하였지만 19세기 초에는 기하학과 대수학을 중심으로 해방기를 맞이하였고 후반으로 이어지는 해석학의 산술화 바람은 실수계의 구축과 더불어 논리적 엄밀성을 더욱 강조하게 되었다. 20세기 후반부터 서서히 수학의 힘은 독창성에 그 초점을 이동시켜갔다.

1936년 영국의 수학자이며 논리학자였던 앨런 튜링은 논리적인 알고리즘에 기초하여 수학적 계산을 수행하는 'a-기계'('automatic machine'을 나타내며 오늘날 '튜링 기계'라고 부른다.)를 제조하여 컴퓨터과학과 인공지능이론의 발전에 크게 이바지하였기에 그를 컴퓨터과학의 아버지라 부른다. 그 후 오늘날의 컴퓨터가 탄생하여 발전해 왔지만, 1994년 이전까지는 컴퓨터의 발전과정으로 보면 도스 시대에 해당한다. 즉 노동자의 성실과 근면을 강조했던 산업화 시대와 맞물려 'Early Bird!'[49]라는 강령 아래 산업화와 공업화가 발전되고 도약한 시기였다.

1994년 미국은 빌 게이츠의 신화, 즉 '윈도 95'를 예상하고 법적인 지식재산권 정책[50]을 법률로 정하고 공포한다. 그리하여 그 이듬해인 1995년에는 도스 시대를 종식하는 새로운 운영체제, 즉 창문을 열어가는 운영체제인 '윈도 95'의 출시와 함께 혁신적으로 사회가 변화해 갔다. 이런 이유에서 1995년부터 향후 11년간인 2005년까지를 인터넷 시대라고 불렀다. 왜냐하면, 인터넷의 발전은 곧바로 정보화와 세계화의 시대를 예고했고 '아이디어가 돈이다(Brain is money).'라는 구호를 창출했기 때문이다. 이와 함께 창의성을 신장하는 다양한 프로그램도 끊임없이 개발되었다. 더욱 컴퓨터의 메모리칩과 광(光)랜의 끊임없는 확장과 개발로 2006년을 기점으로 아이디어를 돈으로 누가 먼저 바꾸는가 하는 시간의 문제로 그 구호가 바뀌었다. 2006년부터 그 후 11년인 2016년까지는 미국의 하버드 대학원생들이 '시간은 돈이다(Time is money).'라는 창의성

49) 일찍 일어나는 새가 벌레를 잡는다(The early bird catches the worm).

50) '복제는 불법이다.'라는 의미를 내포하는 copyright policy이다.

시대를 열었다. 즉, '아이디어(Idea) + 시간(Time) = 돈(Money)'라는 공식이 만들어졌다. 하버드대학의 대학원생들은 아이디어가 있다면 그것으로 먼저 돈을 벌고 대학원 공부는 나중에 하면 된다는 의미로 '벡투더하버드(Back to the Harvard!)'라는 구호를 남겼다. 이 시기가 바로 논리적인 사고, 즉 수학적 사고가 가장 절실히 요구됐던 시기이다. 왜냐하면, 시간의 단축은 바로 문제의 빠른 최적 해를 찾는 사고와 곧장 직결되기 때문이다. 이 시기의 혁신은 바로 애플사의 공동창시자였던 스티브 잡스와 스티브 워즈니악이 함께 이루어 낸 혁신적인 기술! 손가락으로 터칭 하는 아이폰이다. 이러한 기술의 발전은 오늘날 정보통신 분야에서는 유비쿼터스[51]의 시대를 가능하게 했으며, 스마트 폰의 원격 제어장치는 곧바로 산업과 농업에도 응용되었다. 최근에 우리는 로봇에 인공지능을 심어놓은 '알파고'라는 컴퓨터가 바둑 천재 이세돌과의 게임에서 이기는 것도 함께 지켜보았다.

이러한 새로운 변화의 움직임에도 불구하고 우리의 '대학 수능 입시' 때문에 초·중등 수학교육에서는 여전히 수학의 계산능력에만 비중을 두고 교육해 왔다. 각 기업이 새로운 아이디어를 갈구하고, 벤처의 붐이 일어나고 사회는 우리에게 계산능력보다 창의성을 더 절실히 요구하고 있었음에도 우리는 과거를 그대로 답습하고 있다. 이러한 고정관념의 틀을 바꿀 수 있도록 필자는 수학책 밖에서 새로운 아이디어를 찾는 노력이 절실함을 독촉한다. 어쩌면 모든 책 속에 수학의 창의성을 키우는 내용을 발견할 수 있다는 것은 참으로 놀라운 일이 아닐까? 미국의 한 저명한 수학과 교수는 만날 때마다 항상 수학책보다는 소설책을 읽고 있었다. 어느 날 필자가 그에게 왜 그렇게 소설책을 읽고 있느냐고 물었을 때, 그는 싱긋 웃으면서 다음과 같이 대답하였다.

---

51) 라틴어의 유비쿼터스ubiquitous는 '언제나 어디에나 존재한다.'라는 뜻이 있으며, 정보통신 분야에서는 시간과 장소에 구애받지 않고 언제나 네트워크에 접속할 수 있는 통신환경을 뜻한다.

기존의 수학책 속의 정리들은 내 것이 아니다. 난 수학책 밖에서 남들이 하지 않는 수학을 항상 찾고 있다. 틀에 박힌 사고를 떠나라. 비록 사소하고 엉뚱한 생각일지라도 그것이 남의 것과 달리할 때는 새로운 의미를 준다. 독창성은 기존의 틀을 부수고서야 그 힘을 얻지 않던가?[52)]

누가 처음 그러한 생각을 하였는가? 지금까지 아무도 생각하지 않은 새로운 생각, 즉, 독창성의 중요성을 강조하는 말이다. 컴퓨터의 무한한 발전은 21세기에도 새로운 변화의 시대를 계속 열어 가리라 믿는다. 특히 앞 절에서 잠깐 언급했던 양자컴퓨터의 발전은 그 누구도 예상하지 못할 정도로 놀라운 변혁, 즉 양자정보처리 시대를 열어줄 것이다. 그러한 개방된 변화의 물결 속에서 우리는 어떻게 적응해 가야 하는가? 그리고 다시 2017년부터 앞으로 11년은 어떻게 변화해 갈까? 이 시기의 구호는 무엇일까? 주마등처럼 여러 가지 의혹들이 떠오른다. 아마도 삼분법적인 사고로 학문적 연계와 융합을 지금보다 더욱 목말라하고 필요로 할 것이다. 필자의 예측 강령은 '생각이 현실이다(Thinking is real).' 그동안 4차원 속에 머물러있었던 꿈이 현실화하는 뜻한다. 비즈니스적으로 표현하면, '마음(순수의식)=돈(Mind is money)'이다. 예를 들면, 호흡 명상과 같은 창조 아이템이 차세대 돈벌이가 된다는 것이다.[53)]

기간	구호(slogan)	시대	중심인물 (컴퓨터)	운영체제
1984~1994	Early bird!	산업화, 공업화	앨런 튜링 (거인)	도스
1995~2005	Brain is money.	정보화, 세계화	빌 게이츠 (윈도 95)	윈도

52) 김태화(2002), vii 쪽.

53) 이것을 우리는 '4차산업' 혁명, 즉 인간의 지적 인지능력을 인공지능 로봇, 드론 등과 같은 것으로 대체하는 기계의 지능화 혁명이다.

2006~2016	Time is money. Back to the Harvard!	창의성, 유비쿼터스	스티브 잡스 & 워즈니악 (아이폰)	손가락 터치
2017~2027	Thinking is real. Mind is money.	양자 정보 처리	파인먼 (양자컴퓨터)	큐비트

스스로 배우는 코너 1.5

1. 독자 여러분은 주기를 다르게 설정하여 이 절의 마지막에 요약된 표의 구분에 기초하여 새롭게 분류하고 서로 토론하여보아라.

2. 앨런 튜링(Alan Turing), 빌 게이츠(Bill Gates), 스티브 잡스(Steve Jobs)와 스티브 워즈니악(Steve Wozniak)의 생애를 비롯하여 그들의 주된 업적을 찾아 공통점과 차이점을 서로 비교하고 토론하여보아라.

3. 급속한 과학 기술의 발전, 특히 레이저 빔의 발전과 컴퓨터 랜선의 변화를 레이저 빔의 크기[54)] 또는 빛의 세기에 따라 분류하고 앞으로의 변화추이를 예측하고 서로 토론하여보아라.

4. 최초의 도스 운영체제인 컴퓨터에서 양자컴퓨터 시대로, 동시에 오늘날의 유비쿼터스 시대를 가능케 했던 스마트 폰(iPhone, Galaxy, Nokia 등)의 출현과 더불어 인간이 편리성을 추구하는 생활의 변화에 근거하여 독자 여러분은 앞으로 11년 동안 이러한 매체들이 어떻게 발전하고 변화해 가리라고 예측하는가? 그것을 발표하고 서로 토론하여보아라.

---

54) 김태화(2009), 267~269쪽.

1.6 메타언어의 이해

언어의 기호적 특성을 과학적인 체계로 처음 나타낸 사람은 스위스 언어(기호)학자 페르디낭 드 소쉬르이다. 그가 죽은 후 1916년 그의 제자들이 스승의 강의 노트를 편집하여 재구성한 『일반언어학 강의』[55]에서 언어란 기표記表, signifiant와 기의記意, signifié로 구성된 기호로 처음 해석했다. 언어학에서 언어를 기호로 인식하듯이 같은 맥락에서 수학의 논리에서도 오직 순수한 형식언어(기호)를 사용하여 긴 구술적인 문장들을 그 의미가 간결하고 분명하게 표현한다는 점에서 수학의 논리 형식은 기호학을 따른다고 볼 수 있다. 단지 차이가 있다면 1.1절에서 살펴보았듯이 문학의 한 강좌인 일반언어(기호)학은 문학의 삼분법 체계(모순어법)를 취하고 있지만, 수학의 논리는 '참/거짓'을 판별하는 이분법 체계라는 것이다. 그럼 메타언어란 무엇을 말하는가? '메타'라는 접두어를 사전에 찾아보면 '함께, 후에, 변화하여'라는 세 가지 의미가 있다. 접두어 '메타'가 붙어있는 영어단어는 무수히 많다. 그중에서 우리가 문학에서 자주 접하는 '은유metaphor'라는 단어를 살펴보자. 이 단어의 그리스어는 metaphorá, 즉 변화를 나타내는 접두어meta와 '나르다' 또는 '이동하다'를 나타내는 phérein에서 유래되었다. 그러므로 메타언어는 본래의 언어에서 변화된 언어이다. 일본어 번역에서 '메타'를 한자접두어 '초超'로 표기한다. 이상을 종합하면 '메타'라는 접두어는 사다리를 타고 한 계단씩 위쪽으로 올라가는 것처럼 층위 체계로 구성되어 있다고 생각할 수 있다. 다음 그림처럼 처음의 언어에서 시작하여 메타언어(ML), 그다음은 메타 메타언어(MML), 이처럼 계속하여 그 개념은 일반화되고 추상화되어 뻗어나갈 것이다.

---

55) Ferdinard de Saussure, *Cours de linguistique* générale, 1916. 최승언 옮김, 『일반언어학 강의』, 민음사, 1997.

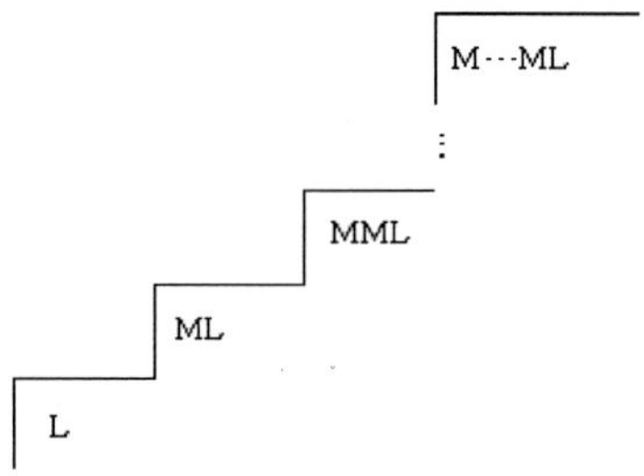

(단, L=language, ML=metalanguage, MML=meta metalanguage, etc.)

달리 표현하면 메타언어란 간단히 고차언어, 즉 층위 언어이다. 어떤 대상의 언어보다 높은 차원의 초超 언어인 새로운 기호체계를 의미한다. 언어(기호)학의 용어를 빌리면 어떤 언어를 분석하고 기술하는 데 사용되기 때문에 '언어 분석적 언어'라고 말한다. 한 비유를 예로 들어보면, 언어가 정물화나 사실화의 그림이라면 메타언어는 가지를 쳐낸 추상화 또는 초현실주의 예술품에 상응한다.

그렇다면 우리는 메타언어를 어떻게 해석할 것인가? 이 질문에 대한 명확한 답은 없지만, 수리 철학적 사고로 접근할 수 있는 한 가지 방법을 소개해 보자. 고차언어 또는 메타언어는 처음의 언어를 어떤 함수에 의하여 암호화해 놓았다고 간주할 수 있다. 하나의 예를 들면, 이상의 유고 시 「1931년(작품 제1번)」의 다음 인용을 살펴보자.

> 10
>
> 나의 방의 시계 별안간 13을 치다. 그때, 호외의 방울 소리 들리다. 나의 탈옥의 기사.
>
> 불면증과 수면증으로 시달림을 받고 있는 나는 항상 좌우의 기로에 섰다.
>
> 나의 내부로 향해서 도덕의 기념비가 무너지면서 쓰러져 버렸다. 중상. 세상은 착오를 전한다.
>
> 13+1=12 이튿날(즉 그때)부터 나의 시계의 침은 3개였다.[56]

앞 인용에서 '13'도 하나의 메타적 수이다. 왜냐하면, 실제로 시계가 '13'번의 종을 칠 수가 없기 때문이다. 오후 한 시에 한 번 종을 친 것을 듣고 그는 오전 내내 12번치고 이어서 한 번 더 친 것으로 연상하고 있다. 그리고 10연의 마지막 줄의 첫 시작인 한 개의 수식 '13+1=12'는 '자정'의 시각을 나타내는 메타언어로 기술된 수식이다. 이것은 시계의 13시(낮 1시)를 거울에 비춘 모양, 즉 거울 함수 Mir[57] 을 사용하여 시계를 그려보면 다음과 같다.

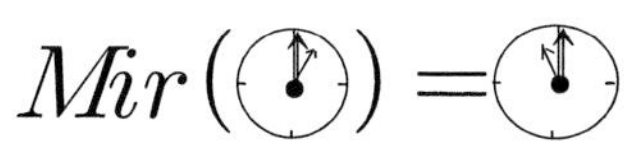

간편하게 시간만 함수로 표기하면 $Mir(13)=11$인 셈이다. 이 숫자는 거울 함수 Mir가 대립 세계를 표상한다고 가정하면 13시(낮의 시간대인 오후 1시)에 대립하는 밤 11시를 가리킨다. 앞의 시계로 나타낸 그림으로부터 다음 관계가 곧바로 얻어진다.

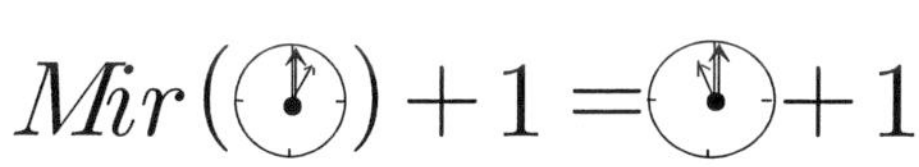

대립개념을 나타내는 거울 함수 Mir로 표기된 우측의 시계 시간은 낮에 대립하는 밤의 시간대이다. 위의 그림을 거울 함수 Mir와 시간만으로 간단히 표현하면 $Mir(13)+1=12$가 되고 이제 추상화 또는 기호화의 과정으로 거울 함수 $Mir(\ )$를 벗겨내면 '13+1=12'라는 수식만 남게 된다. 그러므로 이것은 메타언어로 표현된 하나의 수식, 즉 정오를 의미하는 수식 '11+1=12'에 대립하는

56) 「1931년(작품 제1번)」, 김윤성 역, 『현대문학』, 1960.11, 『전집 1』, 191쪽. 이 시는 「황의 기 작품 제2번」, 「작품 제3번」과 함께 쓴 연작시이다. 이들을 쓴 날짜는 정확히 알 수 없지만 여기서 백부의 기일을 1932년 5월 7일로 표기하고 있는바 '1931년'을 회고하는 형식으로 32년 이후 겨울을 지내고 봄을 맞이하면서 쓴 것으로 추측된다.

57) 앞으로 거울 함수mirror function을 간단히 Mir로 표기하고 그 값을 거울상이라 한다. 모든 실수 x에 대하여 $Mir^2(x)=x$이다. 예를 들면, Mir^2(E)=Mir(Ǝ)=E이고 Mir(3)=ε에서 보듯이 거울 이미지는 수평 이동이다.

자정의 시각을 나타내는 메타 수식이다.[58] 앞의 예에서 살펴보았듯이 매 단계 암호로 코드화된 메타언어를 이해하려면 각 단계에 꼭 맞는 메타 함수를 찾아보는 것이다. 이 일은 결코 쉬운 일이 아니다. 수학과 문학의 두 분야에 대한 상호보완적인 분석과 융합연구가 있어야만 가능하다.

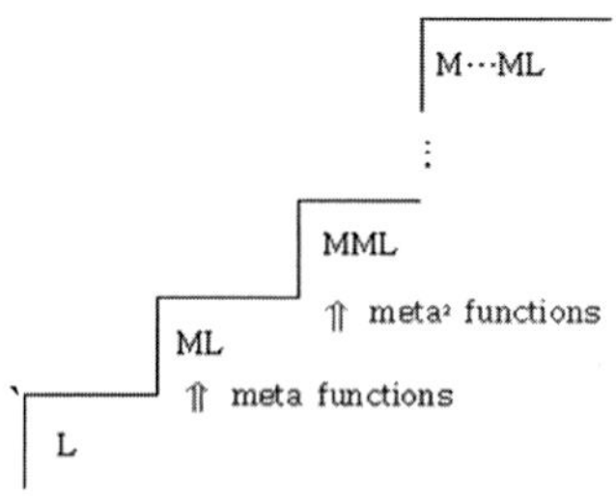

요절한 귀재 이상의 문학 속에는 메타적 의미를 포함하는 다양한 수학 용어, 상징 기호, 도형, 수, 번호, 수식 또는 연립방정식 등으로 기술되어 있는 메타언어들을 많이 찾아볼 수 있다.[59] 특별한 하나의 예를 더 살펴보자. 이것은 오늘날 최소주의예술[60]에서 주로 하는 글쓰기에 더 가깝다고 말할 수 있겠다.

이상은 「삼차각설계도(선에 관한 각서 6)」[61]에서 방위를 나타내는 네 개의 기호를 다음처럼 써 놓았다. 이어서 두 개의 방위 기호를 수학의 덧셈 기호 '+'로 결합한 네 개의 방위 기호 합으로 표현했고, 마지막에는 'etc'라고 적어두었다.

---

58) 김태화(2009), 168~169쪽 또는 이상리뷰 10호(2015), 93~94쪽.

59) 김태화(2015, 2016), 이상리뷰 10호(13쪽의 <표 1>), 11호(42~47쪽).

60) 최소주의는 2차 세계대전을 전후하여 시각예술 분야에서 출현하여 다양한 분야로 전파된 '단순함과 간결함'을 추구하는 예술문화의 한 흐름으로 이 용어는 1960년대부터 쓰이기 시작하였으며, 최초의 최소주의예술은 1913년 러시아의 화가 카지미르 말레비치가 ■와 같이 '흰색 바탕에 검은색 4각형'을 그린 것이다.

61) 앞으로 본문에서 원시의 제목 「三次角設計圖－線에關한覺書 n」을 번역할 때는 현대식 한글맞춤법에 따라 「삼차각설계도－선에 관한 각서 n」로 표기하고, 그 후 재인용 할 때는 간단히 「각서 n」로 쓴다.

숫자의 방위학

4 ⊲ ⊳ ᔨ

숫자의 역학

시간성(통속사고에의한역사성)

속도와 좌표와 속도

⊳ +⊲

⊲ +⊳

4 +ᔨ

ᔨ +4

etc [62]

작가 이상은 '숫자의 방위학'으로 동서남북의 네 방위를 나타내는 방위 기호 '4'을 양손에 쥐고 마치 접었다 펼 수 있는 부채를 갖고 놀이를 하는 듯하다. 부채를 접은 상태는 오직 '4'만 보인다. 양손을 이용하여 좌우로 활짝 펼쳐보아라. 어떤가? 다음 그림처럼 접어서 양손에 쥐고 있던 '4'가 왼손이 움직이는 방향 쪽의 끝 — 엄밀히 말하면 좌측으로 90도 회전한 곳 — 에는 '⊲'이 얻어지고 동시에 오른손이 움직이는 방향 쪽의 끝에는 '⊳'가 각각 얻어지고, 다시 한번 좌측에 있는 '⊲'를 반시계방향으로 90도 회전시키거나 거꾸로 우측에 있는 '⊳'를 시계방향으로 90도 회전시키면 'ᔨ'가 얻어진다.

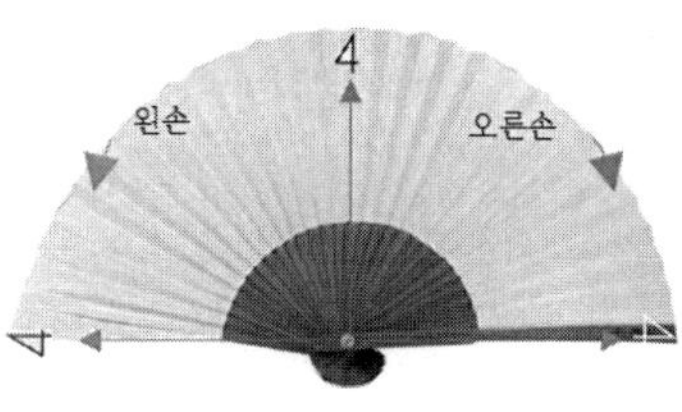

그림 1.2

62) 「각서 6」, 임종국 편, 『이상전집』, 1956, 『전집 1』, 65~66쪽.

다른 한 방법은 지구의 자전 방향(반시계 방향 또는 수학에서는 양의 방향)으로 '4'을 90도 회전시키면 '⊲'이 얻어진다. 기호 '⊳'은 '⊲'을 지구의 자전 방향으로 180도 회전시킨 것이다. '4'와 'ᔭ'의 관계도 어느 하나를 똑같은 방향으로 180도 회전시키면 나머지 하나가 얻어진다.

문학의 힘을 빌려 이러한 방향 회전은 우주를 날고 있는 우주 비행선이 좌우와 상하로 방향 전환을 하는 것과 밀접한 관계가 있다고 상상해보아라. 대자연에서 쉽게 관찰할 수 있는 나비들의 비행처럼. 위의 그림 1.2에서 좌우로 펼쳐진 곳에 나타난 두 개의 방향 기호 ⊲와 ⊳사이에 덧셈 기호인 '+'가 결합하면 '⊲ +⊳'이 얻어지고 상하, 즉 북쪽에 있는 방향 기호 4와 여러분이 부채를 거꾸로 펼칠 때 나타나는 남쪽에 있는 방향 기호 ᔭ을 덧셈 기호를 사용하여 결합하면 '4 +ᔭ'가 얻어진다. 더욱 양방향에 있는 방위 기호를 서로 맞바꾸어 덧셈 기호로 결합하면 나머지 두 개의 방위 기호 합인 '⊳ +⊲'와 'ᔭ +4'을 곧바로 얻을 수 있다. 그런데 수학의 덧셈 기호는 문학적으로 조명할 때는 '결합'해본다는 것이다. 그러므로 방위 기호 합으로 표시된 '⊳ +⊲'와 '⊲ +⊳'는 두 방위 기호를 서로 결합해보라는 의미가 아닐까?

그런데 어떻게 이 두 기호를 결합할 수 있을까? 이 질문을 살펴보기 전에 먼저 이상의 유고 시 「무제—죽은 개의 에스프리」63)에서 발췌한 다음 인용을 주목해보자.

> 지구의 절편과 일치할 수 있는 지구인력의 보각의 수량을 계산한 비정은 물려 죽은 개의 에스프리를 태운 채 작용하고 있었다 — 속도를—
> 그것은 마이너스에서 0으로 도달하는 급수운동의 시간적 현상이었다.64)

---

63) 신범순, 「이상의 무한정원 삼차각나비」, 현암사, 2007. 이 책에서 저자가 이상의 5편의 「무제」라는 제목을 갖는 유고작품을 구분하고자 이름 붙인 「무제—고왕의 땀」, 「무제—궐련 기러기」, 「무제—악성의 거울」, 「무제—육면거울방」, 「무제—죽은 개의 에스푸리」를 따랐다. 또는 박현수, 「이상 문학 연구의 새로운 기원—신범순, 이상의 무한정원 삼차각나비」, 이상리뷰 6호, 이상문학회, 2007, 304쪽.

위인용에 있는 "비정(飛艇)"은 오늘날의 우주 비행선에 해당한다. 이러한 비정이 방향 전환을 할 때의 모습은 어떤가? 그것을 살펴보기 위하여 두 개의 방위 기호 '⊳'와 '⊲' 또는 '⊲'와 '⊳'를 각각 '+'기호 쪽으로 좌우로 천천히 자연스럽게 이동시키면 마지막에는 똑같은 모양의 '나비모형' ⊲⊳가 얻어진다. 그렇지만 이 두 종류의 방위 기호를 이동시켜 결합했을 때 비록 마지막 모양은 똑같지만, 다음 그림처럼 오늘날의 우주 비행선에 해당하는 '비정'이 방향 전환을 수행하는 과정에서는 그 차이점이 여실히 드러난다.

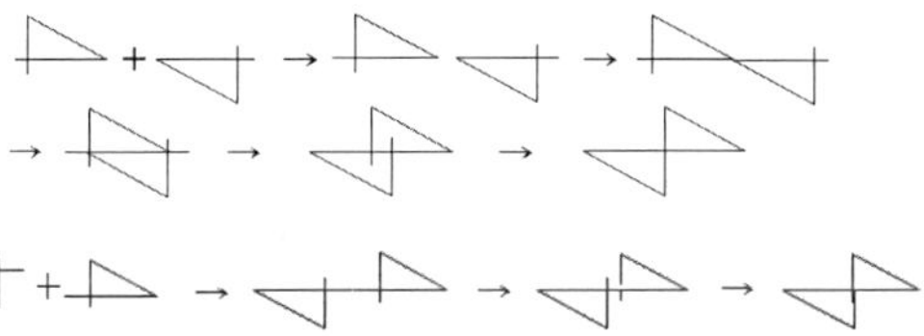

그림 1.3

유사하게 두 개의 방위 기호 합 '4 +▽'와 '▽ +4'을 결합해보면 '나비모형' ϟ가 얻어지고 다음 그림처럼 서로 다르게 방향 전환을 하고 있음을 엿볼 수 있다.

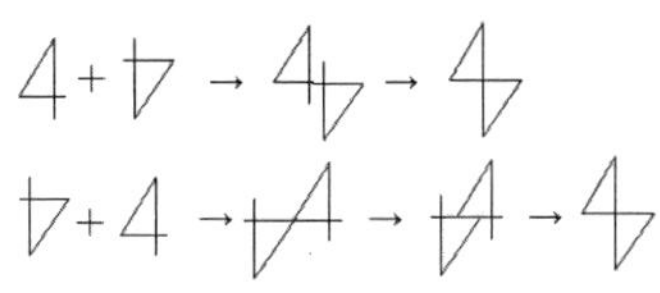

그림 1.4

이러한 관찰은 덧셈 기호와 방위 기호로 이루어진 방위 기호 합을 이해하고 분석하는 데 있어 수학자들은 먼저 논리적인 증명 이전에 어떤 패턴을 인식한다. 그런 후, 그러한 패턴 현상들을 앞에서 설명했던 퍼즐을 맞추는 것처럼,

---

64) 「무제－죽은 개의 에스푸리」, 김수영 역, 『현대문학』, 1960.11, 『전집 1』, 163쪽.

다양하게 조작해가면서 숨겨진 원리를 찾는다. 그러므로 「각서 6」에는 오늘날의 우주 비행선과 유사한 '비정'을 표상하는 서로 반대 방향으로 날아가는 두 종류의 나비모형인 ◁▷와 ⊽⊼가 이 시 속에 잠재해 있다고 추론할 수 있다.[65] 이것은 나비처럼 우주를 여행하는 비정(비행선)의 비행 모습을 미니멀아트로 그려낸 것이다.

그런데 앞 「각서 6」의 인용 마지막에 기술되어 있는 'etc'는 무엇인가? 이 물음에 대한 답을 찾아보기 위하여 그림 1.2의 부채를 쥐고 있는 손을 그대로 부채를 쥔 채로 부채의 종이가 붙어있는 날개 끝부분만 아래쪽으로 향하게(수학적으로는 수직 이동) 하여보아라. 앞과 똑같은 방법으로 좌우로 펼쳐보아라. 어떤가? 부채의 끝은 '∇'이 되고 좌우 두 끝에는 '⊿'와 '▷'이 나타남을 알 수 있다. 마찬가지 방법으로 좌측에 있는 '⊿'을 시계방향으로 90도 회전시키거나 우측에 있는 '▷'을 반시계 방향으로 90도 회전시키면 곧바로 '△'가 나타난다. 그러므로 'etc'로는 새로운 네 개의 방위기호 합 '∇+△, △+∇, ⊿+▷, ▷+⊿' 등이라고 생각할 수도 있다. 이것으로부터 또 다른 두 개의 나비모형 '⊽⊼, ⊿▷'을 얻을 수 있기 때문이다. 위의 8가지 이외에도 추가로 더 많은 방위 기호 합으로 표현할 수 있다는 것이다. 그러한 경우 비행하고 있는 '비정'의 모습을, 모든 각도에서 관찰할 수 있듯이, 여러 가지 나비모형들을 바라보는 각도에 따라 얼마든지 창조할 수 있다. 여기서 한 가지만 더 소개해 보자. 앞에서 두 개의 방위 기호 합 '▷ +◁'와 '◁ +▷'로부터 나비모형 ◁▷를 창조했다. 역으로 나비모형 ◁▷을 45° 시계방향으로 회전시켜보자. 그러면 어떤가? 그것은 다음 그림처럼 방위 기호 '▷'(또는 '◁')을 시계방향으로 45° 회전하고 '◁'(또는 '▷')은 반시계 방향으로 45° 회전한 것을 서로 결합한 방위 기호 합 '◸+◺' (또는 '◺+◸')로 나타낼 수 있기 때문이다. 이 경우 둘을 서로 결합해 그려보면 다음처럼

65) 김태화(2015), 4~113쪽

또 다른 나비모형 '⧗'이 얻어진다.

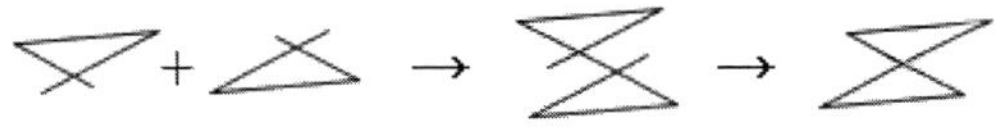

이처럼 모든 방향에서 앞에서 찾았던 두 개의 나비모형 ⊲⊳와 ⧖을 임의의 각도로 시계방향 또는 반시계 방향으로 회전시키면 실제로 비행하고 있는 우주선의 모습을 모두 다 그려낼 수 있지 않은가? 거꾸로 이렇게 변형된 수많은 나비모형을 분해하면 무수한 방위 기호 합이 만들어질 수 있으므로 작가 이상은 이러한 현상을 마지막에 'etc'로 덧붙여 놓지 않았을까? 하고 생각했다.

수평과 수직 이동은 선형변환(linear transformation)66)이다. 위에서 이동과 결합을 사용하여 나비모형을 찾는 과정도 메타 함수인 선형변환을 반복적으로 적용한 것으로 생각할 수 있기에 네 개의 방위 기호 합 '▻ +◅, ◅ +▻, 4 +⊳, ⊳ +4'는 모두 메타 기호 식이다. 결론적으로 모든 메타언어로 써진 코드를 이해할 때는 다양한 메타 함수가 있음을 인식하고 열린 사고로 접근해야만 하나의 근사해를 찾을 수 있다.

스스로 배우는 코너 1.6

1. 페르디낭 드 소쉬르(Fredinard de Saussure, 1857~1913)는『일반언어학 강의』에서 언어기호는 기표(말소리)로 번역되는 시니피앙과 기의(의미)로 번역되는 시니피에로 구성되며, 이 둘 사이에는 어떤 필연성도 없다고 말한다. 독자

---

66) 선형대수학에서 선형(벡터)공간 위에 정의된 변환 사상 T로 모든 스칼라 α, β와 벡터 x, y사이에 $T(\alpha x + \beta y) = \alpha Tx + \beta Ty$을 만족한다. 특히 유클리드공간에서는 원점을 지나는 직선들을 나타낸다.

여러분도 이 책을 읽어보고 언어학에 대한 그의 강의의 핵심을 요약하여 발표하고 서로 토론하여보아라.

2. 소쉬르 이후 언어학의 변천 과정을 살펴보고 오늘날은 언어학을 어떻게 정의하고 분류하는지를 조사한 후, 그 내용을 요약하여 발표한 후 서로 토론하여보아라.

3. 본문 마지막에 인용했던 초기 시 「각서 6」의 인용에 있는 ‘etc’에 해당하는 새로운 4개의 방위 기호 합 ‘◹+◭, ◭+◹, ◁+▷, ▷+◁’로부터 창조된 두 나비모형 ‘◹◭, ◁▷’에서도 각각 그림 1.3과 1.4처럼 방향 전환 시 나타나는 변화과정을 자세히 그려보아라.

1.7 피타고라스 학파: '만물=수'

피타고라스(Pythagoras, B.C. 582?~B.C. 497?)는 이오니아의 철학자로 그와 그의 학파에 관한 이야기는 피타고라스 학파의 영향을 받은 그리스의 철학자인 플라톤, 그의 수제자 아리스토텔레스 등의 책에서 부분적으로 언급되었던 내용을 역사가들과 과학자들이 오랫동안 분석하고 종합해 놓았지만, 여전히 미스터리 산물들이다. 그래도 수학사의 측면에서 보면 오늘날 피타고라스의 정리로 잘 알려진 직각삼각형의 세 변에 대한 기하학적인 한 패턴을 대수 방정식으로 표현했던 것으로 유명하다.[67] 기하학적인 직관을 대수 방정식으로 바꾼 첫 표현이다. 우리는 오늘날 구면 위에 (2차원) 좌표개념을 도입하여 지구의 구면 위의 한 점을 좌표 (x, y)[68]와 같이 대수적으로 처음 표현했던 르네 데카르트

67) $c^2 = a^2 + b^2$, 여기서 c는 빗변의 길이, a와 b는 나머지 직각을 낀 두 변의 길이를 나타낸다.

보다 훨씬 이전에 그러한 것을 시도했다는 점에서 이 정리의 가치를 되새겨본다. 특히, 그의 학파는 당시의 그리스 철학자들이 우주를 구성하는 만물에 대한 최초의 근원을 흙, 공기, 물, 불 등의 물질적인 원소들로 설명하는 것과는 대조적으로 '만물=수', 즉 비물질적인 수에 있다고 생각했다는 것이 우주의 근원을 바라보는 관점에서 이성적 또는 과학적인 사고의 출발이라고 여겨진다. 여성 과학저술가인 마거릿 웨르하임은 이러한 시각을 다음처럼 표현한다.

> 이오니아인들 중에 특히 한 사람은 후세에 큰 영향을 미쳤다. 동료 철학자들이 세계를 흙, 공기, 불, 물 등의 물질적 원소들로써 설명하기에 골몰해 있었던 것과는 대조적으로, 사모스섬 출신인 피타고라스(Pythagoras)는 실재의 본질이 비물리적인 수(數)의 마술에 있다고 보았다. 그는 우주가 수의 속성들 및 그들 간의 관계로 설명될 수 있다고 믿었으니, 이러한 철학은 <만물은 수>라는 그의 금언에 집약되어 있다.[69)]

피타고라스와 그의 학파에 대한 자료들은 인터넷 또는 관련 서적들에서 쉽게 찾아볼 수 있기에 그러한 내용은 생략하고 2007년에 출간된 『올 댓 피타고라스의 정리』라는 책에서 인용했던 옛사람들이 피타고라스에 대해 평가를 했던 몇몇 잠언들의 소개로 시작해보자.[70)]

- 피타고라스는 성인이자 예언자로 또한 광적인 교단의 창시자로서 격려와 추앙을 받았다.
- 피타고라스는 지구가 하나의 구(sphere)이며, 우주 안에서 궤도운동을 한다고 주장하였다.
- 피타고라스는 현대 과학을 태동시킨 네 명의 주역 가운데 한 사람이었다.

---

68) 경도 x와 위도 y를 나타낸다.

69) Margaret Wertheim(1995), 앞의 역서, 24쪽.

70) 이만근·전병기 엮음, 『올 댓 피타고라스의 정리』, 경문사, 2007, 19~20쪽.

– 피타고라스 이후에 플라톤과 아리스토텔레스의 거짓된 주장으로 인하여, 지구가 한 곳에 고정되어 있지도 않고, 우주의 중심도 아니라는 사실이 증명될 때까지 2000년이라는 긴 세월이 걸려야 했다.

– 피타고라스는 어떤 면에서 보면 자연주의자였으며, 그의 생각과 사상은 다윈보다 2500년이나 앞선 것이었다.

– 피타고라스는 지구가 우주의 중심에 있는 거대한 불덩어리인 태양의 주위를 회전하고 있다고 생각하였다. 그런데 과연 무엇이 코페르니쿠스[71]에게 그의 생각을 이어받게 했는가?

– 피타고라스 가르침은 사회적, 윤리적, 미적인 자연의 법칙 속에 평온히 깃들어 있다.

피타고라스 학파는 그들이 비밀리에 수행해 왔던 자연에 대한 신비로운 비밀, 즉 규칙들을 수라는 추상적이고 형식적인 기호 개념에 일치시켜 생각했다. 그래서 '만물=수'라고 말했던 태도는 위의 잠언들을 종합해 볼 때, 오늘날의 우리가 말하는 과학적인 일면을 고집했던 것으로 유추할 수 있겠다. 무엇보다 그의 학파가 비밀리에 수행했던 모든 학문적인 것들 역시 후세에는 그의 이름을 딴 것으로 전해지고 알려졌지만, 오늘날 우리가 알고 있는 과학발전의 과정들을 뒤돌아보면 그것들은 항상 인간의 편리성을 추구하며 발전해 왔음을 엿볼 수 있다. 피타고라스의 정리 역시 그러한 측면에서 보면 신이 수학자에게 준 기하학적인 원이란 도구를 편리하게 사용할 수 있도록 대수적으로 탈바꿈시킨 것으로 해석할 수 있겠다. 왜냐하면, 오늘날의 스마트 폰처럼 어떻게 하면 사람들이 편하게 그것을 이용할 수 있을까? 라는 관점에서 살펴볼 수 있기 때문이다. 엄밀히 말하면 직관적(기하학적)으로 원을 대수적(방정식)으로 표현한다는 것은 실로 수학이라는 학문의 증명과정에 도입할 때는 아주 편리한 도구가 된다.

---

71) Nicolas Copernicus(1473~1543)는 폴란드의 천문학자로 1520년경 「천체의 회전에 관하여(De revolutionibus libri sex)」라는 논문에서 프톨레마이오스의 지구중심설(약칭 천동설)을 부정하고 태양 중심설(약칭, 지동설)을 주장했다.

자와 컴퍼스와 연필만으로 그려보는 기하학적인 작도 문제는 어린 시절에는 무한한 상상력을 키워주는 멋진 상상의 도구들이다. 특히 연필을 끼운 컴퍼스로 다양한 원을 그리고 그것들의 변형을 시도해 보면 누구나 이상하리만치 다양함을 즐길 수 있다. 그런데 누군가로부터 당신은 완전한 원을 그릴 수 있는가? 라는 질문을 받는다면 바로 대답하지 못하고 아마도 잠시 망설여질 것이다. 왜냐하면, 그것은 결코 작도만으로는 그려낼 수 없기 때문이다. '완전함'이란 오직 신만이 할 수 있다. 마치 예술가들의 삶을 집대성한 바사리의 전기에서 자주 인용되는 조토의 원처럼. 그의 전기에 따르면 14세기에 교황 베네딕투스 11세는 바티칸에서 일할 미술가를 선발하면서 각자 자기 재능을 보여줄 수 있는 작품을 하나씩 제출하라고 했다. 그런데 디자인과 구성의 대가로 알려진 피렌치의 화가 조토(Giotto di Bondone, 1267~1337)는 그냥 원 하나만 그려 제출했다. 이것을 '조토의 O'라고 부른다. 그런데도 그는 위원으로 선발되었다. 왜 그랬을까? 단순한 원에 무슨 감동적인 무엇이 숨어 있단 말인가? 그 이유는 완전한 하나의 원을 그리는 행위가 그 무엇보다도 어렵다는 것을 의미한다. 그런데 이러한 원을 이젠 완전하게 나타내는 새로운 대수적 표현 방법이 있으니 그것이 바로 아래 그림처럼 데카르트의 평면 좌표 위에 그려본 직각삼각형! 즉 피타고라스의 정리를 적용하여 나타낸 원의 방정식이다.

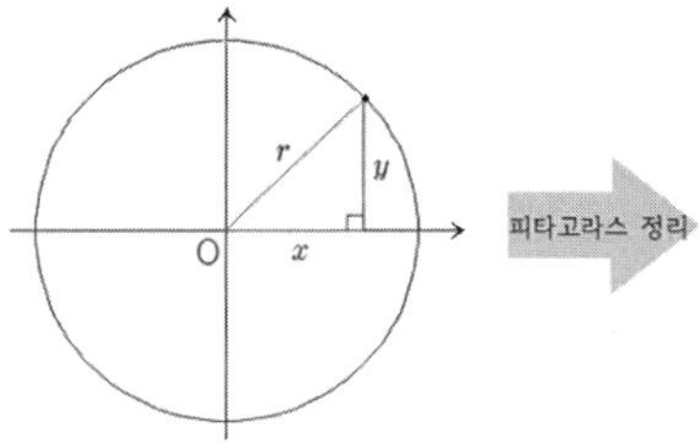

$$x^2 + y^2 = r^2$$
(원의 방정식)

이외에도 피타고라스 정리의 활용은 거의 수학의 반을 차지할 정도라고 하니 정말로 이 정리가 초기 기하학뿐만 아니라 과학에 끼친 영향은 실로 대단한 것이다. 이제부터 이 정리의 뿌리를 조금 살펴볼 예정이다. 이를 위하여 인터넷

정보와 주석 16, 70에 있는 두 책과 리처드 만기에비츠의 번역서[72)]도 참고했다. 상세한 내용을 읽어보고 싶다면 방금 소개했던 참고서적들을 찾아 읽어보기를 권한다. 피타고라스와 그의 학파와 관련된 고대 문헌들과 참고문헌들에서는 오늘날 피타고라스의 정리라고 부르는 내용은 다음과 같다.

> 임의의 직각삼각형의 빗변 길이의 제곱은 직각을 낀 나머지 두 변 길이의 제곱 합과 같다.

이 정리는 피타고라스가 태어나기 무려 1000여 년 전인 기원전 1800~1659년경에 바빌로니아인들도 이미 알았고, 기원전 1500~600년 사이의 베다 시대에 살았던 인도사람들도 알고 있었다. 특히, 기원전 500~200년경에 쓰진 것으로 추정되지만 그 내용은 그보다 500년가량 앞선 중국의 상왕조의 기록에 바탕을 둔『주비산경』에는 다음 그림처럼 '구고현의 법칙(勾股弦法)'이라고 부르는 피타고라스의 정리가 '句^2+股^2=弦^2'라고 서술되어있고 그림 속에는 기하학적인 증명이 그 속에 포함되어 있다.

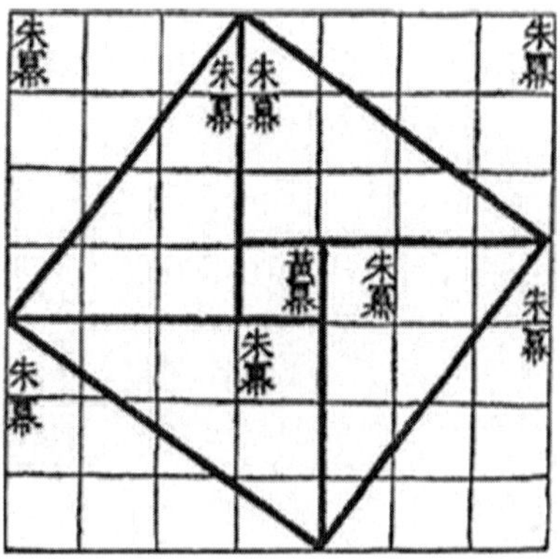

72) Richard Mankiewicz, *The story of mathematics*, Cassell & Co. 2001. 이상원 옮김,『문명과 수학』, 경문사, 2002, 3장(31~38쪽).

왜냐하면, 오늘날 피타고라스의 삼각형 또는 이집트 삼각형이라 불리는 '3-4-5'를 변으로 하는 직각삼각형을 기하학적인 증명에 사용하고 있지만, 그 이면에는 임의의 직각삼각형에도 이 방법을 적용할 수 있기 때문이다. 이 사실을 보이기 위하여 먼저 피타고라스의 삼각형에 句 = a, 股 = b, 弦 = c라 두면, 구고현의 법칙은 句² + 股² = 弦² $\Leftrightarrow$ $a^2 + b^2 = c^2$이다.

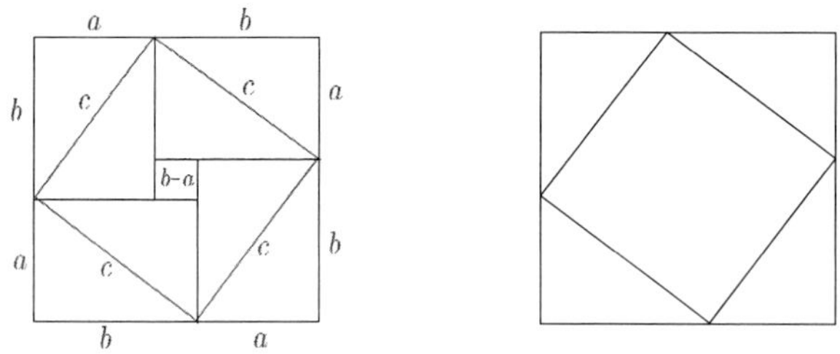

(a) (b)

그림 1.5

왜냐하면, 그림 1.5의 (a)처럼 각 변의 길이를 a, b, c라 해보자. 그러면 바깥의 큰 정사각형의 넓이는 $(a+b)^2$이고 이것은 두 변이 a와 b로 이루어진 4개의 직사각형(총넓이 = $4ab$)과 한가운데 한 변의 길이가 $b-a$인 작은 정사각형(넓이 =$(b-a)^2$)으로 구성되어 있다. 그러므로 이들의 관계를 식으로 나타내면 다음과 같다.

$$(a+b)^2 = 4ab + (b-a)^2 = a^2 + b^2 + 2ab$$

다른 한편, 그림 1.5의 (b)처럼 간단히 그려보면, 이젠 바깥의 큰 사각형은 그 속에 있는 4개의 똑같은 직각삼각형(총면적의 합 = $2ab$)와 한 변이 c인 정사각형(면적 = c^2)을 내접시켜 놓은 것으로 볼 수 있기에 $(a+b)^2 = c^2 + 2ab$가 된다. 이제 앞의 식과 결합하여 놓으면 다음처럼 피타고라스의 정리를 곧바로 얻을 수가 있다.

$$a^2 + b^2 + 2ab = c^2 + 2ab \Leftrightarrow a^2 + b^2 = c^2$$

또 하나 피타고라스의 위대함을 지적하고 싶다. 그것은 오늘날 물리학에서 뉴턴과 갈릴레이의 고전역학에서부터 아인슈타인의 상대성이론이 있기까지는 코페르니쿠스의 지동설에 앞선 피타고라스의 우주관이 그 밑바탕에 초석으로 깔려있다. 앞에서 살펴보았던 잠언 중 "피타고라스는 지구가 우주의 중심에 있는 거대한 불덩어리인 태양의 주위를 회전하고 있다고 생각하였다"라고 말하고 있는 것처럼, 그는 수학에서는 기하학적인 사고를 대수적 사고로 바꾼 최초의 인물이요, 물리학의 관점에서는 우리의 우주를 새로운 과학적인 관점으로 보고자 노력했던 최초의 사람이다.

이제부터 피타고라스와 그의 학파의 수에 관한 수비학적인 태도들을 잠깐 들여다보자. 수를 숭배한 피타고라스 학파의 우주론에 따르면 1은 수의 근원이며 '이성의 수'로써 비물질적 신성인 아폴로와 동일시해왔던 반면에 2는 맨 처음의 짝수, 지고의 여성적 원리일 뿐 아니라 물질과 연관되는 '의견의 수'로 간주해 왔다.

3은 1(첫 남성)과 2(여성)가 결합하여 낳은 처음의 진짜 남성의 수이고 단일성과 다양성으로 구성된 '조화의 수'라고 말하고 있다. 4는 4원소(흙, 물, 불, 바람), 4계절(봄, 여름 가을, 겨울), 4방위(동, 서, 남, 북) 등과 같은 표현에 쓰이므로 '지구의 수'라고 말할 수 있다. 또한, $0=0^2$, $1=1^2$ 다음에 $4=2^2$로 표현되는 완전제곱수, 즉 공평한 저울을 의미하기 때문에 '정의의 수'라고도 생각했다. 남성적인 수 3과 여성적인 수 2를 더하여 5를 만들 수 있는데 이는 남성과 여성이 만나서 결합하는 것으로 간주하여 '결혼의 수'라 부른다. 그리고 6은 신적인 주기를 갖는 '완전수'로 여겼으며, 모든 수의 부모인 1과 2, 그리고 그들 사이에 태어난 첫 자녀의 수 3으로 '$1+2+3=6=1\times2\times3$'처럼 아름다운 조화를 이룬다고 보았다. 자연수 중에서 자신의 진약수의 합과 곱이 똑같은 수는 6밖에 없다. 이러한 의미에서 6을 '부분들의 완성'[73)]이라 불렀다. 특히, 수 6은 여성의 수 2와 남성의 수 3이 곱절의 사랑($2\times3=6$)을 한 결과로 간주하여 이 수 역시 5와 마찬가지로 '결혼의 수'로 여겨져 왔다. 그리고 1을 제외하고는 거듭제곱하여 그 1의 자릿수가 자신과 똑같은 수를 탄생시키는 수는 5와 6 둘밖에 없다.

$$5^1=5,\ 5^2=25,\ 5^3=125,\ 5^4=625,\ \cdots$$
$$6^1=6,\ 6^2=36,\ 6^3=216,\ 6^4=1296,\ \cdots$$

7은 오랫동안 마법의 힘을 지닌 수로 여겨져 왔으며 동시에 순결을 상징하는 수로 간주하였다. 7은 순결의 여신 아테나를 상징하고 또한 자연에 질서를 부여한다고 생각했다. 8은 '천국의 수'이다. 그리스인들은 2×2×2=8이라 것으로부터 8을 최초의 입방 수로 생각했다. 더욱, '2+2+2+2=8'과 같이 부분들의 합으로 나타낼 수 있기에 조화를 상징한다고 믿었으며, 1 이후의 모든 홀수는 제곱하면 8의 배수 더하기 1로 나타낼 수 있다는 이상한 성질도 발견하였다.[74)]

$$3^2=9=(1\times8)+1,\ 5^2=25=(3\times8)+1,\ 7^2=49=(6\times8)+1,$$
$$9^2=81=(10\times8)+1,\ 11^2=121=(15\times8)+1,$$
$$13^2=169=(21\times8)+1,\ 15^2=225=(28\times8)+1,\ \cdots$$[75)]

그리고 수 8은 2^3으로 음악적 비율을 표현할 때 사용하기도 하였다. 9는 10 이전의 모든 수의 한계로 '지평선의 수'로 불린다. 3과 3을 곱해서 되는 홀수의 첫 번째 제곱수이다. 또한, 아기가 태어나기 위해 아홉 달을 뱃속에서 지내야 한다는 사실에 기인하여 결실 또는 '잉태의 수'로 불리기도 한다.

열 개의 수 가운데 가장 신성한 수는 '테트라크티스'[76)]라 부르는 10, 즉 1, 2,

---

73) 고대 자연 철학자들은 전체를 상징하는 '∞'(≡'0')만이 갖는 성질을 이 수('6')가 지니고 있기에 그렇게 불렀다고 생각한다.

74) John King, *The modern numerology*, 1996. 김량국 옮김, 『수와 신비주의』, 열린책들, 2001, 114쪽.

75) 8의 승수들로 나타난 수열들은 1, 3, 6, 10, 15, 21, 28, …, 즉 삼각수(triangular number)이므로 그 일반항은 $n(n+1)/2$로 곧바로 주어짐을 주목하여라. 왜냐하면, 두 개의 삼각수를 △▽모양으로 나란히 붙여 놓으면 가로 n개의 점과 세로 $(n+1)$ 개의 점으로 구성된 평행사변형이 됨을 관찰(△+▽=▱⇒□)할 수 있기 때문이다.

3, 4까지의 네 수의 합이었다. 10은 생각할 수 있는 모든 기하학적 차원의 값들을 더한 것이기에 '우주의 수'로 생각하였다. 먼저 '테트라크티스'에 관한 다음 인용을 주목해보자.

> 그들이 가장 신성하게 여기는 수는 '테트라크티스(tetractys)'라고 불리는 10, 즉 1+2+3+4의 합이었다. 우주의 차원을 만들기 위해서는 일정한 개수의 점이 필요했다. 1은 차원이 없는 점으로 다른 차원을 만들어내는 주체이다. 점 두 개는 함께 선을 만들고 1차원을 이룬다. 점 세 개는 한데 모여 2차원을 형성하며 마지막으로 점 네 개는 3차원의 사면체를 만들어낸다고 설명되었다. 테트라크티스는 피타고라스 학파의 상징이나 다름없었다. 이들은 수에 철학적, 예언적 의미를 동시에 부여하였고 이전의 어떤 수 신비주의와도 비할 수 없는 수준까지 우주 구성론을 발전시켰다. 피타고라스 학파는 또한 음악에 대해서도 수적 분석을 시도하였다. 여기서 테트라크티스는 1:2의 비율에서 출발해 음정 간에 존재하는 핵심비율을 상징하며 8도 음정을 설명한다. 공간의 조화라는 전체적인 개념은 이러한 음악 수비학에서 출발하였고 이는 2000년 후에 케플러가 행성 모델을 만들어 낼 때 커다란 영향을 미쳤다.[77]

분명히 위인용에서 1은 차원이 없는 한 점으로 다른 차원을 만들어내는 주체이고, 두 점은 일차원의 직선을 결정하고, 한 직선 위에 있지 않은 세 점은 넓이를 갖는 이차원의 삼각형을 결정하고, 같은 평면 위에 있지 않은 네 점은 넓이를 갖는 삼차원의 사면체를 결정한다. 그래서 우리가 생각할 수 있는 각 차원(0~3차원)의 도형들을 결정하는 도형들의 꼭짓점들을 모두 더하면 1+2+3+4, 즉 신성한 수 10이 된다. 10에 대한 숭배가 확실히 인간의 손과 다리의 해부학적 분석으로부터 규정된 것이 아니라는 점은 피타고라스 수학의 추상성에 대한

---

76) 테트라크티스(영어 tetractys, 그리스어 tetraktys)는 '4겹'(tetrad)이라는 뜻의 그리스어에서 유래했음. "테트라크티스는 10개의 점 또는 조약돌을 볼링의 핀처럼 정삼각형 모양으로 배열한 것이다. 즉, 각 줄에는 1개, 2개, 3개, 4개씩 세운 것이다."(Michael Schneider(1994), 이충호 옮김(2002), 334쪽).

77) Richard Mankiewicz(2001), 이상원 옮김(2002), 35~37쪽.

찬사이다.

끝으로 앞에서 설명했던 1에서 10까지의 수에 대한 수비학적인 특징과 수의 분류를 다음 표처럼 요약해 놓는다.

수	특징 또는 수식	수비학적 수(數)분류
1	홀수≡남, 신≡비물질	이성의 수
2	짝수≡여, 인간≡물질	의견의 수
3	$1+2=3$	조화의 수
4	$2\times2=4$	지구 또는 정의의 수
5	$2+3=5$	결혼의 수
6	$2\times3=6$ $1+2+3=6=1\times2\times3$	결혼의 수(곱절 사랑) 완전수, 부분들의 완성
7	$1/7=0.\dot{1}4285\dot{7}$	마법 · 처녀의 수
8	$2\times2\times2=2^3$	천국의 수, 최초의 입방수
9	$3^2=9$	잉태의 수, 홀수의 1번째 제곱수
10	$1+2+3+4=10$	테트라크티스, 우주의 수

피타고라스와 그의 학파의 '만물=수'와 관련하여 전해지는 내용 중에 본문에 소개하지 않은 다양한 지식은 이 절의 <스스로 배우는 코너>와 인터넷의 검색을 통하여 더 넓혀갈 수 있기를 기대한다.

스스로 배우는 코너 1.7

1. 피타고라스와 그의 학파가 전파했던 '테트라크티스(Tetractys)'는 4번째의 삼각수 1+2+3+4=10, 즉 데카드(decad)를 말한다. 모나드(monad) 1은 통일성과 창조주이고, 두 번째 줄의 두 점을 상징하는 다이애드(dyad) 2는 힘과 그 양극을 나타낸다. 그리고 트라이애드(triad) 3은 조화를 상징하고 마지막 4, 태트래드(tetrad)는 우주 또는 인체를 구성하는 엠페도클레스[78]의 4원소(흙-물

–공기–불), 4방위(동–서–남–북) 또는 4계절(봄–여름–가을–겨울) 등을 상징한다. 3의 조화에는 영혼 또는 정신의 3가지 기능이 작용한다. 다른 한 측면은 다음 표처럼 우주를 구성하는 0에서부터 3차원의 공간으로 생각할 수 있다.

행 (called)	1 (monad)	2 (dyad)	3 (triad)	4 (tetrad)
점으로 연결된 도형			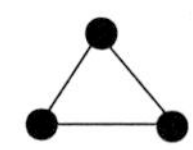	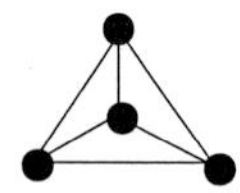
공간	0차원 점	1차원 직선	2차원 평면	3차원 공간

이외에도 인터넷에서 테트라크티스와 관련된 성질들을 더 많이 조사하여 서로 토론하여보아라.

2. 피타고라스의 정리를 증명하는 여러 방법을 찾아 서로 토론하여보아라(예를 들면, 이만근 · 전병기의 역서 등).

3. 바빌로니아인들의 유적인 '플림프턴(Plimpton) 322'이라고 불리는 점토판에 기재된 내용을 인터넷에서 찾아 발표하고 서로 토론하여보아라. 더욱, 동방의 인도에서는 BC 800~600년경, 베다 시대의 부록인 『술바수트라스(Sulbasūtras)』[79]의 세 가지 본(本) 중 바우다야마(Baudayma)에서는 "정사각형의 대각선 방향으로 밧줄을 이으면 본래 정사각형보다 두 배 큰 면적이 얻어진다."라고 피타고라스의 정리가 간단하게 설명되었지만, 이후에 카타야나에서는 "사각형의 대각선 밧줄은 수평 변과 수직 변이 함께 만드는 면적을 만들어낸다."라는 더욱 일반적인 설명을 기술하고 있다. 앞에 소개했던

---

78) Empedocles(B.C. 490 ~ B.C. 430)는 고대 그리스의 철학자로 만물은 '흙, 물, 공기, 불'의 4 원소로 이루어졌다고 주장하였다.

79) '술바(Sulba)'라는 말은 재단의 크기를 재기 위해 사용되는 밧줄이나 끈을 의미한다.

두 인용의 출처를 찾아 그 내용을 확인해보아라.

4. 최초 피타고라스의 정리에 대한 증명은 기하학의 고전인 유클리드의『원론』(모두 13권으로 나뉘어 있음) 제1권의 47번 명제에 처음으로 소개되었고 그곳에서 그는 우리가 잘 알고 있는 기하학적인 증명을 제시하였다. 실제로 관련 서적 또는 인터넷에서 이 부분의 내용을 찾아 그 증명과정을 분석하고 서로 토론하여보아라.

5. 다음 내용은 앞에 소개했던 이만근·전병기가 엮은 책『올 댓 피타고라스의 정리』에서 인용한 것이다.

> 프로클로스(Proklos, 410~485)의 고증에 따르자면, 피타고라스의 정리에 대한 증명은 유클리드의 저서인 ≪원론≫에서 시작되었다고 할 수 있다(제1권 47번). 피타고라스가 이 정리를 어떤 방법으로 증명했는지 명확히 알려지지 않았으며, 피타고라스가 직각삼각형의 각 변 사이에 존재하는 독특한 관계를 스스로 발견했는지, 그렇지 않으면 이집트의 사제들로부터 배웠는지, 또는 바빌론의 지식사회로부터 단서를 얻었는지는 분명하지 않다. 가장 널리 분포된 견해 중의 하나를 따르자면, 피타고라스는 3, 4, 5의 길이를 가지며, 각각 이시스(Isis)[80], 오시리스(Osiris)[81], 호루스(Horus)[82]라는 의미를 지닌 세 개의 변으로 이루어진 이 특징적인 직각삼각형의 변 사이에 존재하는 독특한 관계를 이집트의 사제들로부터 배웠다고 한다. 이러한 이유로 이 삼각형은 '피타고라스의 삼각형' 또는 '이집트 삼각형'이라 불리기도 한다.
>
> 어찌 되었건 이러한 삼각형의 변들이 가지는 특정적인 관계는 이집트의 사제들만이 유일하게 알고 있었던 것이 아니라 중국의 학자들도 역시 알고 있었다. 스카츠슈코프(Skatschkow)는 이에 대하여 다음과 같이 언급하였다.

80) 오시리스의 아내이자 이집트 최고의 여신이다. 앞에 소개했던 이만근·전병기의 편저에는 '오시리스, 이시스' 순으로 뒤바뀌어 있다.

81) 이집트의 신화에 나타나는 '죽음과 부활'의 신이다.

82) 오시리스와 이시스 사이에 태어난 그들의 아들이자 이집트의 가장 위대한 태양신이다.

"중국의 역사에 따르면, 기원전 1100년경 주나라의 위대한 영웅 타초군(Tschou-Gun)형제는 직각삼각형의 특성들에 대하여 정확히 알고 있었으며, 별들의 위치를 기록한 천체도를 만들었고, 컴퍼스의 원리를 알아내고 자오선과 적도의 길이를 측정함으로써 당시 사람들로부터 절대적인 영예를 한 몸에 받았다."

또 다른 저명한 독일 수학자인 칸토어는 다음과 같이 말했다.

"황제는 두 형제, 즉 타초군과 샤우가오(Schau-Gao) 사이의 대화 형식을 빌려 수학적인 기초지식에 대한 기본적인 특징들을 수록한 전문서적들을 기록하거나 제작하도록 했다. 그 전문서적의 제목은 'Tschaou pi', 다르게 말하자만 'the high of Tschao'이다. 이 전문서적의 제 1장에는 다음과 같은 몇몇 대화들이 수록되어 있다.

타초군이 한번은 샤우가오에게 다음과 같이 말하였다. '존귀하신 형님! 저는 형님께서 수와 그 응용에 관하여 해박한 지식을 가지고 계신 것을 잘 알고 있습니다. 몇 가지 이유로 감히 여쭙건대, 포치(Fo-chi)라는 사람이 천구의 각도를 결정한지 얼마나 오랜 세월이 흘렀는지요? 누구도 하늘로 향한 등반을 위해서는 한 걸음 떼어놓기가 어려우며, 지구의 둘레와 부피도 역시 마찬가지로 쉽게 측정할 수 없는 것이 아닐는지요? 바로 이러한 이유로 저는 그가 어떻게 천구의 각도를 나타내는 수를 결정할 수 있었는지를 알고 싶을 따름입니다.'

샤우가오는 다음과 같이 대답하였다. '수를 계산하는 기법을 알기 위해서는 원과 정사각형으로 돌아가야 한다. 밑면의 길이가 3이고 높이가 4인 직각삼각형을 각각의 변으로 분할하였을 때 각 변의 끝을 연결한 선분의 길이는 5이다.'

'그것 정말 멋지군요.'라고 타초군이 소리쳤다.[83]

위인용으로부터 고대이집트의 삼각형 또는 피타고라스의 삼각형으로 불리는 세 변의 길이가 차례로 '3-4-5'인 직각삼각형에 관한 이야기가 샤우가오의

---

83) 이만근·전병기 엮음(2007), 9~11쪽.

대답에 내재해있음을 알 수 있다. 샤우가오는 '수를 계산하는 기법을 알기 위해서는 원과 정사각형으로 돌아가야 한다'라고 전제한다. 여기서 원이란 도형에 대해서 오늘날의 원주율 π에 대한 근삿값으로 바빌로니아인은 3이란 숫자를 사용했다.[84] 반면에 정사각형을 숫자 4로 생각했다고 추측된다. 그러면 밑면의 길이가 3이고 높이가 4인 직각삼각형의 빗변의 길이가 5라는 사실은 어떻게 찾았을까? 이에 대한 이집트인 또는 바빌로니아인들의 해법은 우측 그림처럼 매듭을 맬 수 있는 끈 또는 밧줄을 사용하여 직접 눈으로 확인할 수 있었으리라 추측된다. 여러분도 똑같은 생각인가? '아니'라고 하면, 빗변 5를 찾아내는 또 다른 방법을 찾아 서로 토론하여라.

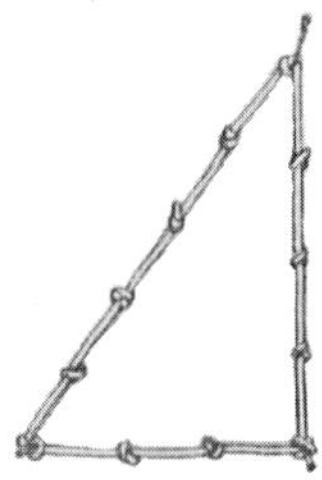

6. 요하네스 케플러[85]는 다음과 같이 말했다고 한다.

> Geometry has two great treasures; one is the Theorem of Pythagoras; the other, the division of a line into extreme and mean ratio. The first we may compare to a measure of gold; the second we may name a precious jewel.
>
> 기하학에는 두 가지 큰 보물이 있다. 하나는 피타고라스의 정리이고, 또 하나는 직선을 극단과 중간의 비로 나누는 것이다. 첫 번째 것은 황금의 척도에 비유할 수 있고, 두 번째 것은 귀중한 보석이라 이름 붙일 수 있다.[86]

위 인용에서 말한 '극단과 중간의 비'는 오늘날 '황금분할에 의한 비', 즉 간단히 '황금비(golden ratio)'라 부른다. 황금비를 최초로 발견한 사람도 피타고

---

84) 박봉구 외 5 공저, 『재미있는 수학의 세계』, 교우사, 1999. 이 책 289쪽에서 "바빌로니아에서는 BC 2000년경 π의 값을 25/8로 사용하였고"라고 서술했다.

85) 요하네스 케플러(Johannes Kepler, 1571~1630)는 독일의 수학자, 천문학자, 점성술사로 천체역학의 질서와 오늘날 '케플러의 법칙'으로 불리는 행성의 운동 제1~3 법칙을 발견했다. 그의 저작들은 후에 뉴턴이 만유인력의 법칙을 확립하는데 기초가 되었다.

86) Michael Schneider(1994), 이충호 옮김(2002), 119쪽.

라스와 그의 학파이다. 정오각형의 내부에 오각형의 별을 그릴 수 있고 이때 오각형 속 닮은 삼각형들을 이용해서 황금분할을 찾아내고 황금비를 유도해 낼 수 있기 때문이다. 이는 피타고라스 학파의 상징으로 그들은 정오각형의 배지를 달고 다녔다고 전해진다. 그러나 황금비가 처음으로 언급된 문헌은 유클리드의 『원론』 제6권이다. 특히, 제6권의 정의 2에서는 오늘날 '황금분할'(문제 2.6.1)이라고 부르는 분할개념이 소개되어 있고 그 후에 작도하는 방법도 소개되어 있다. 이 부분의 정의를 찾아서 분석·종합한 후 서로 토론하여라. 또한, 피보나치 수[87]와 황금비의 관계도 조사하여 보아라.

힌트 이웃하는 두 피보나치 수의 비는 황금비에 수렴한다.

7. 먼저 수 n의 약수의 합을 $\sigma(n)$로 표기하고, $s(n)=\sigma(n)-n$을 진약수의 합으로 표기하자. 고대 피타고라스 학파는 $s(n)=n$이면 n은 완전수(perfect number)라고 불렀다. 반면에 $s(n)<n$이면 부족수(deficient number), $s(n)>n$이면 과잉수(abundant number)라고 불렀다.

오늘날 덧셈과 곱셈에 닫혀있는 양의 실수들의 집합 P가 모든 실수 x에 대하여 다음 중 오직 하나만 만족한다고 정의한다.

$$x=0,\ x\in\mathbf{P},\ -x\in\mathbf{P}$$

위의 성질은 실수의 집합 R을 P $\cup\{0\}\cup-$P로 나누고 있기에 해석학 교재에서는 삼분성질(trichotomy property)이라고 부른다. 이와 마찬가지로 피타고라스 학파는 수(여기서 양의 정수를 말한다)를 진약수들의 합과 비교하여 '부족수/완전수/과잉수'와 같이 삼분했다. 0이 양수도 음수도 아닌 것과 똑같이 완전수는 부족수도 아니고 과잉수도 아니다(왜?). 최초의 완전수는 6이다. 그럼

87) 피보나치 수(Fibonacci number)는 1, 1, 2, 3, 5, 8, 13, 21, 34, 55, 89, 144, 233, ……처럼 이웃하는 두 수를 더하여 그다음 수를 만든다.

최초의 과잉수와 부족수들을 찾아보아라. 더욱, 이러한 수(완전수, 과잉수, 부족수)들을 크기 순서대로 가능한 한 많이 나열하여보아라.

8. 이집트 삼각형(4-3-5)의 밑바닥, 즉 기초를 이루고 있는 수 '4'는 죽음과 부활의 신 오시리스이다. 그래서 칸(Kahan)에서 발굴된 파라오의 제12대 왕조시대(기원전 1878~1839년경의 파라오 세누스레트 3세)의 것으로, 추정되는 고대이집트인의 기록물에는 다음과 같은 관계식을 나타내는 수식들이 기록되어 전해진다.[88)]

$$1^2+(3/4)^2=(1\tfrac{1}{4})^2,\ 8^2+6^2=10^2,\ 2^2+(1\tfrac{1}{2})^2=(2\tfrac{1}{2})^2,\ 16^2+12^2=20^2$$

위의 모든 방정식은 $4^2+3^2=5^2$와 동치가 된다. 이집트인들은 이집트 신화에 기초하여 3쌍을 '4-3-5'로 나타내고 있는 반면에 피타고라스 학파는 이것을 순서대로 '3-4-5'로 나타내고 있지 않은가? 이처럼 수들에 순서를 부여하여 표기하는 방식이 고대이집트인들의 기록에 나타나는 것과는 차이가 있다. 더욱, 3=4-1, 5=4+1이므로 4를 기준으로 ±1을 적용하여 나타낼 수도 있음을 주목하여라. 1에서 10까지의 수들에 대한 수비학적인 의미를 설명했던 본문을 주목하면서 앞에 소개했던 존 킹의 책, 그 번역본『수와 신비주의』에 있는 다음 인용과 결부하여 그 차이점을 조사하고 서로 토론하여보아라.

> 피타고라스가 수비학에서 특히 중요한 이유는, 수비학에 바탕을 두는 많은 전제들이 본격적으로 피타고라스적인 개념이기 때문이다. 이 전제에는 다음과 같은 것들이 있다. 우주에는 무한하고 질서정연한 진실들이 존재하고, 이 진실들은 형이상학적이며 시간을 초월한다. 수, 신성 그리고 조화는 서로 연관되어 있다. 물질적이고 찰나적인 현상인, 작용과 인과의 관계는 수를 이용하여 측정되고 기록될 수 있다. 수는 작용과 인과의 관계에 영향을 미칠 수 있다. 즉 수는 마법(이 용어는 좀 더 자세히 뒤에서 설명될 것이다)을 위해 사용될 수 있다.[89)]

---

88) 이만근·전병기 엮음(2007), 10쪽의 주석.

89) John King(1996), 김량국 옮김(2001), 28~29쪽.

| 제2장 |

소설 속의 수학지식 쌓기

"새는 알에서 나오려고 투쟁한다. 알은 세계이다. 태어나려는 자는 하나의 세계를 먼저 부수어야 한다. 새는 신에게로 날아간다. 그 신의 이름은 아브락사스(Abraxas)이다."1)

2.1 『박사가 사랑한 수식』

『박사가 사랑한 수식』2)이란 소설은 일본의 작가 오가와 요코(小川洋子, Okawa Yoko)에 의하여 2003년에 출판된 장편 소설이다. 또한, 일본에서 고이즈미 다카시(小泉堯史, Koizumi Takashi) 감독에 의하여 2005년에 영화로 제작되었다. 수학자 후지와라 마사히코가 "오가와 씨는 이 작품에서 수학과 문학을 결혼시켰다"라고 작품해설을 해 놓은 것과 같이 문학과 수학이 가장 자연스럽게 융합된 소설이다. 이 소설에서 소수3)가 자주 언급되고 있다. 소수의 매력은 예로부터 극도의 간결함, 심오함, 그리고 신비함이 결합하여 있다고 말한다. 그리고 소설 후반에 등장하는 박사가 사랑한 수식은 오일러의 공식4)이다.

---

1) Herman Hesse, *Demian*, 1919. 조혜정 옮김, 『데미안』, 반석, 2012, 115쪽.

2) 이 절에서의 모든 인용은 Yoko(1993), 김난주 옮김, ㈜현대문학(2014)에서 발췌하여 인용 후 그 마지막에 해당 쪽 번호를 소괄호로 묶어 표시한다.

3) 소수(prime number)는 약수가 1과 자기 자신뿐인 1보다 큰 자연수를 말한다. 예를 들면, 2, 3, 5, 7, 11, 13……으로 무한히 많다.

4) 오일러 방정식(Euler's identity) $e^{i\pi}+1=0$이다. 영어단어 파이(pie) 속에는 이 공식을 구성하고 있는

먼저 미국 수학자 캐스너와 뉴만이 공동으로 출판한 『수학과 상상력』[5]라는 책에서 오일러의 공식에 대하여 언급하고 있는 부분을 발췌하여 살펴보자.[6]

> 모든 공식 중에서 가장 압축적이면서 가장 유명한 것은 아마도 다음의 공식일 것이다. $e^{i\pi}+1=0$. (중략) 오일러는 드 므아브르(Abraham de Moivre, 1667~1754)의 발견[7]을 더욱 발전시켜 이 공식을 얻었다. 신비주의자에게도, 과학자에게도, 철학자에게도, 수학자에게도 이 공식은 매력적이다.[8]

1) 스토리의 플롯과 그래프

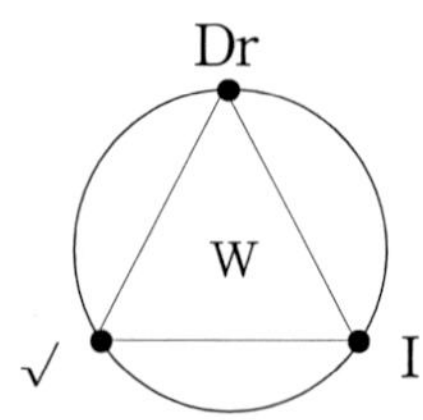

이 소설의 구성은 우측 그림처럼 삼각형의 정점에 세 주인공이 자리 잡고 있다고 볼 수 있겠다. 그리고 그 중심에 박사의 형수이자 연인이었던 미망인이 보이지 않은 곳에서 모두를 통제하고 있도록 설정한다. 앞으로 편의상 박사는 Dr로 소설의 화자인 가사도우미 쿄코(家政婦とそ)는 I, 그의 아들 루트는 수학기호 √로, 형수인 미망인 (widow)는 W로 표기한다. 더 놀라운 것은 전체적인 장의 번호를 1에서부터 11까지로 분류했다. 소수 11은 가장 작은 약수 1과 가장 큰 약수 11만 갖고 있지 않은가? 마치 이 11개 파편을 일렬로 나열하여 퍼즐을 짜 맞추어가듯이 자의식의 매듭들을 연속적으로 잘 잇고 있다. 특히, 박사의 10번째 가사도우미, 그녀의 10살 아들 루트처럼, 수 10의 도입과 함께 딱 1년의 기간을 설정한 후, 마지막

두 개의 초월 수 π(pi), e가 잠재해 있다.

5) E. Kasner & J. R. Newman, *Mathematics and the imagination*, Simon & Schuster, 1940.

6) Eli Maor, *TO INFINITY AND BEYOND · A cultural history of the infinite,* Birkhaus -er Boston, 1987. 전대호 옮김, 『무한 그리고 그 너머 · 무한의 문화사』, ㈜사이언스북스, 1997, 85쪽.

7) 1722년 드 므아브르는 모든 양의 정수 n에 대하여 $(\cos\theta + i\sin\theta)^n = \cos n\theta + i\sin n\theta$이 성립함을 제안했다. 오일러는 자신의 공식 $e^{i\theta} = \cos\theta + i\sin\theta$ 을 발견하여 모든 실수 θ에 대하여 드 므아브르 공식이 성립함을 밝혔다.

8) Kasner & Newman(1940), 3장.

11(=10+1)장에서는 루트의 11번째 생일(9월 11일)과 박사의 수학 잡지[9] 현상금의 1등 상을 축하하는 파티를 설정해 두었기에 전체적인 줄거리를 하나의 수식으로 압축하면 '1+11=11+1'로 표현할 수 있다. 이 축하 파티 역시 케이크에 꽂을 초를 사러 간 루트가 빨리 돌아오지 않고, 그 사이에 박사가 케이크를 뭉개버린 사건으로 파티의 하이라이트가 훼손되고 말았다.

더 놀라운 장치는 야구 이야기, 박사가 좋아하는 타이거스의 전성기도 이날, 1992년 9월 11일(루트의 11번째 생일날) 상대 팀인 스왈로스와의 경기에서 연장 15회, 3대 3으로 비긴 경기를 정점으로 그 후 스왈로스에 연속 2게임을 지면서 1992년 시즌을 준우승으로 마감한다. 이러한 타이거스팀의 하향곡선은 이 소설의 플롯이 '11 → … → 1'로 하나의 하강하는 곡선을 그리고 있음을 잠재적으로 암시하고 있다. 이러한 복합적인 장치의 설정은 이 소설의 작가 오가와 요코의 자의식을 대변하는 화자인 가사도우미가 준비했던 파티를 정점으로 우리는 반복 순환하는 하나의 원을 관측할 수 있다. 왜냐하면, 박사의 수학 잡지현상금에서 1등 상을 의미하는 수 '1'은 이 소설의 시작을 나타내는 1장과 연결되고 루트의 11번째 생일을 의미하는 소수 '11'은 그 약수가 1과 11 뿐이기에 마지막 11장에서 1과 11이 서로 그 매듭을 이어간다고 생각할 수 있기 때문이다.

$$1 \rightarrow 2 \rightarrow 3 \rightarrow 4 \rightarrow 5 \rightarrow 6 \rightarrow 7 \rightarrow 8 \rightarrow 9 \rightarrow 10 \rightarrow 11 \rightarrow 1$$

모든 소수 중에서도 박사가 특별히 아름답다고 언급했던 소수 11을 잠재하고 있는 루트의 탄생일(9월 11일)에 맞추어 루트의 11번째 생일과 박사의 1등 상에 대한 축하 파티를 하이라이트로 이 소설은 그 막을 내리고 있다.

---

9) 이 소설에서는 ≪JOURNAL of MATHEMATICS≫로 표현하고 있다.

2) 수학이 잠재된 소설의 파편들

이 소설을 읽을 때마다 1.7절에서 '만물=수'라고 고대 그리스 시대의 피타고라스가 주장해 왔던 수학적 우주관이 주마등처럼 스쳐 간다. 피타고라스 자신을 비롯하여 그 학파에 소속해 있던 학자들은 우주의 자연현상들을 모두 형이상학적이고 비물질적인 수와 관련지어 고찰하려고 애썼다. 이 소설에 나타나는 11개의 번호는 편의상 장 대신에 분류한 것으로 생각했다. 이곳에서는 가능한 저자의 생각을 따라서 그대로 수만 제시하고 각 내용에 잠재된 수학적인 파편들만 발췌하여 인용한다. 이 소설을 한 번도 접해보지 못한 독자들을 위하여 인용 전후에 스토리의 설명을 조금씩 덧붙였다.

1

먼저 수학에서 정하는 수의 범위는 제곱하여 양 또는 영이 되는 수 체계인 실수(ℝ로 표기)와 일반적으로 제곱하여 음이 되는 수까지 확장한 복소수(ℂ로 표기)까지를 말한다.[10] 실수의 체계가 현실의 수 체계라면 복소수의 체계는 비록 실수 전체를 확장하고는 있지만, 현실에 대립하는 허상 또는 이상(理想)의 세계를 내포하고 있는 수 체계이다. 이 책의 서두에서는 복소수 체계의 허수축 단위 $i=\sqrt{-1}$ [11]을 서두에 도입하고 있으며 이 허수를 박사는 다음처럼 설명하고 있다.

> "아주 조심성이 많은 숫자라서 말이야, 눈에 띄는 곳에는 모습을 드러내지 않지만, 우리 마음속에는 분명히 있어. 그리고 그 조그만 두 손으로 이 세계를 떠받들고 있지." (7)

위인용은 복소수 체계에 있는 허수 i의 존재성에 대한 의혹을 이야기 형식을

10) 1572년 이탈리아 수학자 라파엘 봄벨리(Rafael Bombelli, 1526?~1572)가 제곱해서 음수가 되는 수, 오늘날 복소수라 부른 것을 처음으로 생각했다.

11) 이것은 복소수체계를 구성하고 있는 허수(imaginary number) 축의 기저로 $i^2=-1$ 이다.

빌어 의인화한 것이다. 오늘날 복소수 $\mathbb{C}$를 2차원의 가우스 평면 $\mathbb{R}\times i\,\mathbb{R}$과 동일시하여 나타낸다. 수식 글꼴로 써진 허수 i자를 직접 손을 사용하여 필기체로 쓴 것처럼

ㅅ̇ = ㅅ + ·

와 같이 분해하면 어떤가? "그리고 그 조그만 두 손으로 이 세계를 떠받들고 있지"에서 말하는 '이 세계'는 복소수의 세계로 한 점(•)으로 상징했다면 그 점 아래에 있는 'ㅅ' 모양이 마치 두 손바닥을 모아 점을 떠받치고 있는 것으로 보인다.[12] 비약이 있다면 독자 여러분은 앞의 인용 문장을 어떻게 생각하는가?

> "자네 신발사이즈가 몇이지?"
>
> (중략)
>
> "24인데요."
>
> "오오, 실로 청결한 숫자로군. 4의 계승이야."
>
> 박사는 팔짱을 끼고 눈을 감았다. 잠시 침묵이 흘렀다.
>
> "계승이 뭐죠?"
>
> (중략)
>
> "1에서 4까지의 자연수를 모두 곱하면 24가 되지."
>
> 박사는 눈을 감은 채 대답했다.
>
> "자네 전화번호는 몇 번인가?"
>
> "576에 1455예요."

---

12) 2005년에 다카시 고이즈미(Takashi Koizumi)감독에 의하여 영화로 각색된 『박사가 사랑한 수식』에서 수학 교사가 된 루트(√)가 학생들에게 첫 수업을 하면서 허수를 나타내는 단위 i을 이처럼 설명하고 있다.

"5761455라고? 정말 멋진 수가 아닌가. 1에서 1억 사이에 존재하는 소수의 개수와 정확하게 일치하는군." (13)

4의 계승은 4! = 4×3×2×1=24라고 말하면서 이어서 박사는 가사도우미의 전화번호를 묻고 있다. 여기서 중학교에서 배웠던 소수라는 수학 개념이 처음으로 등장한다. 1에서 1억 사이에 존재하는 소수의 개수를 7자리 전화번호 '5761455'와 똑같다고 설명했다. 이러한 소수의 개수를 찾는 알고리즘은 인터넷에서 쉽게 발견할 수 있다.

"자네 생일은 2월 20일. 220. 정말 귀여운 숫자로군. 그리고 이걸 좀 봐. 내가 대학 다닐 때, 초월수론에 관한 논문으로 학장상을 타면서 받은 부상인데……."

박사는 손목시계를 풀어 잘 보이도록 내 눈앞에 갖다댔다. 그의 패션 감각에는 전혀 걸맞지 않은 고급스러운 외제 시계였다.

"어머, 멋진 상을 받으셨네요,"

"그런 건 중요하지 않아. 여기 새겨져 있는 숫자, 보이나?"

숫자판 뒤에 '학장상 No. 284'라는 글자가 새겨져 있었다.

"역대 284번째 영예란 뜻인가요?"

"아마 그렇겠지. 문제는 284란 숫자야. 지금 설거지를 하고 있을 때가 아니지. 220과 284라고." (27)

이 소설의 화자인 가사도우미의 생일, 즉 '2월 20일'에 있는 숫자 220과 박사가 차고 있던 손목시계 뒷면에 새겨진 '학장상 No. 284'에 나오는 숫자 284를 발견하고 놀라는 대목이다.

"맞아, 잘 알고 있군. 그럼 220과 284의 약수를 자기 자신은 빼고 한번 써보자고. 이렇게."

220; 1 2 4 5 10 11 20 22 44 55 110
142 71 4 2 1; 284

(중략)

"박사가 그 숫자에 기호를 덧붙였다."

220: 1+2+4+5+10+11+20+22+44+55+110 =
= 142+71+4+2+1 : 284

"계산해봐. 천천히 해도 괜찮으니까."

(중략)

"자, 됐어요."

220: 1+2+4+5+10+11+20+22+44+55+110 = 284

220=142+71+4+2+1; 284

"정답이야. 자 보라고, 이 멋진 일련의 수를 말이야. 220의 약수의 합은 284, 284의 약수의 합은 220. 바로 우애수야. 쉬 존재하지 않는 한 쌍이지. 페르마도 데카르트도 겨우 한 쌍씩밖에 발견하지 못했어. 신의 주선으로 맺어진 숫자지. 아름답지 않은가? 자네 생일과 내 손목시계에 새겨진 숫자가 이렇게 멋진 인연으로 맺어져 있다니." (29-31)

위인용은 박사가 가사도우미에게 우애수 또는 친화수(amicable number)[13]의 첫 번째 쌍 (220, 284)에 대한 이야기를 주고받고 있으며 이어서 우애수의 쌍은 찾기가 쉽지 않다고 말하면서 그 예로 "페르마[14]도 데카르트[15]도 겨우 한 쌍

---

13) 두 수의 쌍이 있어, 어느 한 수의 진약수를 모두 더하면 다른 수가 되는 것을 말한다. 그러한 한 쌍의 수들을 '우애수의 쌍' 또는 '친화수의 쌍'이라고 부른다. 앞으로 간단히 각각 '우애쌍' 또는 '친화쌍'으로 약칭하기로 한다. 10개의 우애쌍을 써보면 (220, 284), (1184, 1210), (2620, 2924), (5020, 5564), (6232, 6368), (10744, 10856), (12285, 14595), (17296, 18416), (63020, 76084), (66928, 66992)이다.

14) 페르마(Pierre de Fermat, 1601∼1665)는 1636년 여덟 번째 우애쌍 (17296, 18416)을 발견했다.

15) 르네 데카르트(Rene Descartes, 1596∼1650)는 1638년 세 번째 우애쌍 (2620, 2924)을 발견했다.

씩밖에 발견하지 못했어"라고 말했다. 박사는 가사도우미와 자기 자신과의 관계를 "자네 생일과 내 손목시계에 새겨진 숫자가 이렇게 멋진 인연으로 맺어져 있다니"라고 감탄하며 새로운 것을 발견한 아이처럼 들떴다.

2

피타고라스 학파들에 의하여 처음으로 발견되었던 첫 번째 우애수의 쌍 (220, 284)에 뒤이어서 가사도우미가 발견한 완전수 28에 관한 이야기가 삽입되고 있다. 편의상 이 소설에서 수 28에 대해 언급했던 내용을 여기서 한군데 모아 놓는다.

> 그러나 딱 한 가지 사소한 발견은 있었다. 28의 약수[16)]를 더하자 28이 되었다.
>
> 28; 1+2+4+7+14=28 (33)
>
> 마운드에 우뚝 서 있는 에나스. 그의 유니폼에는 완전수 28이 찍혀 있었다. (118)
>
> 세로줄 무늬 유니폼을 입은 어깨너머로 등 번호가 보인다. 완전수, 28이다. (260)

위인용에서 보듯이 완전수 28은 타이거스의 좌완투수 에나스 유타카(江夏豊, Enatsu Yutaka)의 등 번호와 연관 지어 11장의 마지막 문장으로 "완전수, 28이다." 로 이 소설은 끝맺고 있다.

1장에서 가사도우미의 생일에서 나타난 220과 박사의 학장 상의 일련번호 284가 서로 우애수라는 얘기에 이어서 2장에서도 다시금 우애수에 관한 이야기가 계속 전개되고 있다.

> "처음 우애수를 발견한 사람은 정말 훌륭하네요."

---

16) 진약수(proper divisor)를 의미한다.

"암. 피타고라스였어. 기원전 6세기 때 얘기지."
(중략)
"220과 284 이외에도 우애수가 있나 하고 매일 밤 계산을 하고 있는데, 잘 없네요."

"그다음으로 작은 우애수는 1184와 1210이야." (36-38)

박사는 첫 번째의 우애수의 쌍 (220, 284)에 이어서 두 번째로 작은 우애수의 쌍 (1184, 1210)[17]을 언급한다. 갑자기 태도를 바꾸며 박사는 가사도우미에게 "자네, 아들이 있나?"라고 물었다. 갑작스러운 질문에 가사도우미는 10살 난 아들이 있다고 말하자 박사는 아들을 혼자 있도록 두지 말고 자기 집으로 와서 셋이서 함께 저녁을 먹자고 말했다. 아이를 데리고 오는 것은 소개소의 규칙에 어긋나지만, 가사도우미는 박사와의 약속을 지키기 위하여 아들이 학교에서 수업을 마치고 엄마가 준 그려준 약도를 따라서 혼자서 박사의 집을 찾아왔다. 박사는 그를 반갑게 맞이하면서 말을 이었다.

"너는 루트다. 어떤 숫자든 꺼려하지 않고 자기 안에 보듬는 실로 관대한 기호, 루트야."

그러고는 당장에 소맷자락에 있는 메모지에 그 기호를 덧붙여 썼다.

'새 가사도우미 와 그 아들 열 살 $\sqrt{\ }$' (42, 43)

박사가 가사도우미의 아들, 그의 이마를 쓰다듬으면서 납작한 이마를 보고 "너는 루트다"라고 말했다. 비가 오는 날 박사는 가사도우미의 아들 루트와 함께 루트의 수학 숙제를 도와주고 있다. 박사는 루트에게 문제를 음악처럼 크게 소리 내어 읽게 하고 스스로 답을 찾을 수 있도록 도와주었다. 마침내 답을 찾아낸 루트를 적절하게 칭찬해주고 격려한 뒤 박사는 자기가 루트에게 문제

---

17) 1866년 이탈리아 16세 소년 파가니니(Nicolo Paganini)에 의하여 발견되었다.

하나를 숙제로 내어도 좋은지를 묻고 있다. 뜬금없이 숙제란 말에 당황한 루트를 바라보면서

> "딱 한 문제다. 1에서 10까지의 수를 전부 더하면 얼마가 될까?"
>
> "에게, 간단하네요. 금방 풀 수 있어요. 박사님도 숙제 냈으니까 제 부탁도 들어줘요. 라디오 좀 고쳐놓으세요." (57)

박사가 위의 단순한 문제를 가사도우미의 아들 루트에게 낸 데는 수학사에서 전해지는 어떤 일화가 숨겨져 있다. 그것은 오늘날 수학의 왕으로 불리는 독일 수학자 가우스(Carl F. Gauss, 1777~1855)의 초등학교 시절에 있었던 한 우화이다.

> 가우스의 선생님은 학생들에게 1에서부터 100까지 모든 수를 더하라고 시켰다. 아마도 선생님은 다른 일을 하기 위해 얼마 동안 시간이 걸릴 과제를 학생들에게 주었을 것이다. 그러나 그 선생님에게는 불행하게도, 가우스가 재빨리 그 문제의 풀이를 위한 다음과 같은 지름길을 찾아냈다. (46)

가우스는 어떻게 구했을까? 위인용에서 말하는 "다음과 같은 지름길"은 그가 직관으로 수의 어떤 패턴을 인식했다는 것이다. 1에서 100까지를 쓰고 거꾸로 100에서 1까지를 그 밑에 써 놓았다. 이렇게 가우스는 자신의 직관으로 지름길인 하나의 패턴을 발견했다. 1과 100, 2와 99, ……, 100과 1은 모두 101로 똑같다. 1에서 100까지의 수는 100개 있다. 그는 곱셈 규칙을 사용하여 100×101= 10100을 구했고, 구하고자 하는 문제의 값은 이 수의 절반, 즉 10100÷2= 5050, 이렇게 답을 재빨리 구했다.

3

가사도우미는 박사를 데리고 외출했다. 먼저 이발소에 데리고 가서 이발을 시킨 후 공원 벤치에 앉아 박사가 유학 시절에 연구했었던 전공 분야인, 수학의 여왕이라 불리는 정수론의 이야기를 듣고 있다. 특히, 저자는 박사의 연구주제

였던 정수론의 에밀 아르틴[18]의 추측에 대한 수준 높은 수학 용어들을 다음처럼 삽입해 두고 있다.

> "케임브리지 대학에 유학했던 시절에는, 정계수 3차 형식에 관한 아르틴의 예상을 연구했어. 서클 메소드라고 하는 사상에 입각해서 대수기하, 대수적 정수론, 디오판토스 근사 등을 이용하고……그 도중에, 아르틴의 예상이 성립되지 않는 3차 형식을 찾아내려고……결국, 특수한 조건을 전재한 타입에 관해서 얻은 증명을……" (64)

위인용에는 정수론의 여전히 미해결 문제로 남아 있는 수준 높은 에밀 아르틴의 두 개의 추측 중 그 하나를 언급하고 있다. 그 하나는 갈루아(Galois)그룹의 선형표현에 관한 아르틴의 L-함수에 관한 것이고, 다른 하나는 완전주기소수[19]와 관련된 원시근(primitive root)의 빈도수에 관한 것이다. 초보자에게는 두 용어가 너무 생소하기에 더 이상의 설명은 하지 않고 원시근의 빈도수에 관한 '아르틴의 추측'에 대한 내용을 간단히 살펴볼 수 있는 도서만 하나 주석에 소개한다. [20]

> "28의 약수를 더했더니 28이 됐어요."
>
> "오호……"
>
> 박사는 아르틴의 예상에 관한 무늬에 이어서
>
> 28=1+2+4+7+14

---

18) 에밀 아르틴(Emil Artin, 1898~1962)은 오스트리아 수학자로 대수적 정수론 분야에 오늘날 아르틴의 추측(Artin's conjecture)라 불리는 두 개의 추측을 남겼다.

19) 소수 p의 주기는 그 역수 $1/p$의 순환소수 (recurring decimal)을 뜻한다. 그리고 그 순환소수의 개수를 p의 길이라고 하고, 소수 p가 p-1의 길이를 가지는 소수를 완전주기소수라 말한다. 예를 들면, 소수 7의 주기는 역수 1/7에 나타난 순환소수는 142857이고 그 길이는 6이 된다. 그러므로 7은 완전주기소수이다.

20) David Wells, *Prime numbers—The most mysterious figures in math*, John Wieley & Sons, Inc. 2005. 심재관 옮김, 『소수, 수학 최대의 미스터리』, 한승, 2007, 173, 245쪽

라고 썼다.

"완전수로군."

"완전, 수."

군건한 말의 울림을 음미하듯 나는 중얼거렸다.

"제일 작은 완전수는 6이야. 6=1+2+3."

"아, 정말이네요. 그렇게 드문 숫자가 아닌가 보죠?"

"아니, 천만의 말씀. 실로 완전의 의미를 체현하는 귀중한 숫자지. 28 다음은 496. 496=1+2+4+8+16+31+62+124+248. 그다음은 8128. 그다음은 33550336. 또 그다음은 8589869056. 숫자가 커지면 커질수록 완전수를 찾아내기가 어려워지지."

나는 박사가 억 자릿수의 숫자를 아무 어려움 없이 말하는데 놀라지 않을 수 없었다.

"완전수가 아니면 약수의 합이 수 자신보다 커지든지 작아지지. 크면 과잉수, 작으면 부족수. 실로 명쾌한 용어라고 생각지 않나? 18의 경우, 1+2+3+6+9=21이니까 과잉수야. 14는 1+2+7=10이니까 부족수고."
(중략)

"딱 1이 적은 부족수는 얼마든지 있지만 딱 1이 많은 과잉수는 하나도 존재하지 않아. 아니, 아직 아무도 찾아내지 못했다고 해야 옳은 표현이겠지."
(65, 66)

완전수, 과잉수, 부족수의 정의와 예를 제시한 후 박사는 부족수와 과잉수에 대한 한 특성을 언급한 후, 이어서 완전수의 한 가지 특성도 소개했다. 박사가 위에서 예로든 수는 흥미로운 점이 있다. 마치 야구장의 1, 2, 3루와 홈으로 이루어진 야구 베이스 모양(◇)을 연상하게 한다. 다음 쪽의 우측 그림처럼 1루에는 1번째 완전수[21)]인 6이 위치 해있고, 2루에는 2번째 과잉수[22)] 18이, 3루에는 "딱 1이 적은 부족수는 얼마든지 있지만"로 보아 이러한 빈도가 높은 수 이외에도 자명한 부족수인 1과 소수들을 모두 배제하고 난 후에 남아 있는 3번째 부족수[23]) 14가 자리 잡고 있다. 이 소설에서 부각하고 있는 피타고라스 학파의 수비학적인 수의 세계를 여행하면서 루트의 관심사였던 야구 게임 이야기가 소설의 주제 속으로 자연스럽게 유입되어 전개된다. 그래서 야구의 베이스 모양과 소설의 내용을 일치시켜 배열하고 바로 앞 그림처럼 그래프를 그려보는 것도 그 의미가 있다고 생각했다. 작가가 고의적 또는 의도적으로 그러한 수들(완전수 6, 과잉수 18, 부족수 14와 같은 순서로) 차례로 기술했는지는 알 수 없지만 글쓰기를 할 때 작가의 자의식이 영감에 따라 쓰였다고 볼 때 이러한 구도는 우연치고는 너무나 아름답고 정교한 현상이다.

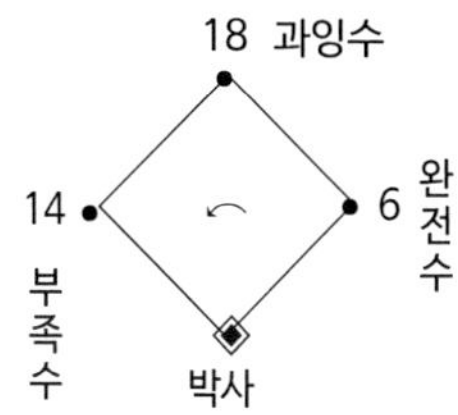

"완전수의 특성을 한 가지 더 보여주지."

박사는 나뭇가지를 고쳐 쥐고, 두 팔을 벤치 아래로 집어넣어 빈 땅을 확보했다.

"완전수는 연속되는 자연수의 합으로 나타낼 수도 있어."

6=1+2+3

28=1+2+3+4+5+6+7

496=1+2+3+4+5+6+7+8+9+10+11+12+13+14+15+16+17+18+19+20+21+22+23+24+25+26+27+28+29+30+31

박사는 팔을 쭉 뻗어 긴 덧셈을 써나갔다. 그것은 단순하면서도 규칙적인 행렬이었다. (67)

---

21) 완전수는 6, 28, 496, 8128, 33550336. 8589869056 ….이다.

22) 과잉수는 12, 18, 20, 24, 30, 36, 40, 42, 48, ……이다.

23) 분명히 1과 소수들은 부족수이다. 딱 1이 적은 부족수는 1, 2, 4, 8, 16, 32, ……, 즉 2^n (n=0, 1, 2, …) 이다. 이외의 남아 있는 부족수들을 차례로 써보면 9, 10, 14, 15, 21, 22, 25, 26, 27, 33, 34, 35, 38, 39, 44, 45, 46, 49, 50, ……이다.

루트는 현관으로 뛰어들면서 "숙제 다 해왔어요. 약속한 대로 라디오 고쳐주세요"라고 말하면서 박사가 내준 숙제의 풀이가 있는 수학 공책을 박사에게 내밀었다.

> 1+2+3+4+5+6+7+8+9+10=55
>
> 박사는 루트가 써놓은 덧셈을 복잡한 증명이라도 음미하듯 빤히 쳐다보았다.
>
> "그런데 잠시 생각을 해보자. 만약 아주 심술궂은 선생님이 1에서 100까지 더하라고 하면 어떻게 하겠니?"
>
> "…… 그래도 하나하나 더해야죠."
>
> "그렇겠지. 너는 순수한 아이니까. 게다가 끈기도 있고 집요함도 있어. 그러니 1에서 100까지는 정답을 찾을 수 있을 거다. 하지만 그 선생님이 악마 같은 사람이라서, 1에서 1000까지 더하라고 하면서 너를 골탕 먹일지도 모른다면? 그리고는 우리 착한 루트가 끙끙거리며 끝도 없이 덧셈하는 걸 구경하면서 낄낄거리고 웃는다면? 그럼 너는 참을 수 있겠니?" (69-71)

박사는 1에서 10까지의 합, 즉 쉬운 곳에서 출발하여, 그다음에는 1에서 100까지의 합으로, 점점 더 어렵게. 마지막에는 1에서 1000까지의 합을 찾는 어떤 패턴을 찾기를 갈망한다. 박사는 어린 루트가 일반적으로 1에서 n까지 합의 일반화된 규칙, 즉 하나의 공식을 발견할 수 있도록 설명을 계속 유도하고 있다. 이처럼 반복적으로 그 과정을 진행해가려면 쉬운 곳에 숨겨진 어떤 패턴을 반드시 인지해야 한다는 것이다. 가우스가 푼 패턴 인식을 박사는 루트가 n=10인 경우에 가우스와 유사한 방법으로 발견할 수 있을까? 라고. 아니면 루트의 수학적 잠재력을 일깨우고 부추기면서 그가 실제로 또 다른 방법을 찾기를 바랐을까?

> "우선 1에서 9까지만 생각해보겠습니다. 지금은 10은 잊어주십시오. 1에서 9까지 수 중 가운데 수는 5입니다. 그러니까, 5가……음……."

"평균."

나는 루트에게 귀띔해주었다.

"아, 그렇지. 평균입니다. 평균을 내는 방법은 학교에서 아직 안 배웠기 때문에 엄마가 가르쳐주었습니다. 1에서 9까지 다 더하고 9로 나누면 5가 되니까……5×9=45. 이것이 바로 1에서 9까지 더한 합입니다. 이제 10을 생각하면 됩니다."

5×9+10=55

루트는 매직을 고쳐 쥐고 식을 썼다. (84, 85)

가사도우미의 아들 루트는 1에서 9까지의 평균 (1+2+…+9)/9=5를 이용하여 "5×9+10=55"라고 답을 썼다. 루트가 쓴 수식을 바라보면서 머릿속으로 하나의 패턴을 인식한 가사도우미는 일반적인 공식을 써놓았다.[24)]

수학을 제대로 공부하지 못한 나도, 이런 경우 기호를 사용하면 훨씬 더 고상하게 보인다는 것쯤은 알고 있었다.

$$\frac{n(n-1)}{2}+n$$

내가 보아도 아주 멋졌다. (86, 87)

4

박사는 1에서 100 사이에 있는 소수들을 먼저 써놓은 후 루트와 가사도우미를 보고 "어떻게 생각하나?"라고 물었다.

---

24) 가사도우미는 1에서 10까지의 합, 루트가 쓴 식 '5×9+10=55'를 바라보았다. 앞의 5는 1에서 9까지의 평균(10/2)이고 평균 5에 (10-1)=9를 곱한 후 마지막 수 10을 더했다는 패턴을 인식했다. 그래서 그녀는 일반적으로 1에서 n까지 합, 1+2 …+n은 1에서 (n-1)까지의 평균 n/2에 (n-1)을 곱한 후 마지막 수 n을 더해주면 된다고 생각했다. 이것을 수식으로 표현하면 (n/2)×(n-1)+n이다.

"어디, 1에서 100 사이에 있는 소수를 써볼까."

연습문제를 풀고 나서 박사는 루트의 연필을 쥐고 숫자를 쭉 써나갔다.

2, 3, 5, 7, 11, 13, 17, 19, 23, 29, 31, 37, 41,

43, 47, 53, 59, 61, 67, 71, 73, 79, 83, 89, 97
(중략)

"그래, 어떻게 생각하나?"

박사는 늘 추상적인 질문으로 말문을 텄다.

"다들 제멋대로예요."

대개는 루트가 먼저 대답했다.

"그리고 2만 짝수고요."

루트는 소외된 수를 유독 잘 찾아냈다.

"그렇지. 소수 중에서 짝수는 2, 딱 하나뿐이다. 소수번호 ①의 1번 타자, 선두 타자는 혼자 선두에 서서 무한한 소수를 이끄는 존재란다."

"외롭지 않을까요?"

"아니, 걱정할 것 없다. 외로워지면, 잠시 소수의 세계를 떠나 짝수의 세계에 가면 친구들이 얼마든지 있으니까."

"17과 19, 41과 43처럼, 이어지는 홀수가 둘 다 소수인 경우도 있네요."

나도 루트에게 지지 않으려고 분발했다.

"음, 아주 좋은 지적이군. 바로 쌍둥이 소수지." (90-92)

과일 깎는 칼에 손가락을 베인 루트를 병원에 데리고 갔다. 박사와 가사도우미는 대기실에서 진료실에 들어간 루트가 나오기를 기다리고 있을 때 엑스 레이실 문 앞에 붙어있는 방사선유출의 위험을 알리는 삼각형 표지판을 가리키며

박사는 가사도우미에게 "자네, 삼각수라고 아나?"라고 물었다. 접수창구에서 받은 종이 뒤에다 다음처럼 까만 하나의 동그라미에서 시작하여 계속하여 동그라미들로 형성된 삼각형들을 차례로 그려나갔다.

위 그림에 있는 마지막 삼각형의 밑바닥에 6개의 동그라미를 그린 후 박사는 말을 이었다.

"그리고 각각의 삼각형에 포함된 검정 동그라미의 수를 세어보면 1, 3, 6, 10, 15, 21. 이걸 식으로 나타내면,

1

1+2=3

1+2+3=6

1+2+3+4=10

1+2+3+4+5=15

1+2+3+4+5+6=21

이렇게 돼, 즉, 삼각수는 자신이 원하든 원하지 않든 1에서 어떤 수까지의 자연수의 합을 나타내고 있지. 이 삼각형 두 개를 붙여놓으면, 더 넓은 세상이 펼쳐져. 너무 많이 그리면 복잡해지니까, 4단째 삼각수 10으로 해보지."

(중략)

"자, 잘 보라고. 네 번째 삼각형 두 개를 붙였더니, 검정 동그라미가 세로로 네 개, 가로로 다섯 개가 늘어선 사각형이 만들어졌어. 이 사각형 속에 있는

검정 동그라미를 전부 합하면 4×5=20, 스무 개지. 알 수 있겠지? 이걸 다시 절반으로 나누면 20÷2=10이 되고, 즉 10은 1에서 4까지의 자연수의 합이 되지. 또는 사각형의 각 단에 주목해서 생각할 수도 있어.

$$\begin{array}{cccc} 1 & 2 & 3 & 4 \\ + & + & + & + \\ 4 & 3 & 2 & 1 \\ \hline 5 & 5 & 5 & 5 \end{array}$$

이걸 사용하면 10단째 삼각수, 그러니까 1에서 10까지의 자연수의 합이든 100단째 삼각수든 금방 구할 수 있지.

1에서 10까지는

$$\frac{10 \times 11}{2} = 55$$

1에서 100까지는

$$\frac{100 \times 101}{2} = 5050$$

1에서 1000까지는

$$\frac{1000 \times 1001}{2} = 500500$$

1에서 10000까지는 ……" (100-103)

앞에서 가우스가 했던 패턴 인식 방법이 바로 삼각수를 구하는 방법임을 알 수 있다. 그러므로 일반적으로 n 단의 삼각수, 즉 1에서 n까지의 합은 $1+2+\cdots+n = n(n+1)/2$가 된다.

5

가사도우미는 아들 루트와 박사를 위하여 5월 월급을 받는 날, 6월 2일 경기를 하는 히로시마 대 타이거스전의 야구 관람권을 3장 샀다. 다음 인용은 야구 경기장에서 박사가 자신과 루트의 좌석번호가 각각 7-14호, 7-15호인 것을 발견하고, 좌석번호로부터 얻어진 두 자연수 714와 715가 홈런 신기록을 각각

달성했던 두 명의 투수 베이브 루스와 행크 에런에 의하여 이름 지어진 루스-에런 쌍(Ruth– Aaron pair)[25)]을 떠올리는 장면이다.

"714는 베이브 루스가 1935년에 작성한 통산 홈런 기록, 1974년 4월 8일, 행크 에런은 상대 팀 다저스의 투수 알 다우닝이 던진 공을 날려 이 기록을 깨는 715호 홈런을 기록했지.

714와 715의 곱은 제일 작은 소수 일곱 개의 곱과 같고.

$714\times715=2\times3\times5\times7\times11\times13\times17=510510$

또 714의 소인수의 합과 715의 소인수의 합은 같아.

$714=2\times3\times7\times17$

$715=5\times11\times13$

$2+3+7+17=5+11+13=29$

이런 성질을 지닌, 연속하는 정수의 쌍은 그리 흔하지 않아. 20000이하에는 스물여섯 쌍밖에 존재하지 않지. 루스-에런 쌍. 소수와 마찬가지로 수가 커지면 커질수록 분포가 희박해지고, 가장 작은 쌍은 5와 6이야. 무한히 존재하는지를 증명하기는 쉬운 일이 아니지. 그러나 더 중요한 것은 내가 7-14고 루트가 7-15에 앉았다는 거야. 그 반대면 절대 안 되지. 옛 기록을 새로이 나타난 자가 깬다. 그것이 세상 사는 이치야. 안 그러니?" (131, 132)

6

야구 경기를 마치고 박사가 머물렀던 별채로 되돌아왔을 때 가사도우미와 루트는 박사의 몸에서 고열을 감지했다. 박사를 보살펴야 한다는 생각에 사로

---

25) 연속하는 두 정수를 각각 소인수분해 했을 때 소인수들의 합이 서로 똑같은 쌍을 일컫는다. 이 경우에 (i) 서로 다른 소인수들만 생각하거나 (ii) 반복하여 나타나는 소인수들을 모두 헤아릴 경우로 나눌 수 있다. 이 소설에서는 20000 이하의 수에는 26쌍밖에 없다는 내용으로 보아 (ii)의 경우, (5, 6), (8, 9), (15, 16), (77, 78), (125, 126), (714, 715)에서 26번째가 (18490, 18491)이기 때문이다. 상세한 내용은 Wells(2005), 심재관 옮김(2007), 63~64쪽 참고.

잡혀 그만 셋이서 함께 별채에 머물게 되었고, 가사도우미는 밤새도록 고열에 시달리는 박사를 극진히 간호하면서 박사의 수학사랑에 대한 파편들을 혼자서 떠올리고 있다.

> 나는 언제가 박사가 가르쳐준 수학자의 말을 떠올렸다.
>
> "신은 존재한다. 왜냐하면, 수학에 모순이 없으니까. 그리고 악마도 존재한다. 왜냐하면, 그것을 증명할 수 없으니까." (144)

7

며칠 지나지 않아 소장으로부터 그 일 때문에 이의제기를 받았음을 깨달았다. 가사도우미는 미망인의 이의제기로 박사의 도우미 생활을 접고 잠시 다른 집에서 일하면서 냉장고를 청소하다가 안쪽에 찍혀 있는 제조번호 2311[26]을 발견하고 소수인지를 살펴보았다.

가사도우미가 아케보노 소개소로부터 전화 한 통을 받고 급하게 박사의 집으로 갔을 때 미망인이 잔뜩 화가 나 있다. 루트가 박사의 집을 찾아왔던 사실로 현장에 도착한 루트의 어머니인 가사도우미를 심하게 질타하고 있을 때, 박사는 "안 돼. 아이를 괴롭히면 못 써"라고 말하면서 주머니에서 메모지를 꺼내 한가운데 펼쳐놓고 휑하니 나가버렸다. 펼쳐진 메모지 위에는 다음처럼 하나의 수식, 그것은 오일러의 수식[27]이었다.

> $\ll e^{\pi i}+1=0 \gg$ (177)

박사는 밖으로 나가버리고 남아 있던 세 사람(미망인, 루트, 루트의 엄마인 가사도우미)

---

26) 344번째 소수이다.

27) 오늘날 이 수식을 오일러 방정식이라고 부른다. 이 글에서 말하는 오일러의 공식은 모두 오일러의 방정식을 일컫는다. 일반적으로 알려진 오일러 공식은 $e^{i\theta}=\cos\theta+i\sin\theta$이고 이 식에 $\theta=\pi$을 대입하면 $e^{\pi i}=-1$을 얻고 -1을 좌변으로 이동시키면 $e^{\pi i}+1=0$이 얻어진다.

사이에는 침묵이 흘렀다. 이 일이 있는 후 얼마 지나지 않아 가사도우미는 소개소로부터 다시 박사의 집에 출근하라는 통보를 받았다. 7월 7일 칠석날 박사 집에 도착했을 때, 현관에 모습을 드러낸 박사는 가시 도우미를 보자마자 문답식 대화를 재개했다.

> "태어났을 때 몸무게는 몇이었지?"
>
> 현관에서 행해지는 숫자 문답은 여전한데, 태어났을 때 몸무게는 새로운 질문이었다.
>
> "3217g이었는데요."
>
> 내 몸무게는 잊어버려 루트 것으로 대답했다.
>
> "2의 3217승 빼기 1은 메르센 소수로군." (175)

'$2^{3217}-1$' 메르센 소수[28]라고 혼잣말로 중얼거렸다. 특히, 가사도우미는 도서관에서 우연히 눈에 띈 페르마의 마지막 정리[29]에 관한 책을 발견하고 그 부분을 살펴보고 있다.

> "3 이상의 자연수 n에 대하여 ≪$X^n + Y^n = Z^n$≫을 만족시키는 자연수 X, Y, Z는 없다." (179)

무심하게 그 책의 페이지를 넘기다 3장 중간쯤에 있는 오일러 공식도 발견했다. 가사도우미의 오일러 수식 ≪$e^{i\pi}+1=0$≫에 대한 의혹은 점점 커지고, 동시에 무한한 상상을 불러일으키고 있다.

---

28) 메르센 소수(Mersenne prime)는 $M_p = 2^p - 1$(p는 소수) 꼴의 소수들을 말한다. 3217은 455번째 소수이다. 일반적으로 2^{11}-1, 2^{23}-1 등은 소수가 아님을 주목하여라.

29) 페르마가 디오판토스가 쓴 『산반서』의 여백에 낙서한 후 350년 만에 1994년 앤드루 와일즈(Andrew Wiles)에 의하여 이 정리는 증명되었지만, 출판은 1년 뒤 1995년 수학연보(Annul of Math) 특별판에 수록되었다.

π는 안다. 원주율이다. i도 박사에게 배웠다. -1의 제곱근이고, 허수다. 골치 아픈 것은 e였다. e도 π처럼 순환하지 않는 무리수로 수학에서 가장 중요한 정수[30]의 하나인 듯했다.

우선 로그가 무엇인지부터 알아야 했다. 로그란, 정수를 몇 제곱해서 임의의 정수를 얻었을 때, 제곱한 횟수를 뜻한다. 그리고 이때 정수는 밑이라고 한다. (중략) 그러니까 e는 자연로그의 밑인 셈이다.

그리고 e는 오일러가 계산한 바에 의하면

e=2.71828182845904523536028……

이렇게 끝없이 이어진다. 수식은 복잡한 설명에 비하면 상당히 명쾌했다.

$e=1+\frac{1}{1}+\frac{1}{1\times2}+\frac{1}{1\times2\times3}+\frac{1}{1\times2\times3\times4}+\frac{1}{1\times2\times3\times4\times5}+\ \cdots\cdots$ (181, 182)

위인용에 나타난 무리수 e의 발견은 오일러가 1939년에 발견했으며 그 이듬해인 1940년에 e가 두 번째 수식처럼 무한급수로 나타낼 수 있음을 발견했으며, 간편하게 계승 n!= n(n-1)…1을 이용하여 다시 표현하면

$$e=1+\frac{1}{1!}+\frac{1}{2!}+\frac{1}{3!}+\frac{1}{4!}+\frac{1}{5!}+\cdots\cdots$$

이다. 오일러는 1741년에 베를린에 있는 프러시안(Prussian) 아카데미에 와서 25년간 학술원을 이끌면서 그의 연구는 꽃을 피웠다. 그곳에 있으면서 1748년에 그는 '오일러 공식'으로 불리는 수학 전체를 통틀어서 가장 아름다운 공식 중의 하나를 발견했다.

$$e^{ix}=\cos x+i\sin x$$

여기서 $i=\sqrt{-1}$ 이다. 이것은 모든 실수 x에 대하여 참이다. 이제 위의 오일러

30) 정의(定義)된 수를 뜻한다. 정수(整數)와 구분이 된다.

공식에서 $x=\pi$을 대입하면 곧바로 오일러 방정식 $e^{\pi i}+1=0$가 얻어진다. 이것은 수학에서 가장 유명한 다섯 개의 상수 e, π, i, 1, 0로 연결된 방정식이다. 많은 사람은 이 공식이 매우 신성한 힘을 가지고 있다고 믿었다.[31)]

> π와 i을 곱한 수로 e을 거듭제곱해서 1을 더하면 0이 된다.
>
> 나는 다시 한번 박사의 메모를 쳐다보았다. 한없이 순환하는 수와 절대로 정체를 드러내지 않는 수가 간결한 궤적을 그리며 한 점에 착지한다. 어디에도 원은 없는데 하늘에서 π가 e곁으로 내려와 수줍음 많은 i와 악수를 한다. 그들은 서로 몸을 마주 기대고 숨죽이고 있는데, 한 인간이 1을 더하는 순간 세계가 전환된다. 모든 것이 0으로 규합된다. (183)

앞 인용의 첫 문장은 오일러 방정식 $e^{\pi i}+1=0$을 풀어서 설명한다. 그리고 이어서 "한없이 순환하는 수"의 표현은 원주율 π을 설명하고 있는데, 엄밀한 의미에서는 잘못된 표현이다. 왜냐하면, 무리수 π는 절대로 순환하지 않기 때문이다. 수많은 원을 상징하는 원주율을 떠올리게 하는 수는 맞지만 '순환'이란 용어는 적절치 않은 표현이다. 그러나 허수 i에 대해서 '절대로 정체를 드러내지 않는 수'로 표현하는 것은 절대 나쁘지 않다. 허수의 축은 가상적인 신의 세계이기 때문이다. 앞 인용의 첫 문장은 'π'와 'i'가 'e'의 지수로 착지함을 표현한다. 두 번째 문장은 'πi'을 설명하고 '그들은(π, i, e) 서로 몸을 마주 기대고 숨죽이고 있는데'의 표현은 '$e^{\pi i}$'를 묘사하고 있다. 옥에 티처럼 '한없이 순환하는 수'를 '수많은 원을 떠올리는 수'로 바꾸어 표현했다면 위인용은 오일러 방정식 $e^{\pi i}$+1=0을 얼마나 잘 설명해주고 있었던가!

---

31) 김태화(2009), 289~292쪽.

8

이 책은 수 0에 대한 감추어진 내력과 나뭇가지 위에 앉아 있던 새 한 마리가 그대로 있다가 날아가 버리고 나면 나뭇가지 위에는 아무런 흔적이 없는 텅 빈 상태이다. 박사는 이러한 행위를 간단히 수식으로 '1－1=0'이라고 표현했다.

> "그러나 0의 경이로움은 기호나 기준일뿐만 아니라, 명실상부한 숫자라는 점에 있어. 가장 작은 자연수 1보다 1만큼 작은 수, 그것이 바로 0이지. 0이 등장했다고 해서 계산 규칙의 통일성이 흐트러지는 일은 없어. (중략)"
>
> 정말 지금 막 작은 새가 날아가기라도 한 것처럼 박사는 마당의 어둠을 가리켰다. 비에 젖은 어둠이 한층 짙게 보였다.
>
> "1－1＝0. 아름답지 않나?" (204)

"1－1＝0." 앞에 있는 '1'은 나뭇가지에 앉아 있었던 한 마리 새이고 '－1'은 나뭇가지에서 날아 가버렸던 그 새이고, '0'은 새가 없어진 텅 빈 상태를 말한다. 이어서 야구의 루타를 묻는 루트의 질문에 박사는 이렇게 답했다.

> "루타가 뭐예요?"
>
> "안타를 쳐서 움직인 루의 수를 말하는 거지. 단타면 1, 2루타면 2, 3루타면 3. 그러니까 홈런은 ……"
>
> "4네요."
>
> "그렇지." (208)

9

박사가 ≪JOURNAL of MATHEMATICS≫ 현상공모에서 1등을 획득했다는 소식에 들뜬 가사도우미가 박사의 무관심을 루트의 11번째 생일과 관련지어 말하는 장면에서 박사의 소수 사랑은 끝이 없는 것 같다.

"참 루트의 생일도 같이 축하해요. 9월 11일 거든요. 틀림없이 좋아할 거예요."

"몇 살이 되지?"

"열한 살이요."

"11……."

박사는 몸을 앞으로 쑥 내밀고 눈을 깜박이며 머리카락을 쥐어뜯었다. 식탁에 비듬이 떨어졌다.

"네 11이에요."

"참으로 아름다운 수로군. 소수 중에서도 특히 아름다운 수야. 게다가 무라야마의 등 번호이기도 하고. 자네, 이거야말로 정말 멋진 일이네." (220)

10

파티 준비! 가사도우미가 아들 루트의 11번째 생일파티를 위하여 준비했던 케이크 상자를 펼쳤을 때 초가 없는 것을 알았다. 열 살짜리 1개와 한 살짜리 1개를 달라고 했었는데……없다.

11

가사도우미는 1993년에 앤드루 와일즈가 페르마의 마지막 정리를 증명했다는 신문 기사를 접한 후 박사를 생각하면서 지갑 속에 간직했던 오일러 방정식 ≪$e^{i\pi}+1=0$≫이 적혀있는 종이를 살며시 꺼내어 보았다.

> 4B 연필 자국이 묻어나지 않도록 조심하면서 나는 오일러의 공식을 살며시 손가락으로 더듬었다. 사랑스럽게 구부러진 π의 두 다리와, 힘찬 i, 의젓한 0의 이음매를 손가락 끝으로 느꼈다. (254)

파티의 하이라이트로 루트가 촛불을 끄고 세 사람의 박수 소리가 그치고, 서로 선물을 주고받았다. 박사는 미망인을 시켜 준비해 둔 루트의 야구 글로브를 선물했고 루트는 박사에게 그동안 힘들게 찾았던 에나스의 한정판 프리미엄 카드를 선물했다. 파티 이틀 후 박사는 전문 의료시설로 옮겨졌다. 루트를 데리고 가사도우미는 박사가 입원해 있는 의료시설을 찾아가 마지막 면회를 하였다.

> "2 이외의 모든 소수는 두 종류로 분류할 수 있는데, 알고 있나?"
>
> (중략)
>
> "모든 자연수를 n이라고 하면, $4n+1$이나 $4n-1$, 이 두 가지 중 하나지."
>
> (중략)
>
> "예를 들어 13이면……"
>
> "4×3+1이요."
>
> 루트가 대답한다.
>
> "맞아. 19는?"
>
> "4×5-1이죠."
>
> "정확하다."
>
> 박사는 행복한 듯 고개를 끄덕인다.
>
> "한 가지 덧붙여보자. 전자의 소수는 두 수의 제곱의 합으로 표현할 수 있지. 그러나 후자는 그렇게 나타낼 수 없어."
>
> "$13=2^2+3^2$이네요."
>
> "루트처럼 순수함을 지니고 있으면, 소수 정리의 아름다움도 한결 돋보이지," (258-60)

자연수 n을 4의 배수로 나타내면 4k, 4k+1, 4k+2, 4k+3으로 표현된다. 이들 중 4k와 4k+2는 2로 나누어떨어진다. 그러므로 소수가 될 수 없다. 4k+3은 4k-1로 바꾸어 표현할 수도 있으므로 소수는 $4k \pm 1$의 꼴로 나타낼 수 있겠다. 이 사실의 역은 일반적으로 성립하지 않는다. 왜냐하면, $21=4\times5+1$, $15 = 4\times4 -1$이지만 둘 다 소수가 아니기 때문이다. 앞 인용에서 박사가 말한 '4k+1의 소수는 두 수의 제곱의 합으로 표현할 수 있다'[32)]라는 것이다. 이 사실은 1625년

지라드(Girard)에 의하여 처음 관측되고 언급되었으며, 1640년 페르마가 다시 그의 내용을 주장했다.[33] 그러나 이것의 첫 증명은 1747년 오일러에 의하여 두 편의 논문으로 발표되었고, 그 후 다양하게 증명되었다. 반면에 4로 나누었을 때 나머지가 3인 4k-1의 소수[34]들은 절대로 두 제곱수의 합으로 나타낼 수 없다.

> 그의 생애에서 가장 빠르게 볼을 던졌던 시절의 에나스다. 세로줄 무늬 유니폼을 입은 어깨너머로 등 번호가 보인다. 완전수, 28이다. (260)

가사도우미는 완전수 28의 등 번호를 달고 가장 빠르게 볼을 던졌던 투수 에나스의 한 장면을 떠올렸다.

3) 다중 고리로 형성된 하이퍼 그래프

이제 11개의 각 장에 있는 핵심어들을 찾아본다.

1. √, √-1, 가사도우미 (화자, 나), 신발사이즈 4의 계승(4!=24), 1992년 3월(박사 집 가사도우미 시작), 첫 번째 우애수의 쌍 (220, 284)=(나, 박사)
2. 28=1+2+4+7+14, 두 번째 우애수의 쌍 (1184, 1210), 아들 루트 √, 3=(박사, 나, 루트), 박사와 루트(문제 풀이)
3. 박사의 외출(이발관, 공원), 아르틴의 예상, 완전수/과잉수/부족수, $1+2+\cdots+n=n(n-1)/2+n$
4. 쌍둥이 소수, 소아과에서 칼에 베인 루트의 상처 치료, 삼각수, $n(n+1)/2$
5. 박사의 단어 뒤집어 말하기, (타이거스 선수들의) 야구 카드가 들어 있는 과자 통,

---

32) 4로 나누면 나머지가 1인 $4k+1$의 소수는 $5=1^2+2^2$, $13=2^2+3^2$, $17=1^2+4^2$, $29=2^2+5^2$, $37=1^2+6^2$, $41=4^2+5^2$, ……등이다.

33) '지라드 정리' 또는 '페르마의 두제곱 정리'라 부른다.

34) 3, 7, 11, 19, 23, 31, ……등을 말한다.

에나스 유타카, N, 타이거스 대 히로시마 전 야구 티켓 3장, 루스-에런 쌍 (714, 715)

6. 박사의 고열, 별채에 숙박(박사/나/루트), 형수의 이의제기로 박사의 가사도우미 중지
7. 회계사 집의 가사도우미, 소수 2311, 루트와 박사, 미망인의 질타, ≪$e^{\pi i}+1=0$≫, 오일러의 공식, 박사 집으로 다시 출근 통보, 메르센 소수, 도서관, 페르마의 마지막 정리
8. 칠석날, 비, 캠프 간 루트 걱정, 0, 1-1=0, 야구용어(루타, 규정타석)
9. 박사의 치과 진료, ≪JOURNAL of MATHEMATICS≫에서 1등+루트의 11번째 생일파티 계획, 미망인과 박사의 연인관계, 에나스의 야구카드 찾기, 루트와 1985년 한정 프리미엄 카드
10. 파티 준비, 케이크의 11개의 초를 구하러 간 루트
11. 앤드루 와일즈, 파티, ≪$e^{\pi i}+1=0$≫, 1992년 시리즈 타이거스 준우승, 파티 촛불 끄기/선물(야구 글로브, 프리미엄 카드), 전문 의료시설, 소수 13과 19, 면회, 완전수 28

이제 각 장의 핵심 키워드들만 수학적인 내용과 문학적인 차원에서 두 종류로 구분하여 아래와 같이 표로 분류해보자.

장	수학 (굵은 선)	표기	문학 (가는 선)	표기
1	1번째 우애수의 쌍 (220, 284)	우1	나, 박사	I, Dr
2	2번째 우애수의 쌍 (1184, 1210)	우2	박사와 루트 (문제풀이)	Dr, √ Q/A
3	완전수, 부족수, 과잉수	p, d, a	박사 외출 (이발소, 공원)	Dr:외출
4	쌍둥이 소수, 삼각수	쌍, △	루트의 상처, 소아과	상, 소

5	루스-에런 쌍 (714, 715)	R-A	야구 입장권 티켓 3장	T3
6	모순, 증명	C/P	박사의 고열, 별채 숙박, 가사도우미 해고	
7	≪$e^{\pi i}$+1=0≫, 메르센 소수, 페르마의 마지막 정리	E, M, F	박사 집 출근, 미망인의 질타, 도서관	W/C
8	0, 1-1=0	0	1, 2, 3루타와 4홈런	1~4
9	박사의 1등 상, 루트의 11번째 생일파티계획	Dr:no.1, 11-b.d.	박사의 치과진료, 한정판 프리미엄 카드(P.C.)	P.C.
10	11개의 초(루트 초를 구하러 감)	초	파티준비, 박사의 케이크 소동	케
11	앤드루 와일즈, ≪$e^{\pi i}$+1=0≫, 13과 19, 완전수 28	A.W. $e^{\pi i}$+1=0 소수11 완28	루트의 11번째 생일파티의 Climax: 촛불 끄기/3명의 박수, 선물, 면회	촛불

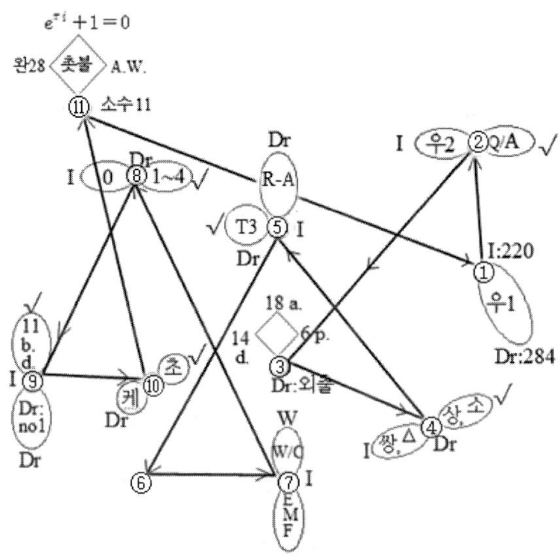

그림 2.1 다중 고리로 형성된 하이퍼 그래프

앞의 표에 있는 중심 키워드들을 11개의 장을 표시한 동그라미 친 번호 ①~⑪을 따라가면서 하나의 굵은 실선과 화살표로 이동 경로를 표시하였다. 작가 오가와 요코가 이 소설을 집필할 때의 11개의 자의식을 따라 함께 다중 고리로 형성된 하나의 하이퍼 그래프를 그려보면 앞 그림 2.1과 같다. 이 그림에서 소설의 전체적인 구성이 타원, 뫼비우스 띠, 베이스 모양(1, 2, 3루+홈) 등과 같은 다양한 형태의 이상한 다중 고리들로 구성된 하나의 하이퍼 그래프를 그리면서 순환함을 엿볼 수 있다. 먼저 ①에서는 화자('나')인 가사도우미(I)가 별채에 거주하고 있는 박사(Dr)와의 첫 만남이 있을 때 가사도우미의 생일 '2월 20일'과 박사의 손목시계 뒤편에 새겨진 '학장상 No, 284'에 있는 두 수 220과 284가 서로 우애수의 쌍이 됨을 발견했다. 따라서 화자(I)와 박사(Dr)는 첫 번째 우애쌍(220,284)에 의하여 하나의 루프를 형성한다. ②에서는 박사와 화자 '나'(I) 사이에 두 번째 우애쌍(1184, 1210)이 놓여있으며, 동시에 박사와 루트(√)의 만남은 수학숙제를 함께 풀어가는 것을 통해 그 관계가 박사를 중심으로 하는 한 개의 뫼비우스 띠를 형성한다. ③에서는 박사의 첫 외출을 통해 피타고라스 학파가 분류했던 수의 세 가지 '완전수/과잉수/부족수'를 알게 된다. 특히, 예를 들고 있는 첫 번째 완전수 6, 두 번째 과잉수 18, 딱 1보다 작은 부족수는 너무 많기에 이들을 제외하고 헤아리면 세 번째 부족수 14가 차례로 야구의 1, 2, 3루에 자연스럽게 배치되고 이 세 가지 수의 모든 비밀을 다 알고 있다는 듯 박사만이 홈 플레이트를 밟고 우뚝 서 있다. ④에서는 '가사도우미(I)/박사(Dr)/루트(√)'가 하나의 뫼비우스 띠를 이룬다. 함께 소수에 관한 이야기를 하다가 가사도우미(I)가 17과 19, 41과 43을 보고 이어지는 홀수가 둘 다 소수라고 말하자 박사는 쌍둥이 소수라고 대답한다. 그 후, 과일 깎는 칼에 베인 루트를 데리고 소아과 진료실에 대기하던 중 삼각형 모양의 방사능 경고표지판을 보고 박사는 가사도우미에게 삼각수에 관한 성질을 설명한다. ⑤에서는 월급 받는 돈으로 야구경기 관람권 세 장을 샀던 가사도우미는 박사, 루트와 함께 야구장에 갔다. 루터와 박사의 좌석번호로부터 얻어진 루스-에런 쌍 (714, 715)을 떠올리며 하나의 루프가 그려진다. 유사하게 나머지 루프들도 그려진다. ⑦에서는 루트를 박사의 집으로 데리고 온 사실을 알고 박사의 형수인 미망인의 심한 꾸중을 듣고 박사의 도우미를 그만두게 된 가사도우미는 도서관에서 오일러 방정식과 메르센 소수 그리고 페르마의 마지막 정리를 읽어보았다. 가사도우미(I)를 중심으로 미망인(W)과의 갈등과 도서관에서 읽었던 세 가지 수학 이야기(E–M–F)가 결부되어 전체적으로 하나의 뫼비우스 띠를 형성한다. ⑧에서는 박사(Dr)가 가사도우미(I)에게 '0'의 비밀을 얘기하는 내용과 더불어 루트(√)와의 야구의 용어 1, 2, 3루타와 홈런에 대한 설명이 또 다른 하나의 뫼비우스 띠 모양의 고리를 만든다. ⑨와 ⑩에서는 각각 가사도우미(I)를 중심으로 루트(√)의 11번째 생일과 박사(Dr)의 잡지현상금에 대한 1등 상을 축하하는 파티 준비와 더불어 파티 전에 박사가 케이크를 엎지르는 사고와 루트가 초를 사러 갔다가 돌아오지 않는 것을 걱정하는 이야기가 뫼비우스 띠 모양의 고리들을 형성한다. 마지막 ⑪에서는 파티의 촛불을 중심으로 박사의 소수 11에 대한 사랑을 야구의 홈베이스에 두면, 이와 더불어 가사도우미의 1993년 앤드루 와일즈가 페르마의 마지막 정리를 증명했다는 신문기사 내용, 박사를 생각하면서 지갑 속에 간직했던 오일러 방정식 ≪$e^{i\pi}+1=0$≫이 적혀있던 메모지, 소설 마지막을 장식하는 타이거스팀의 좌완투수 에나스의 등 번호인 완전수 28의 이야기가 차례로 야구의 1, 2, 3루에 위치하면서 또 다른 야구 베이스 모양의 고리를 만들고 있다.

스스로 배우는 코너 2.1

1. 영화『박사가 사랑한 수식』에서 2.1절 2)의 첫 번째 인용의 마지막 부분인 "그리고 그 조그만 두 손으로 이 세계를 떠받들고 있지"라고 수학 교사가 된 루트가 첫 수업에서 설명했던 추론에 비약이 있다고 생각한다면 독자

여러분은 어떻게 생각하는가? 서로 토론한 후 말하여보아라. 독자 여러분도 그림 2.1을 참고하여 다른 각도에서 이 소설 전체구성의 11개의 장에 있는 다른 핵심어들을 따라가면서 새로운 그래프를 그려 발표한 후 서로 토론하여보아라.

2. 2.1절 2)의 두 번째 인용의 마지막 부분인 "5761455라고? 정말 멋진 수가 아닌가. 1에서 1억 사이에 존재하는 소수의 개수와 정확하게 일치하는군"이라고 말하고 있다. 인터넷에는 소수의 개수를 찾는 다양한 알고리즘들이 소개되어 있다. 실제로 '1에서 1억=10^8 사이에 있는 소수의 개수가 5761455가 되는지를 확인하여보아라.

3. 가우스의 비법을 100까지 뿐만 아니라 임의의 자연수 n까지로 일반화 또는 추상화하여 보아라. 1+2+⋯+ n = n(n+1)/2가 됨을 유도하고 식 [n(n-1)/2]+n과 비교하여보아라.

4. 본문 인용에서 "딱 1보다 작은 부족수는 너무 많기에……"라고 말하고 있다. 앞의 주석 23처럼 실제로 "딱 1보다 작은 부족수"들의 집합은 $\{2^n : n = 0, 1, 2, \cdots\}$가 됨을 밝혀보아라.

5. 주석 13에서 10개의 우애쌍을 (220, 284), (1184, 1210), (2620, 2924), (5020, 5564), (6232, 6368), (10744, 10856), (12285, 14595), (17296, 18416), (63020, 76084), (66928, 66992)처럼 써놓고 있다. 실제로 본문 인용에서 박사가 첫 번째 우애수의 쌍 (220, 284)에 대하여 220의 진약수들의 합은 284가 되고 거꾸로 284의 진약수들의 합은 220이 됨을 설명했던 것처럼 나머지 우애수의 쌍에 대해서도 그렇게 되는지를 모두 확인하여보아라.

6. 우애수는 자기 자신을 제외한 진약수들만 생각했다. 우애수를 생각했던 것과 유사하게 1과 자기 자신을 제외한 약수들만 생각하면 어떤가? 한 예로

(48, 75)의 쌍을 생각해보자. 48의 약수 중 1과 자기 자신을 제외한 약수 2, 3, 4, 6, 8, 12, 16, 24를 모두 더하면 2+3+4+6+8+12+16+24=75이고, 75의 1과 자기 자신을 제외한 약수 3, 5, 15, 25를 모두 더하면 3+5+15+25=48이 된다. 이와 같은 성질을 갖는 쌍을 부부수(betrothed numbers)[35]의 쌍이라고 말한다. 지금까지 알려진 부부수의 쌍 (140,195), (1575, 1648)에 대해서도 앞과 똑같이 약수를 찾아서 확인하여보아라.

7. 2^p-1(p는 소수)의 꼴이 모두 소수가 되는 것은 아니다. 왜냐하면 $2^{11}-1=1023=3\times 11\times 31$은 합성수이기 때문이다. 그러나 일반적으로 2^n-1이 소수이면 n은 반드시 소수가 된다. 이것을 대우증명 또는 모순증명으로 밝혀보아라.

8. 시그마($\sum$) 기호를 사용하면 연속하여 더하는 것을 편리하게 나타낼 수 있다. 예를 들면

$$6=1+2+3=\sum_{n=1}^{3} n,\ \ 28=1+2+3+4+5+6+7=\sum_{n=1}^{7} n,\ 496=1+2+\cdots+31=\sum_{n=1}^{31} n$$

와 같이 완전수를 간단하게 표현할 수 있다. 시그마 기호의 위에 있는 3, 7, 31은 메르센 소수이다. 일반적으로 메르센 소수는 $M_p=2^p-1$, 소수 $p=2,3,5,\cdots$ 꼴의 소수이다. 따라서 모든 짝수인 완전수들은 다음 꼴로 표현된다. 왜? 그 이유를 논리적으로 설명하여보아라.

$$\sum_{n=1}^{M_p} n=\frac{M_p(M_p+1)}{2}=(2^p-1)2^{p-1}\ \ (p=2,3,5,\cdots\text{소수})$$

---

35) 부부수의 쌍은 하나는 짝수이고 다른 하나는 홀수임을 주목하고, 피타고라스 학파가 수를 분류하면서 짝수는 남성, 홀수는 여성으로 분류해왔기 때문에 그렇게 붙여진 것으로 생각된다.

9. 사교수(sociable numbers)란 우애수의 개념을 일반화시킨 것으로 서로 다른 세 개 이상의 자연수의 모임으로, 어떤 수 n_0의 진약수의 합이 n_1이 되고, n_1의 진약수의 합이 n_2가 된다. 이것을 계속해 나갔을 때, 다시 원래의 수 n_0로 되돌아오는 수들의 모임을 일컫는다. 다섯 개로 구성된 사교수들의 모임은 (12496, 14288, 15472, 14536, 14264)이다.[36] 왜냐하면, 12496을 소인수 분해하면 $12496=2^4\times11\times71$이므로 그 진약수의 총합은

$$1+2+4+8+11+16+22+44+71+88+142+176+284+$$
$$568+781+1136+1562+3124+6248=14288$$

이고, $14288(=2^4\times19\times47)$의 진약수의 합은

$$1+2+4+8+16+19+38+47+76+94+152+188+$$
$$304+376+752+893+1786+3572+7144=15472,$$

다시 $15472(=2^4\times967)$의 진약수의 합은

$$1+2+4+8+16+967+1934+3868+7736=14536$$

이고, $14536(=2^3\times23\times79)$의 진약수의 합은

$$1+2+4+8+23+46+79+92+158+184+316+632$$
$$+1817+3634+7268=14264$$

이고, $14264(=2^3\times1783)$의 진약수의 합은

$$1+2+4+8+1783+3566+7132=12496,$$

즉 원래의 수로 되돌아옴을 알 수 있다. 또 다른 사교수의 그룹을 찾아 서로 토론하여보아라.

---

36) King(1996), 김량국 옮김(2001), 138쪽.

10. $1/7=0.\dot{1}4285\dot{7}$로 반복적으로 순환함을 알 수 있다.[37] 또한, 모든 순환소수(recurring decimal)은 유리수이므로 분수로 나타낼 수 있다. 어떻게? 앞의 예에서는 $x=0.\dot{1}4285\dot{7}$라 두면

$$10^6 x - x = 142857 \Rightarrow x = \frac{142857}{10^6 - 1} = \frac{142857}{999999} = \frac{1}{7}$$

을 구할 수 있다. 일반적인 방법을 서로 토론하고 논리적으로 설명하여보아라.

11. 소수(素數, prime number) 7의 역수 1/7을 소수(小數, decimal)로 나타내면 $0.\dot{1}4285\dot{7}$이다. 여기서 숫자 위의 두 점은 반복되는 주기의 시작과 끝을 나타낸다. 주석 19에서 이러한 순환소수인 수 142857을 소수 7의 주기, 그 개수를 소수의 길이로 각각 정의했음을 회상해보자. 소수의 주기에 나타난 숫자들은 매우 신비로운 특성들을 갖고 있다. 예컨대, 7의 주기를 둘씩 나누어 더하면 14+ 28+57=99이고 셋으로 나누어 더하면 142+857=999가 됨을 알 수 있다. 더욱, 소수 7의 주기 142857의 제곱, 즉 $142857^2=20408122449$를 둘씩 나누어 더하면 20408+122449=142857과 같이 7의 주기로 되돌아옴을 관찰할 수 있다. 게다가 2에서 7까지의 수를 7의 주기 142857에 차례로 곱해보면 다음과 같이 자릿수를 두 자리 또는 한 자리씩 교환해가는 것을 주목할 수 있다. 그러나 마지막으로 7을 곱하면 9가 계속 반복됨을 주목하여라. 이것은 $(1/7)\times 7=1=0.\dot{9}$이기 때문이다.

$142857\times 2=285714$, $142857\times 3=428571$, $142857\times 4=571428$,

$142857\times 5=714285$, $142857\times 6=857142$, $142857\times 7=999999$.

이러한 과정들을 소수 13에 대하여 같은 방법으로 살펴보고 만약 앞에서

---

37) 편의상 순환하는 시작과 끝에 있는 두 수 위에 점(dot)을 찍어 순환마디를 구분한다.

살펴보았던 소수 7의 성질들과 구별되는 차이점을 찾아 발표하고 서로 토론하여보아라.

12. 소수들을 차례로 100번째까지 나열하면

2, 3, 5, 7, 11, 13, 17, 19, 23, 29,
31, 37, 41, 43, 47, 53, 59, 61, 67, 71,
73, 79, 83, 89, 97, 101, 103, 107, 109, 113,
127, 131, 137, 139, 149, 151, 157, 163, 167, 173,
179, 181, 191, 193, 197, 199, 211, 223, 227, 229,
233, 239, 241, 251, 257, 263, 269, 271, 277, 281,
283, 293, 307, 311, 313, 317, 331, 337, 347, 349,
353, 359, 367, 373, 379, 383, 389, 397, 401, 409,
419, 421, 431, 433, 439, 443, 449, 457, 461, 463,
467, 479, 487, 491, 499, 503, 509, 521, 523, 541

100번째 소수는 541이다. 첫 번째 소수 2에서부터 100번째 소수 541까지에 있는 완전주기소수는 모두 38개 있다. 38개의 완전 주기 소수들을 차례로 나열해보면 다음과 같다.

7, 17, 19, 23, 29, 47, 59, 61, 97, 109,
113, 131, 149, 167, 179, 181, 193, 223, 229, 233,
257, 263, 269, 313, 337, 367, 379, 383, 389, 419,
433, 461, 497, 491, 499, 503, 509, 541

오늘날까지 어떤 소수가 완전주기소수인지를 결정하는 일반적인 방법은 알려지지 않았지만 10진법으로 계산했을 때 모든 소수의 약 37% 정도가 완전주기소수라는 결과가 나온다. 에밀 아르틴은 어떤 진법을 사용해도 그 수치는 정확하게 다음과 같다고 예측했다.

$$\prod_{p \in S} \frac{p^2 - p - 1}{p^2 - p} = 0.3739558 \cdots = C,$$

여기서 집합 S은 모든 소수의 집합을 뜻한다. 그러나 데릭 헨리 레머(Derrick H. Lehmer)와 에마 레머(Emma Lehmer) 부부는 실험적 방법으로 위의 추측이 옳지 않다는 것을 밝혔다. '아르틴의 추측'에 관한 여러 관련 자료를, 예를 들면 주석 20의 관련 도서 또는 인터넷에서 검색·요약한 후 그 내용을 서로 토론하여보아라.

13. "정계수 3차 형식에 관한 아르틴의 추측"을 언급하면서 "서클 메소드라고 하는 사상에 입각해서…"라는 인용에 나오는 '서클 메소드(circle method)'에 대한 내용을 인터넷에서 검색해보고 그것이 어떤 내용인지 조사하여라. 특히, 분할에 관한 하디(G. H. Hardy)와 S. 라마누잔(Srinivasa Ramanujan, 1887~1920)이 1918년 처음으로 도입한 대수적 정수론의 서클 메소드에 관한 내용을 1991년 미국의 전기 및 과학 작가인 로버트 카니겔(Robert Kanigel)의 라마누잔 일대기를 쓴 책[38])을 읽어보고 그 내용을 찾아 요약한 후 발표하고 서로 토론하여보아라.

14. 영화『박사가 사랑한 수식』에서는 형수가 읽고 있던 박사의 연애편지 속에서는 오일러 방정식이 오일러의 공식($e^{i\theta} = \cos\theta + i\sin\theta$)에서 $\theta = \pi$을 대입한 꼴인 $e^{i\pi} = -1$이다. 그러나 루트의 야구 시합을 보고 돌아왔을 때, 신열을 내고 있던 박사를 간호하면서 함께 박사의 집에서 잤다는 이유로 박사의 형수가 소개소에 이의를 제기하여, 박사 집 가사도우미 생활을 잠시 접고, 다른 집에서 가정부 생활을 하고 있을 때, 그녀의 아들 루트가

38) Robert Kanigel, *The man who knew infinity*, 1991. 김인수 옮김,『수학이 나를 불렀다』, ㈜사이언스북스, 2000. 이 책은 2016년 맷 브라운Matt Brown에 의하여 영화로 제작되었다.

박사를 찾아왔다는 이유로 박사의 집으로 불려와 질책을 당하고 있을 때, 박사가 "아이를 괴롭히면 안 돼."라고 말하면서 자신의 옷에 더덕더덕 붙어있던 메모지들을 하나씩 떼어낸 후 양복 호주머니 속에서 빈 메모지를 꺼내어 오일러 방정식을 $e^{i\pi}+1=0$이라고 썼다. 이 소설의 구성면에서 형수가 보관했던 연애편지에 썼던 $e^{i\pi}=-1$와 비교하여 그 차이점을 서로 말하여보아라. 그리고, 이 영화의 마지막 장면에는 영국의 시인 윌리엄 블레이크(William Blake, 1757–1827)의 시 "순수의 전조(Auguries of Innocence)"가 일본어 자막으로 등장한다(우측 그림). 이어서 이 영화 주제음악이 즉흥 재즈 연주가인 가코 다카시(加古隆, Takashi Kako)의 피아노 연주와 소프라노 가수 모리 마키(麻季森, Maki Mori)의 음유하는 허밍 송(humming song)이 마지막 피날레에서 다시금 흘러나온다. 윌리엄 블레이크의 시 "순수의 전조"의 전문을 찾아서 읽어보고 그 내용을 서로 토론하여라.

2.2 「수의 신비」와 「암흑」

베르나르 베르베르는 1991년 그의 첫 장편 소설인 『개미』를 쓴 작가로 우리에게 잘 알려져 있다. 장편 작업에서 오는 긴장감을 해소하려는 기분으로 틈틈이 단편을 써 온 베르베르는 2002년에 18개의 단편을 묶어 하나의 『나무』[39]라는 책으로 출판했다. 「수의 신비(Le mystère du chiffre)」와 「암흑(Noir)」는 이 책에 수록된 18개의 단편 중에 9번째와 15번째에 있는 것이다. 저자는 이 책의 서두

39) Bernard Werber(2002), 이세욱 옮김(2003)에 있는 부분 인용을 한 후 마지막에 쪽 번호만 소괄호로 묶어 표시한다.

에서 「수의 신비」를 쓰게 된 착상을 이렇게 말하고 있다.

> 「수의 신비」라는 작품은 내 어린 조카와 이러저러한 이야기를 나누던 중에 착상되었다. 녀석의 말에 따르면, 녀석의 반에는 10까지 셀 줄 아는 아이들과 그보다 큰 수를 셀 줄 아는 아이들 사이에 서열이 존재한다고 한다. (3)

이 단편소설에서 베르베르는 앞 2.1절에서 살펴보았던 피타고라스 학파가 분류해왔던 수에 관한 이야기를 또 다른 차원에서 재미있고 현실감 넘치게 풀어쓰고 있다. 특히 10 이상을 헤아리는 그룹과 그렇지 못한 그룹으로 양분했다. 이처럼 수에 대한 이해정도에 따른 계층을 상반된 두 그룹으로 설정하여 글의 플롯이 짜진 것은 수학의 이분법 체계를 염두에 둔 것 같다.

베르베르가 글의 표지에서 제시했던 〈인간은 스스로를 묶어 놓은 한계를 돌파할 수 있을 것인가〉 라는 의혹에 대한 실마리를, 수의 단계가 17단인 신관 겸 기사 뱅상이 스스로 그 답을 찾아가면서 수의 단계로 경계 지어진 벽을 껑충 뛰어넘는 기법으로 이야기가 전개되고 있다. 먼저 고대 그리스 시대의 피타고라스 학파와 이 단편에서 언급된 '수의 대수도원' 집단과의 비교분석으로 시작해보자.

1) 피타고라스 학파 대 수의 대수도원

> 이튿날 그는 다시 대신관 겸 남작 에겔렘 세되 앞에서 머리를 조아렸다.
>
> (중략)
>
> 늙은 대신관은 뱅상을 누대로 데리고 갔다. 그곳은 시클라멘과 부겐빌리아가 만발한 정원을 내려다보기엔 둘도 없이 좋은 장소였다.
>
> 「우리에게 말썽거리가 하나 생겼다. 신관 겸 기사 네 명이 이단자가 되었느니라. 그자들은 현재 도피 중이다. 하지만 파르밀이란 도시에서 그들이 목격되었다.」 (144, 145)

「이자가 옥타브를 죽였어. 매우 잔인한 놈이야.」(149)

세 사람이 돌아가며 스스로를 소개했다. 작고 뚱뚱한 사내는 시스텡이라 했고, 키가 크고 마른 사내는 두쟁, 머리가 곱슬곱슬한 또 한 사내는 트루아앵이었다. (151)

앞 세 인용에 차례로 등장하는 인물들을 역자의 주석40)에 근거하여 아래 표처럼 구분하여 분류해놓자.

등장인물	(관련) 수& 수식	패턴 & 유형
에겔렘 세되 (Egalem Sedeuw)	$E=mc^2$ (E 에갈 엠세되)	수식
뱅상 (Vincent)	20(vingt)+100(cent)	수의 결합 (20+100=120)
옥타브 (Octave)	8 (octave)	6이후 첫 번째 부족수(8)
시스텡 (Sixtin)	6 (six + tin)	첫 번째 완전수(6)
두쟁 (Douzin)	12 (douze+in)	첫 번째 과잉수(12)
트루아앵 (Troiyun)	3(trois)+1(un)	수의 결합 (3+1=4)

위의 모든 등장인물은 수의 대수도원에 속해있다. 앞 표의 오른편에 있는 패턴과 유형을 살펴보면 피타고라스 학파의 수비학적인 수 분류와 매우 비슷함을

40) Werber(2002), 이세욱 역(2003)의 151쪽에 있는 주석 6에서는 "시스텡(Sixtin)은 6의 뜻을 담고 있고(six+in), 두쟁(Douzin)은 12를 품고 있으며(douze+in), 트루아앵(Troyun)은 3(trois)과 1(un)을 합친 것이다. 또 앞에서 죽은 기사의 이름 옥타브(Octave)의 어원은 <여덟째>이다"라고 말하고 있다. 실제로 영어에서 옥타브는 음악에서 완전 8도 음정을 뜻하며, 수 8의 원형인 옥타드(octad)을 함축하고 있다. 그리고 이 책의 135쪽에 있는 주석 1에서는 "뱅상(Vincent)이라는 이름은 스물을 뜻하는 뱅(ving)과 백을 뜻하는 상(cent)을 합한 것과 발음이 같다." 주석 2에서는 "$E=mc^2$를 프랑스어로 읽으면<E 에갈 엠세되(Egalem Sedeuw)>가 된다"라고 해석했다.

주목할 수 있다. 이러한 이유로 수를 수비학적으로 분류하고 신비하게 다루었던 고대 그리스 시대의 피타고라스 학파에 대한 구전으로 전해 내려오는 전설 같은 한 일화와 이 소설의 수의 대수도원에 속해있는 등장인물들을 대응시켜 비교해보면 어떨까? 라는 생각이 불현듯 떠올랐다. 이 소설에 소개한 수의 대수도원과 피타고라스 학파를 상호비교하기 전에 먼저 피타고라스 학파의 전설로 전해져 내려왔던 일화를 인용한다.

> 전설에 따르면, 피타고라스 학파는 무리수 발견이 대중들에 미칠 영향을 두려워한 나머지, 발견 사실을 철저한 비밀에 부치기로 결의했다고 한다. 그러나 피타고라스 학파의 일원이었던 히파수스(Hippasus)는 발견의 소식을 외부에 알렸다. 그 동기가 순수히 학문적이었는지, 아니면 정치적인 이유였는지는 알려지지 않았으며, 앞으로도 알려지지 않을 것이다. 동료들은 히파수스를 배에 태우고 바다로 나갔고, 히파수스는 오늘도 지중해 밑바닥에 누워있다고 한다.[41]

위인용을 이분법적으로 분석해보면 고대 피타고라스 학파에도 두 부류의 사람들이 있었다고 생각된다. 그 하나는 정수의 비인 유리수가 세상을 완전히 지배한다고 믿는 사람들과 정수의 비로 표기할 수 없는 비통약적인 수, 즉 무리수가 존재함을 믿고 있었던 사람들로 나누어진다. [42] 오늘날 비록 전설로 전해지고 있지만, 피타고라스 학파에 속해있는 피타고라스 자기 자신은 이 학파를 이끌고 있었던 수장으로 아마도 두 그룹이 주장하는 내용을 모두 다 깨쳐 알고 있었으리라 여겨진다. 그러한 가정에 따라 피타고라스는 이 소설의 대신관인 에갈렘 세되와 비교할 수 있다. 그 이유를 살펴보기 위하여 이 소설의 다음 인용을 주목해보자.

---

41) Maor(1987), 전대호 옮김(1997), 80쪽.

42) 오늘날의 실수 $\mathbb{R}$의 체계에서 유리수 $\mathbb{Q}$ 대 무리수 $\mathbb{Q}^c$의 두 영역을 일컫는다. 유리수를 나타내는 'rational'의 어원은 ratio(비, 比)의 형용사 표현으로 '비가 있는'을, 반면에 무리수를 나타내는 영어 'irrational'은 '비가 없는'을 뜻한다.

> 뱅상은 그 수를 알아냄으로써 세상을 이끌어 가는 엘리트에 속하게 되었다. 근엄한 목소리의 남자는 뱅상의 정면에 놓인 다단식 옥좌에 앉아 있었다. 그의 이름은 에갈렘 세되였다. 수의 대수도원을 이끌고 있는 그는 보통 인물이 아니었다. 그는 수도사 겸 병사들 중에서 가장 지위가 높은 대신관 겸 남작이었다. (135)

그 당시 피타고라스 학파를 이끌고 있었고, 더욱 이 학파의 우두머리 격인 사람은 바로 피타고라스이다. 반면에 이 소설에서는 바로 앞 인용에서 보듯이 '다단식 옥좌'에 앉아 있으면서 '수의 대수도원'을 이끄는 사람이 에갈렘 세되라고 말하고 있기에 피타고라스 학파의 우두머리인 피타고라스와 서로 대응한다. 더욱 20세기를 빛낸 위대한 과학자에서 가장 선두에 있는 아인슈타인의 질량-에너지 법칙인 $E=mc^2$를 프랑스어로 읽으면 <E 에갈 엠세되>가 된다 (역자의 주석 참고).

이제 피타고라스 학파와 수의 대수도원과의 관계를 다음 그림 2.2처럼 그려보자.

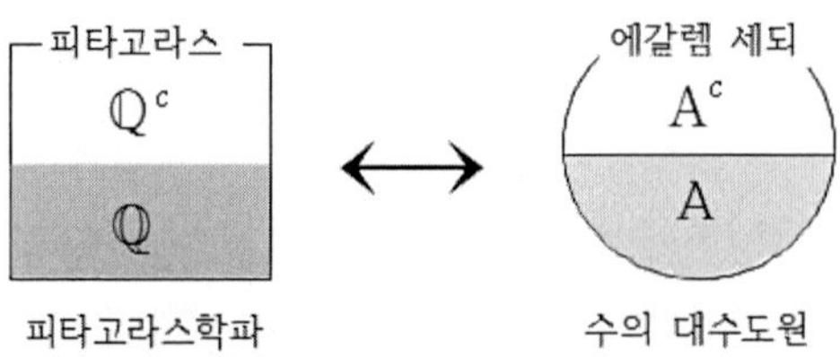

그림 2.2

여기서 피타고라스 학파의 두 그룹을 유리수들의 집합 $\mathbb{Q}$와 그 대립인 무리수들의 집합 $\mathbb{Q}^c$[43]로 표기했다. 반면에 『수의 신비』에서는 수의 대수도원의

---

43) 전체집합을 U라 할 때, 그 속에 있는 집합 A의 여집합(complement)를 $A^c=U\backslash A$로 표기하고, 두 집합 A와 A^c 사이에는 $A\cap A^c=\varnothing$가 성립한다.

구성원 중에서 수의 단계라는 한계에 갇혀있는 그룹을 A로, 반면에 그 한계의 벽을 뛰어넘어 수의 무한을 알아가는 그룹을 A^c로 썼다. 17단이란 한계의 벽에 갇혀있었던 뱅상은 비록 아직은 A의 그룹에 속해있지만 어떻게 그가 한계의 벽을 뛰어넘어 수의 무한을 이해하고자 하는 대립그룹 A^c로 넘어가는지를 살펴볼 것이다. 그림 2.2처럼 피타고라스 학파 중에서 무리수의 존재를 알고 있는 그룹 $\mathbb{Q}^c$은 대단히 비범한 부류에 속한다. 그 당시 학파 내에서 보면 이들은 언제든지 이 학파가 정한 불문율, 즉 정수 또는 정수의 비인 유리수 $\mathbb{Q}$들에 의하여 만물이 지배된다고 하는 믿음을 깨뜨릴 수 있는 이단자로 분류될 수 있다. 마찬가지로 『수의 신비』에서는 앞의 첫 인용에서 "신관 겸 기사 네 명이 이단자가 되었느니라."라고 수의 대수도원의 수장인 에갈렘 세되는 수의 단계를 초월했던 그룹 A^c에 속한 네 명의 신관 겸 기사들인 시스텡(6), 두쟁(12), 옥타브(8), 트루아앵(3+1=4)을 수의 대수도원 내에서 분명히 이단자로 규정하고 있다. 이러한 관점에서 보면 피타고라스 학파에서 무리수의 존재를 알고 있었던 $\mathbb{Q}^c$의 그룹에 속해있는 자들은, 수의 대수도원에서 이단자로 분류된 네 명의 신관 겸 기사들이 속해있는 그룹 A^c에 서로 대응된다.

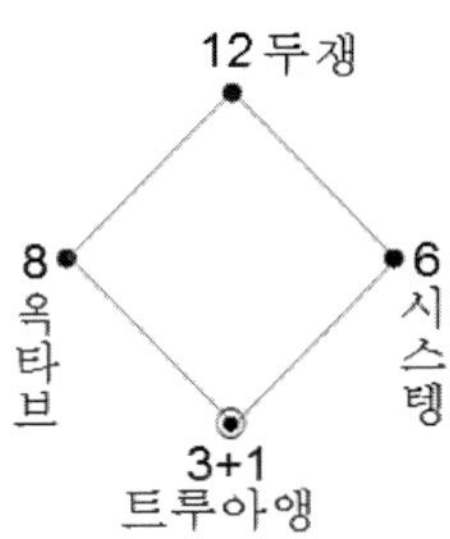

앞 2.1절의 『박사가 사랑한 수식』에서는 야구의 1, 2, 3루와 홈베이스에 박사를 홈베이스에 두고 '완전수 6, 과잉수 18, 부족수 14'를 야구의 '1, 2, 3'루에 차례로 대응시킨 것과 똑같다. 지구 자전의 방향(양의 방향)으로 우측 그림처럼 수의 무한세계를 깨쳤던 A^c-그룹에 속하는 세 명의 신관 겸 기사가 1루에는 첫 번째 완전수 6을 상징하는 시스텡, 2루는 첫 번째 과잉수 12를 표상하는 두쟁, 그리고 3루에는 완전수 6 이후의 첫 번째 부족수 8을 나타내는 옥타브가 차지할 것이다(수의 순서로 보면 두쟁 12와 옥타브 8이 서로 뒤바뀌어야 하나 2.1절의 『박사가 사랑한 수식』에 있는 그림과 비교하여 '완전수-과잉수-부족수'의 순으로 같게 배열했다). 그리고 이 세 명을 대표하는

남아 있는 한 명, 즉 트루아앵(3+1=4)이 홈 플레이트에 자연스럽게 위치할 것이다. 위 우측 그림에서 야구의 4루는 홈런에 해당하므로 트루아앵은 홈런타자에 대응되고 동시에 나머지 타자들의 상징적인 대표주자가 되기도 한다. 그런 의미에서 이 소설에서 말하는 트루아앵(3+1=4)이 3에 해당하는 세 명의 기사인 시스텡(6), 두쟁(12)과 옥타브(8)를 이끄는 나머지 한 명의 신관 겸 기사(3+1=4)이다. 다음 이야기가 이를 뒷받침한다.

> 그때 트루아앵이 말을 가로막았다.
>
> 「안 돼. 말하지 마. 이자에게 말하기엔 아직 일러.」
>
> 「하지만 이자에게 진실을 이야기하지 않으면, 우리를 계속 추격하려고 들 거야.」
>
> 트루아앵은 어쩔 수 없다는 생각이 들었는지 자기가 직접 설명에 나섰다. (152)

왜냐하면, 위인용에서 보듯이 투르아앵(3+1)이 다른 신관 겸 기사의 이야기를 통제하면서 자신이 그들의 대표자로 직접 설명하고 있다.

에갈렘 세되에게 수의 이단자로 분류되어 도피행각을 하고 있던 신관 겸 기사인 옥타브(8)를 살해했던 뱅상은 A^c-그룹의 또 다른 한명의 이단자를 뒤쫓다가 그와 함께 있던 나머지 신관 겸 기사들과 만나게 되었다. 그들의 말을 듣고, 대신관 에갈렘 세되 남작이 왜 이들을 배척했는지에 대한 진실을 깨닫는 내용이다.

> 어느 날 에갈렘 세되가 그들을 불러 어떤 동물에 관해 조사하라고 요구했다. 이야기인즉슨, 일군의 고고학자들이 고대의 유물을 하나 발굴했는데, 거기에 영양과 비슷해 보이는 이상한 동물이 그려져 있다는 것이었다.
>
> 시스텡이 호주머니에서 길쭉한 나무상자를 꺼내어 뚜껑을 열었다. 그 안에는 작은 보석 상자가 들어있었다. 보석 상자 안에 든 것은 얇은 철판이었고

거기에 일견 어떤 동물로 보이는 그림이 나타나 있었다. 네 다리와 꼬리가 있고 머리에는 뿔이 달린 것으로 보아 영락없는 동물 그림이었다.

「우리는 오랫동안 이 동물을 연구했네. 세계 도처에서 이와 비슷한 동물을 찾아보았지. 에갈렘 세되는 이게 하나의 괴물이라고 생각했네.」

「하지만 그게 아니었어.」

「이건 어떤 괴물의 그림이 아니라 ……」

그때 트루아앵이 말을 가로막았다.

「안 돼. 말하지 마. 이자에게 말하기엔 아직 일러.」

「하지만 이자에게 진실을 이야기하지 않으면, 우리를 계속 추격하려고 들 거야.」

트루아앵은 어쩔 수 없다는 생각이 들었는지 자기가 직접 설명에 나섰다.

「이건 어떤 괴물의 그림이 아니라, 어떤 수를 나타낸 거야. 이것을 발견하기 전까지 우리가 알고 있던 모든 것을 넘어서는 수를 적어 놓은 거란 말일세.」

뱅상은 흠칫 놀라며 본능적으로 몸을 뒤로했다.

「있을 수 없는 일이오.」

「잘 보게. 이 두 뿔은 숫자 6을 나타낸 것이고, 앞의 두 다리는 숫자 7일세. 배는 두 개의 0으로 이루어져 있고, 뒷다리는 두 개의 9로, 꼬리는 6으로 되어있네.」

뱅상은 그 이상한 그림을 뚫어져라 바라보았다. (151-153)

트루아앵으로부터 뱅상은

「이건 어떤 괴물의 그림이 아니라, 어떤 수를 나타낸 거야. 이것을 발견하기 전까지 우리가 알고 있던 모든 것을 넘어서는 수를 적어 놓은 거란 말일세.」

라는 설명을 들었으며, 이어서 위의 그림은 '667700996'이란 큰 수를 나타낸다는 자세한 설명을 듣게 된다. 트루아앵의 설명을 듣고 뱅상은 자기를 구속하고 있던 신관 복을 벗어 내던졌다.

몸의 속박만이 아니라 정신의 속박도 풀린 느낌이었다. 그는 이제 수의 무한한 지평에 맞설 준비가 되어있었다.

「그래, 667700998은 염소도 영양도 아니고, 하나의 수인 게 분명해.」

뱅상은 창가로 다가갔다. 그는 지식에 취해 있었다. (156)

그 순간부터 신관이라는 신분으로부터 해방되고 자유로운 정신을 지닌 진리 탐구자로 변신했다. 그리하여 그의 사유는 정신의 감옥살이로부터 해방되었으며, 수에 대한 한계의 벽을 껑충 뛰어넘어 수의 무한을 이해한 A^c-그룹으로 들어갔다.

다른 세 사람이 번갈아 가며 그를 꼭 껴안아 주었다.

「뱅상, 수의 비밀을 아는 사람은 다시 네 명이 되었네. 이제 우리는 운명을 함께해야 할 형제일세. 수의 대사원 사람들은 자네가 실패했다는 것을 알면, 자네를 또 하나의 이단자로 여길 거야. 그리고 다른 사람들을 보내 우리를 죽이려고 할 걸세.」 (159)

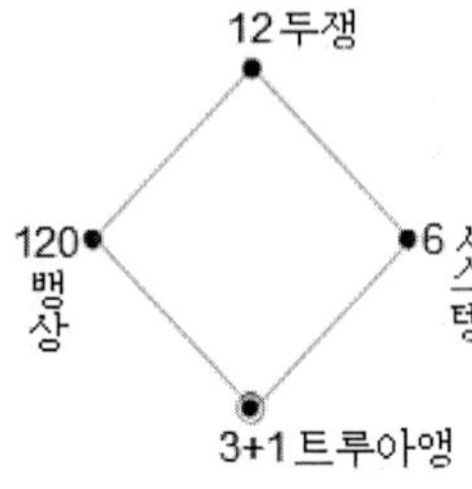

이렇게 하여 앞의 야구 베이스 그림에서 3루에 있었던 옥타브(8)의 빈자리에 뱅상(20+100=120)이 차지하면서 또다시 수의 무한을 이해하는 A^c-그룹의 구성원은 우측 그림처럼 모두 야구의 1, 2, 3루와 홈에 차례로 하나씩 대응할 수 있도록 네 명이 되

었다. 이제는 홈에서부터 '4 → 6 → 12 → 120'의 크기순으로 서 있게 되었다. 덧붙여 말하자면 뱅상의 수의 단계는 이제 17단보다 훨씬 높게 뛰어 올라갔다. 그렇게 수의 높은 장벽을 뛰어넘었던 뱅상도 똑같이 이단자로 분류되어 쫓기는 신세가 되었고, 마침내 윤회의 고리처럼, A-그룹의 광신적인 10의 수호자에게 피살되었다.

> 나중에 뱅상은 파르밀의 어느 거리에서 어떤 광신적인 <10의 수호자>에게 암살당했다. 그것은 오랜 세월이 흘러 그가 호호백발의 노인이 된 뒤의 일이었다.
>
> 그는 화살을 맞고 쓰러지면서 마지막으로 이런 생각을 했다.
>
> <인간의 정신을 고양시키기 위한 싸움에서는 천장을 높이는 것만이 능사는 아니다. 바닥이 무너져 내리지 않게 하는 것도 그에 못지않게 중요하다.> (162)

죽어가면서 뱅상이 뉘우치며 실토한 말은 우리에게 기초가 부실한 학문의 연구는 바로 사상누각과 같음을 경계하고, 동시에 양분된 두 대립그룹의 상호 소통도 중요함을 일깨우고 있다. 이 소설의 주인공 뱅상의 죽음은 피타고라스 학파에서는 무리수 $\sqrt{2}$ 의 존재를 외부에 발설하고 동료들에게 바다로 끌려가 지중해 밑바닥에 누워있는 메타폰텀(Metapontum)의 히파수스(Hippasus)[44]을 떠올리게 한다.

2) 수비학에 근거한 수의 파편들

이 단편 역시 앞 2.1절에서 살펴보았던 『박사가 사랑한 수식』과 비슷한 농도로 수에 대한 수비학[45]적인 이야기가 서술되고 있다. 이제부터 저자가 이 소설에

44) 피타고라스 학파가 발견한 '피타고라스의 정리' $a^2+b^2=c^2$에서 $a=b=1$인 경우에 c는 더는 유리수가 아님을 최초로 발설했다고 전한다. 이 수 $c=\sqrt{2}$ 이다.

잠재시킨 신비로운 수의 이야기들을 찾아서 조금씩 살을 붙여가면서 소개해 보자.

> 1+1=2
> 2+2=4
> 여기까지는 아무 문제가 없다. 자아 계속하자.
> 4+4=8
> 8+8=16
> 그러면
> 8+9=……
> (중략)
> 갑자기 한 줄기 빛이 번쩍하고 그의 뇌리를 스쳤다.
> 「17!」
> 질문은 그것으로 끝이었다.
> 「그래. 맞았다.」
> 그들은 수의 성전에 있었다. <17>하는 소리가 성전의 둥근 천장에 부딪혀 여러 번 울렸다.
> 17. 이는 기이한 수이다. 분해가 잘되지 않으며 다른 수들과 교감하는 것을 좋아하지 않는다. 분해되기 쉬운 8과 9가 합해져서 그런 수가 만들어진다는 게 놀랍다. (134, 135)

17은 소수이다. 1과 자기 자신 외에는 약수가 없다. 『박사가 사랑한 수식』에서 이미 살펴보았듯이 17은 4n+1 형의 소수이므로 다른 두 제곱수의 합으로 표현된다. 즉, $17=1^2+4^2$이며, 분해하기 쉬운 8과 9가 합해져서 그런 수가 만들어진다는 게 놀랐다는 표현으로 보아 $17=8+9=2^3+3^2$로 생각했다. 17은 이 소설의

---

45) 현대의 수비학은 과거의 예언적 또는 점성술적인 사기로 변모해 간 주술적인 학문이 아니라 현대적인 수학 개념을 적용하여 수의 신비와 수와 관련된 마법의 신비를 풀어보는 학문이다. 예를 들면, 유대인의 종교문서인 토라, 탈무드, 철학적이고 신학적이지만 실용적인 체계인 카발라(Kabbalah), 문자를 수로 사용하는 게마트리아(Gematria) 등이 이에 해당한다.

주인공인 뱅상이 최근에 깨달은 수이다. 그는 이 수 17을 우연히 깨닫고 그보다 한 단계 높은 9 더하기 9의 수가 무엇인가를 궁금해 한다. 차례로 그리고 단계적으로 그가 수 1에서부터 9단까지 깨달은 수의 내용을 열거하고 있다.

> 하나의 수나 숫자를 완벽하게 안다는 것은 결코 하찮은 일이 아니었다. 뱅상은 아주 어려서부터 숫자 1에 담긴 깊은 뜻을 배우기 시작했다. 그래서 그는 숫자 1에 관한 모든 것을 알게 되었다.
> 1은 인간이 사는 우주를 뜻한다. 만물이 우주 안에 있고 통일성 속에 있다.
> 1은 만물의 시작을 나타낸다. 그것은 빅뱅이자 나뉘기 전의 유일한 대륙이다.
> 1은 만물의 끝인 죽음을 나타낸다. 죽음이란 단일한 것이 단일한 것으로 돌아가는 것이다.
> 1은 고독의 자각을 상징한다. 인간은 누구나 홀로 세상에 왔다가 홀로 떠난다.
> 1은 〈자아〉 에 대한 자각을 상징한다. 인간은 저마다 하나밖에 없는 존재이다.
> 1은 오직 하나의 신이 존재한다는 믿음이기도 하다. 만물을 통합하는 하나의 우월한 힘이 존재한다는 믿음인 것이다.
> 1에는 이토록 중요한 의미가 담겨있다. 그래서 뱅상은 몇 년 동안 1의 다양한 측면에 관해서 공부했다. 그러고 나서야 비로소 2의 의미를 배울 수 있었다.
> 2는 1에서 자연스럽게 생겨난다.
> 2는 분할이며 상호 보완성이다.
> 2는 서로 대립하며 보완하는 남성과 여성을 나타낸다.
> 2는 사랑을 뜻한다.
> 2는 자기 자신과 세계 사이의 거리를 상징한다.
> 2는 다른 것을 소유하려는 욕망을 나타낸다.
> 2는 오로지 자기 자신, 즉 1에만 관심을 두는 것에서 벗어남을 뜻한다.
> 2는 남과의 대립을 상징한다. 따라서 2는 전쟁이기도 하다.
> 2는 선과 악, 흑과 백, 명제와 반대 명제, 음과 양, 표면과 이면이다.
> 2는 모든 것이 나누어질 수 있음을 보여준다. 또한, 좋은 것이 나쁜 결과를 가져올 수 있고 반대로 나쁜 것이 좋은 결과를 가져올 수 있음을 보여주기도 한다.

2는 서로 반대되는 것들의 충돌을 뜻하며, 이 충돌이 창조적으로 승화되면 3이 생겨난다.
몇 년 뒤에 뱅상은 3의 의미를 배웠다,
3은 만물이 정, 반, 합을 거쳐 발전해 간다는 것을 나타낸다.
3은 1과 2의 결합에서 생겨난 자식이다.
3은 삼각형을 만들어내며 1과 2가 벌이는 싸움의 관찰자가 된다.
3은 입체를 뜻한다. 세계는 3이 있으므로 해서 부피를 갖는다.
3은 1과 2 사이에 관계를 맺어 주고 그 관계에 활력을 불어넣는다. 이 힘이 분산되지 않고 한 방향으로 모이면 3은 더 높은 단계로 나아간다. 3의 운동은 4로 넘어가면서 일시적인 안정 국면을 맞는다.
4는 3의 효과를 상쇄하면서 힘의 균형을 이루어 낸다.
4는 난공불락의 요새, 네모반듯한 성관, 정방형의 아파트다.
4는 남녀 한 쌍에 두 자녀나 친구 한 쌍이 결합하는 것을 상징하며, 사회생활의 시작을 뜻한다.
4는 마을이 생겨나게 한다.
4는 동서남북의 네 방위이다.
4는 케이크 중에서 가장 만들기 쉬운 카트르 카르[46]의 요리법을 나타낸다.
4는 인간의 사지이다. 인간은 이 사지를 이용해서 자연에 작용한다.
4는 안전한 상태이다. 이 상태는 한없이 지속하는 것이 아니라 더 높은 단계인 5로 나아간다.
5는 신성한 숫자이다.
5는 네모난 집을 덮는 뾰족한 지붕을 나타낸다.
5는 한데 모이면 주먹이 되는 손가락들과 몸의 직립을 도와주는 발가락들을 가리킨다.
(중략)
건축물이나 도형에 평형을 가져다주는 6의 마력도 깨우쳤고, 갖가지 전설에 등장하는 7의 괴력도 알게 되었다. 기하학적으로 완벽한 8의 힘도

46) 밀가루, 버터, 설탕, 달걀을 1:1의 분량, 즉 각각의 4분의 1분량으로 썩어 만든 케이크, 카타르 카르는 4분지 1의 네 배라는 뜻(앞의 책 주석 4).

깨달았고, 잉태를 상징하는 9의 아름다움에 도취하기도 했다.[47)]

학교에서는 9의 의미까지만 가르치는 것이 보통이었다. 하지만 영재였던 뱅상은 10을 깨우침으로써 숫자의 세계에 머물지 않고 수의 세계로 넘어갔다. 그리하여 바로 읽어도 되고 거꾸로 읽어도 되는 11을 발견하였고, 판관들의 수 12를 깨우쳤다. 그는 특히 12를 좋아했다. 1과 2는 물론이고 3과 4와 6으로 나누어지는 수였기 때문이다. 그는 악의 수 13을 배웠고, 14와 15, 16도 깨우쳤다. 그뿐만 아니라 주막에서 노인의 목숨을 구하려고 하다가 17을 알게 되는 행운까지 얻었다. (140-3)

〈3×2=6〉을 알아낸 것은 이미 오래전의 일이었다. 그런데도 사람들은 여전히 그 사건을 경축하고 있었다. 곱셈 축제는 일명 사랑의 축제라고도 했다. 남자와 여자가 사랑함으로써 스스로를 곱절로 만들기 때문이다. (147)

1.7절에서 살펴보았듯이 고대 그리스 시대 피타고라스 학파는 짝수는 여성의 수로, 홀수는 남성의 수로 생각했다. 그 이유는 모든 짝수는 2로 시작하여 곧바로 나누어떨어진다. 바꾸어 말하면, 쉽게 분해되고 그 명이 짧다는 뜻이고, 반면에 2를 제외한 모든 소수는 홀수이므로 그들은 분해할 수 없는 신성한 것으로 간주했다.[48)] 남자(3)와 여자(2)가 곱절(×)로 사랑한다. 이것을 수식으로 나타내면 3×2이다. 그러므로 그 결과로 얻어진 수 6은 사랑의 축제를 표상하는 '결혼의 수'이다.

3) 「암흑」과 666

베르나르 베르베르는 그의 단편 「암흑」[49)]을 쓰게 된 동기를 서두에서 이렇게

47) 태아가 탄생을 기다리며 엄마의 배속에 머무는 9개월을 표상함으로 잉태를 상징하는 수이다.

48) Constance Reid, From zero to infinity, Mathematical Association of America, 1992. 허민 옮김, 『영부터 무한대까지』, 경문사, 1997.이 책의 번역서 28쪽에는 "짝수와 홀수의 분류는 그리스 사람들에게는 매우 기본적으로 보였기 때문에, 그들은 이것을 인간들의 두 부류 사이의 큰 차이와 같이 생각했다. 그들은 짝수를 '단명한' 따라서 여성의 수로 봤고, 홀수를 '분해할 수 없는, 남성적인, 신성한 자연에 참여하는 수'로 봤다."라고 옮기고 있다.

49) Werber(2002), 이세욱 옮김(2003), 228~235쪽.

말하고 있다.

> 「암흑」이라는 작품의 아이디어가 떠오른 것은 어떤 노인이 길을 건너는 광경을 지켜보던 때였다. 그 노인은 길을 건널 생각이 없었음에도 너무나 친절한 행인에 이끌려 건너가고 있었다. (8)

이 작품에서 그 노인은 하룻밤 사이에 자신의 시신경이 급격하게 퇴화가 되어 앞을 보지 못하게 되었다는 사실을 모른 채 그에게 일어나는 모든 일을 자기 방식으로 상상하는 이야기다. 심지어 노인은 제3차 세계대전이 발발했다고 생각했다.

> 사람들은 제3차 세계대전이 임박했음을 느끼고 있었다.
> 전쟁은 06년 6월 6일 밤에 터졌다. (230)

그는 암흑과 같은 현 상황이 핵폭탄이 연쇄 폭발되고 컴퓨터시스템에 의하여 통제되고 있던 핵미사일들이 자동으로 발사되었으며, 그중의 하나가 곧장 태양계로 날아가서 폭발했다고 상상했다. 대재앙을 상징하는 숫자로 "06년 6월 6일"처럼 '666'으로 나타내고 있지 않은가! 우리는 이 숫자가 요한계시록(13:16)에 나타나 있으며, 오늘날 악마 또는 짐승의 수라 부른다.

베르베르는 이 단편에서 갑자기 시각장애인이 된 한 노인의 상상을 통하여 암흑과 같은 세계가 빅뱅 직전의 무의 세계임을 암시하고 있다.

스스로 배우는 코너 2.2

1. 1부터 10까지의 수에 대한 수비학적인 성질들을 더 많이 찾아보고 서로 토론하여보아라.[50)]

2. 반복수는 1로만 이루어져 있는 1이 아닌 모든 수를 말한다. 예를 들면, 11, 111, 1111, …등이다. 반복수들은 그 제곱을 하면 다음처럼 아름다운 조화의 수식들을 창조해낸다. 특히, 9개의 1로 이루어진 반복수 111111111의 제곱은

$$111,111,111 \times 111,111,111 = 12,345,678,987,654,321$$

와 같이 모든 아라비아 수의 자릿수를 창조한다(왜?). 더욱, 수 9의 한 특성인 12,345,679×9=111,111,111을 이용하여

$$111,111,111 \times 111,111,111 = 12,345,679 \times 999,999,999$$

임을 밝혀보아라.

3. 3+2=5와 3×2=6의 공통점과 차이점을 피타고라스 학파의 수비학적인 관점에서 살펴보고 서로 토론하여보아라.

4. 이 소설 「수의 신비」에서는 수의 무한을 이해한 신관 겸 기사였던 옥타브(8)와 뱅상(20+100)이 그렇지 못한 그룹의 구성원에 의해 암살되었다. 야구의 베이스와 관련지어 말하면 3루가 자꾸만 공석이 된다는 것이다. 왜 그러한 현상이 일어났는지를 조사하고 서로 토론하여보아라.

5. 짐승(또는 악마)의 수 666에 대한 몇 가지 흥미로운 관계식을 살펴보자. $3^6=(3^3)^2=27^2=729$이고, $2^6=64$이므로 729-64+1=666이 됨을 알 수 있다. 즉, 다시 6승 지수로 나타내면 $1^6-2^6+3^6=666$으로 표현된다. 동시에 $6^3=6\times6\times6=6\cdot6\cdot6=216$으로 표현할 수도 있다. 수 $216=6\cdot6\cdot6$은 짐승(또는 악마)의 수 666 사이에 인간의 두 눈을 상징하는 두 점이 들어가 있지 않은가! $3\times6^3=3\times216=648$이고 $3\times6=18$이므로 이 두수를 더한 값이 $666=3\times6^1+3\times6^3$

50) King(1996), 김량국 옮김(2001).

이다. 666과 6·6·6에 대해서 등식

$$(6\cdot6\cdot6)^2+(666-6\cdot6)^2=666^2$$

가 성립한다. 왜? 이 식의 의미를 조사하여 서로 토론하여보아라.

힌트 $666^2-(6\cdot6\cdot6)^2=396900=630^2$, $630=666-36=666-6\cdot6$이다. 또한, 다음 관계식을 확인하고 그 의미를 서로 의논하여 보아라.

$$1+2+3+4+567+89=123+456+78+9=9+87+6+543+21=666$$

2.3 「영으로 나누면」

이 작품은 미국의 중국계 SF 과학 작가 테드 창(Ted Chang)[51)]의 7편의 기존 단편소설과 한편의 신작을 묶어 2002년에 단행본으로 출간했던 책 『당신 인생의 이야기』중에 나오는 한 단편으로 수학과 논리적 사고가 가장 조화롭게 접목된 과학 단편으로 「LOCUS Magazine」에서 수여하는 로커스 상 후보에 올랐던 작품이다. 「영으로 나누면 Division by Zero」라는 제목 자체가 암시하고 있는 것처럼 이 작품은 수학의 논리체계를 이분법 사고에서 삼분법으로 바꾸려는 시도로 불가해한 신의 세계를 창조해 가는 듯하다. 또한, 이 소설의 구성은 매우 간단하지만, 다중적인 구조를 띠고 있다. 더 엄밀히 말하면 매듭이론(knot theory)의 한 응용 예제를 이 단편소설의 플롯에서 접하고 있는 듯하다. 왜냐하면, '1'부터 '9'까지 단락은 수학의 파편들을 제시하는 n매듭(n=1, 2,…,9)을 중심에 두고 좌우로 아홉 개의 단락들로 구성된 두 개의 매듭들이 반복적으로 서로 교차하면서 하나의 통일된 새로운 매듭을 생성해가고 있기 때문이다.

---

51) Ted Chang(2002), 김상훈 옮김(2004), 111~137쪽. 1991년 『Full Spectrum 3』라는 잡지에 출판되었던 단편을 2002년에 재구성했다.

1) 소설의 구성과 삼차원적 꼬인 매듭

앞에서 살펴본 세 개의 매듭(n, na, nb, n =1, 2,⋯, 9)들이 하나의 n 매듭을 가운데 두고 나머지 두 매듭인 na와 nb가 서로 반복적으로 꼬여가듯이 이야기가 진행된다. n매듭(n=1, 2, ⋯,9)의 시간은 과거에서부터 현재로 차츰차츰 이동하고 있으며, 주로 수학적 개념, 명제, 수학 인명부에 있는 수학자(러셀, 화이트헤드, 폰 노이만, 힐베르트, 괴델, 겐첸) 또는 물리학자 아인슈타인이 등장하고 있다. 1부터 9단락까지의 중심핵심어는 아래 표와 같다.

중심매듭 *n* (수학)

단락 번호	1	2	3
핵심어	무정의 ↔ 불능	'1=2'의 증명	1910(1권), 1912(2권), 1913(3권) 수학원리: '1+1=2'의 증명(p362)
단락 번호	4	5	6
핵심어	가우스(1824), 로바체프스키(1826), 볼리야이(1829), 리만(1854); 비유클리드 기하학	1900, 힐베르트의 23개의 문제 중 2번째 문제: 산술의 무모순성	1931, 괴델의 제1, 2 불완전성 정리
단락 번호	7	8	9
핵심어	1936; 겐첸의 초한귀납법→산술의 무모성 증명	힐베르트의 인용	아인슈타인의 인용

이 단편소설의 도입은 위의 표에서 보듯이 단락 2에서 소개하고 있는 '1=2'라는 명제의 식이다. 인터넷에서 쉽게 찾아볼 수 있는 '1=2'의 증명과정에서 도입된 '영으로 나누는' 산술과정에 착안하여 소설의 제목을 정했다. 일반적으로 수를 영으로 나누는 것을 가정하면 결국 그러한 산술의 체계는 오직 0 하나만 있는 수의 체계로 귀착된다. 이러한 모순된 산술체계는 레네가 산술의 형식체계를 연구하면서 발견하는 것과 똑같다. 여기서 부부인 레네의 매듭인 na(n = 1, 2,⋯, 9)와 칼의 매듭인 nb(n=1, 2,⋯, 9)에 나타난 핵심어를 중심으로 각각

도표를 그려보자.

Renee의 매듭 *n*a

단락 번호	1a	2a	3a
핵심어	수학 천재 레네 박사가 있는 정신병동	정신병동을 퇴원하여 자기책상 위에 있는 (혼란한) 서류정리	레네의 어린 시절, 천재성 발견 (패턴 인식)
단락 번호	4a	5a	6a
핵심어	자신이 발견한 형식 체계에 대한 모순성 인식, 파브리시 동료 교수에게 체크요청	파브리시의 체크에 대한 소용없는 응답, 최초의 모순이 존재함을 재확인	칼에게 형식 체계의 모순인 '1=2'의 증명과정 설명
단락 번호	7a	8a	9a=9b
핵심어	도움을 청했던 캘러힌 교수의 답신 전화, 악몽: 생=사	레네의 자살미수 사건 후, 질서 정연한 서류정리	칼에게 같이 있어 준 데 대하여 고마움을 표현

Carl의 매듭 *n*b

단락 번호	1b	2b	3b
핵심어	레네의 남편인 생물학 교수 칼이 정신병동 퇴원절차	20년 전 칼 자신의 퇴원을 회상, 레네에 대한 책임감	칼의 과거 로라와의 사랑을 회상, 칼 자신의 입 · 퇴원 후의 심적 상태회상, 로라의 감정이입 → 재탄생
단락 번호	4b	5b	6b
핵심어	레네와의 첫 만남을 회상, 해양생물학 잡지의 최신호를 보면서 막 퇴원한 레네의 동태관찰	칼이 레네가 고민하고 불안해 하 는 이유를 여러모로 추측	칼이 레네에게 추측된 고민 사유를 질문함
단락 번호	7b	8b	9a=9b
핵심어	레네에게 생일선물 (스웨터), 호텔예약과 취소, 칼 자신의 자살소동을 회상하면서 레네의 자살 기도를 의심	말린이 자살 생각을 칼에게 상의, 엔과 말린 사이의 동정 과 감정이입의 차이를 자각. 아내인 레네와 헤어짐을 생각하나 망설임	로라가 칼 자신에 게 했던 것처럼 칼도 레네가 새롭게 탄생할 때까지 기다리며 아무 말 하지 않음

마지막 '9a=9b'의 단락은 은유적으로 칼 자신의 자살미수 사건 이후에 소개받은 연인 로라의 헌신적인 사랑의 감정이입 덕분에 퇴원 후 불안했던 칼 자신의 감정들이 안정을 되찾았음을 회상한다. 동시에 자신을 새롭게 탄생시킨 후 소리 없이 자신의 곁을 떠나버린 로라. 반면에 이번에는 칼 자신이 이제 막 정신병동을 퇴원하여 자기가 발견한 형식체제의 모순에 갇혀버린 레네에게 앞서 자신에게 했던 로라의 역할을 아내인 레네에게 대신해주어야 함을 자각하고 레네의 곁을 지키고 있다.

아이러니하게도 '9a=9b'라는 등식은 'a=b'라는 등식과 동치이다. 이것은 레네 자신이 발견했던 일반적인 형식 체계의 모순이다. 그것은 마침내 레네가 꿈속에서 '1=2'로부터 다시 '생=사'로 이어지는 형식 체계의 혼돈을 보고 두려움에 떨고 있을 때, 칼이 레네가 새롭게 탄생할 수 있도록 묵묵한 사랑으로 그녀의 곁을 지키고 있다. 그러한 행동은 앞서 로라가 자신에게 했던 것처럼 소리 없는 헤어짐을 암묵적으로 나타내고 있다. '만남'은 '헤어짐'이라는 '회자정리'처럼. 이 단편의 전체적인 이야기의 구성과 전개는 독립된 3개의 매듭(n, na, nb, n =1, 2,⋯, 9)이 다음 그림처럼 꼬여가면서 하나의 통합된 매듭으로 진행해가고 있음을 알 수 있다.

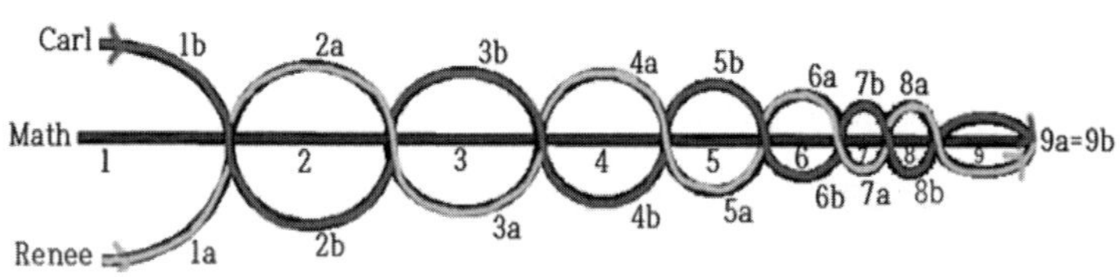

2) 수학이 잠재된 소설의 파편 분석

이 단편 「영으로 나누면」 속에 잠재해 있는 수학 내용을 통하여 작가가 의도하고 표출하고자 했던 이야기의 전개를 살펴보자.

1

> 어떤 수를 0으로 나눠도 그 값이 무한대가 되는 경우는 없다. 왜냐하면, 나눗셈은 곱셈의 역(逆)이라고 정의되기 때문이다. 만약 어떤 수를 0으로 나눈 다음 0을 곱하면 처음 수를 다시 얻을 수 있을 것이다. 그러나 무한대에 0을 곱하면 0이 되지 다른 수가 되지는 않는다. 0을 곱해서 0 이외의 값을 얻을 수 있는 수는 존재하지 않는다. 따라서 어떤 수를 0으로 나눈 결과는 글자 그대로 '무정의(無定義)'인 것이다. (111)

중등 수학을 공부했던 사람은 사칙 연산, 즉 덧셈(+), 뺄셈(−), 곱셈(×), 나눗셈(÷) 중 뺄셈과 나눗셈은 각각 덧셈과 곱셈의 역의 연산이라는 것을 잘 알고 있다. 그런데 이러한 역원의 개념은 항등원의 개념을 배우고 난 후에 그 정의가 가능하다. 실수체계 내에서는 오직 하나뿐인 덧셈의 항등원[52) '0'과 곱셈의 항등원[53) '1'을 각각 약속한다. 그런데 위의 글에서는 ±∞를 그 원소로 하는 확장된 실수체계 내에서도 정의할 수 없는 경우를 언급하고 있다. 예를 들면 ±∞의 역원은 0으로 약속하지만 0의 역원은 정의할 수가 없다. 그러므로 0×(±∞)도 일반적으로 정의할 수 없다. '만약 어떤 수를 0으로 나눈 다음 0을 곱하면 처음 수를 다시 얻을 수 있을 것이다'라는 생각은 잘못된 표현이다. 왜냐하면, 0으로 무엇을 나눈다는 것은 실수체계도 확장된 실수체계도 벗어나는 생각이기 때문이다. 이 단편의 제목처럼 '0으로 나누면'이라고 설정하고 있다는 것은 인간의 사유로 구축된 실수체계나 확장된 실수체계를 떠나서 아마도 인간의 사유가 도달할 수 없는 또 다른 수 체계, 즉 무한세계 또는 공의 세계에서만 가능할 뿐이다. 이것은 인간의 사유로 구축된 수의 체계가 무너진 새로운 상상의 세계를 예고하고 있다.

---

52) 모든 실수 $x \in \mathbf{R}$에 대하여 $x+0=0+x=x$ 되는 $0 \in \mathbf{R}$이 오직 하나 존재한다.

53) 모든 실수 $x \in \mathbf{R}$에 대하여 $1x=x$ 되는 $1 \in \mathbf{R}$이 오직 하나 존재한다.

2

> 1은 2와 같다는 사실을 보여주는 잘 알려진 '증명'이 하나 있다. 그것은 이런 정의로 시작된다. "a=1, b=1이라고 한다." 이것은 "a=2a" 즉, 1은 2라는 결론으로 끝난다. 증명과정 중간에 눈에 안 띄게 숨어있는 것은 0으로 나누기이다. 그 시점에서 이 증명은 벼랑너머로 한 발을 내딛으며 모든 법칙을 무효로 만들어버린다. 0으로 나누는 것을 인정한다면 1과 2는 같을 뿐만 아니라 그 어떤 두 개의 수도 — 실수이든 허수이든, 유리수이든 무리수이든 — 같다고 증명할 수 있는 것이다. (113-4)

누구나 인터넷에서 '1=2'라고 검색만 하면, 다음 증명을 쉽게 찾아볼 수 있을 것이다.

> [증명] $a=b(\in\mathbf{R})$이라고 두자. 그러면, $a^2=b^2=ab$이다. 이것으로부터 다음이 성립하게 된다. $a^2-b^2=a^2-ab$, 인수분해를 하면, $(a+b)(a-b)= a(a-b)$이다. 양변을 $a-b$로 나누면 $a+b=a$이다. 이제 $a=b$이므로 $2a=a$이다. a로 나누면, 2=1이 얻어진다. Q.E.D.

위의 증명에서 '양변을 a-b로 나누면 a+b=a이다'라는 연산을 다시 주목해보자. 가정에서 a=b라고 했기에 a-b=0이다. 결국, a-b로 나누는 것은 0으로 나눈 것으로 귀착된다. 이것은 우리가 알고 있는 약속된 수의 체계에서의 연산이 아니고 불가능한 속임수이다. 그런데 저자가 이곳에서 이러한 속임수를 예시로 제시한 것은 제목처럼 '영(0)으로 나누면' 우리가 알고 있는 수 체계의 연산이 더 이상이 만족하지 않고 전체가 하나의 수임을 암시한다. 이러한 현상은 마치 불교 철학의 공(空) 사상과 맥을 같이한다. 모든 것이 다 똑같다는 것은 결국에는 하나의 개념만 남는다. 그 하나가 바로 '0≡공'이다. 결국, 모든 수가 0 하나뿐이라는 것을 바꾸어 설명하면 0 그 자체가 전체가 된다는 것으로 귀착한다(색즉시공 공즉시색). 그래서 불교의 참선 수행과정에서 나의 모든 것을 비워내는 것이 모든 사물의 이치를 깨우치는 것, 즉 깨달음이다(3.3절).

3

『수학원리Principia Mathematica』에서 버트런드 러셀과 알프레드 화이트헤드는 형식 논리학을 토대 삼아 수학에 엄밀한 기반을 부여하려고 시도했다. 그들은 자신들이 공리(公理)로 간주하는 것으로부터 출발했고, 이것들을 이용해서 점점 더 복잡한 정리들을 끌어냈다. 362쪽에 다다를 무렵에는 "1+1=2"를 증명하기에 충분한 기반을 쌓아놓고 있었다. (115)

위의 글에서 언급한 공리는 자연수에 대한 다섯 가지의 '페아노[54]의 공리(Peano axioms)'를 말한다. 이 공리는 인터넷에 잘 알려져 있기에 여기서는 설명을 생략한다.

3a

일곱 살의 어린아이였을 당시 친척 집을 탐험하던 레네는 매끄러운 대리석 타일로 뒤덮인 마룻바닥에 숨겨져 있던 완벽한 정사각형에 매료당했다. 한 장의 타일. 2열 곱하기 2장, 3열 곱하기 3장, 4열 곱하기 4장. 어느 타일도 정사각형 속에 딱 맞아들어갔다. 당연하다. 어느 쪽에서 바라보아도 결과는 마찬가지였다. 그뿐 아니라 정사각형에 든 타일 수가 불어날 때 그 수는 언제나 홀수였다. 이것은 에피파니(epiphany)[55]였다. 결론은 필연적이었다. 그것에는 일종의 적절함이 존재했고, 타일의 매끄럽고 차가운 감촉이 이런 감각을 입증해 주었다. 타일들을 끼워 맞춘 방식도 마찬가지였다. 놀랄 정도로 가느다란 선만을 남기고 한 치의 틈도 없이 짜 맞추어진 타일들을 보고 그녀는 몸을 떨었다. (116)

앞 인용에서 타일의 배치는 다음 그림과 같다.

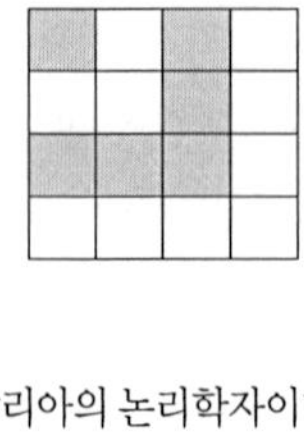

54) Peano, Giuseppe(1858～1932)는 이탈리아의 논리학자이며 수학자이다.

55) epiphany: 통찰, 직관. The epiphany (Epiphany): 공현대축일(1월 6일: 동방박사들이 아기 예수를 만나러 베들레험(Bethlehem)을 찾는 것을 기리는 축일).

분명히 1, 1+3=2^2, 1+3+5=3^2, 1+3+5+7=4^2로 구성되어 있다.[56] 위의 그림에서 흑백으로 색칠을 교대로 칠한 것처럼 증가하는 수도 1, 3, 5, 7, …, 2n-1처럼 모두 홀수이다.

4

> 19세기 초부터 수학자들은 유클리드기하학과는 다른 종류의 여러 기하학을 탐구하기 시작했다. 이 대체기하학들은 말도 안 되는 부조리한 결과를 도출해냈지만, 그것에서 논리적 모순을 찾아낼 수는 없었다. 훗날 이 비(非)유클리드기하들은 유클리드기하학과 마찬가지로 모순이 없다는 사실이 증명되었다. 유클리드기하 자체에 모순이 없다고 가정하는 한, 비유클리드기하학들 또한 논리적으로 모순되지 않는다는 뜻이다.
>
> 유클리드기하의 무모순성(無矛盾性)의 증명은 오랫동안 수학자들의 풀리지 않는 과제였다. 19세기 말까지 나온 최대의 성과는 그것을 뒷받침하는 산술에 모순이 없는 한 비유클리드기하에도 모순이 없다는 증명이었다. (117-8)

유클리드『원론』의 제5 공준인 평행선 공준은 다음과 같다.

평면상에서 직선 밖의 한 점을 지나, 이 직선과 만나지
않는 직선은 단 한 개 존재한다.

위의 공준을 유클리드 평면 위에 곧바로 그려 보면 우측 그림과 같다.

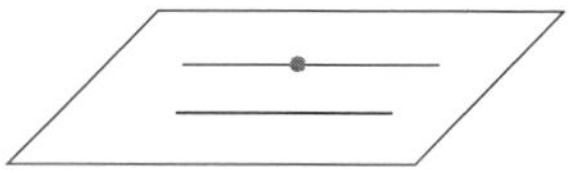

19세기 초 30년 동안 생각이 서로 같았던 세 수학자 — 독일의 가우스, 헝가리의 볼리야이, 그리고 러시아의 로바체프스키 — 가 비유클리드기하학의 놀랄 만한 결과를 동시에 발견한 것으로 전해진다. 가우스는 1824년에 평행선

---

56) 일반적으로 $\sum_{k=1}^{n}(2k-1)=n^2,\ n \geq 1$로 주어진다.

공준에 관한 증명을 시도하고 끝내 증명할 수 없을 뿐만 아니라 유클리드기하학과 전혀 다른 기하학이 전개될 것이라는 중요한 결론에 도달했지만 공표하지는 않았다. 후에 1826년 러시아의 젊은 로바체프스키와 1829년 무렵 헝가리의 볼리야이는 이것을 대담하게 부정하고, 그에 대신할 공리를 세워서 쌍곡선 기하학을 정립했다. 그 후 1854년 괴팅겐 대학의 취임강연[57]을 준비했던 리만은 로바체프스키의 사상을 발전시켜서, 유클리드 기하, 쌍곡선 기하, 새로운 타원기하를 모두 포함하는 — '리만공간'이라고 불리는 — 일반적인 비유클리드 기하학의 모형을 제시했다.

비유클리드기하학으로 불리는 이 두 새로운 기하학의 공준은 평행선 공준의 마지막 내용인 "단 한 개 존재한다."라는 문장을 부정했을 때 나타나는 두 경우, 즉 '적어도 두 개 이상 존재한다.' 또는 '존재하지 않는다'로 바꾸어서 생각했다. 유클리드의 평면기하학에서는 삼각형의 내각의 합이 180°인데 반하여 쌍곡선 기하학에서는 180°보다 작고 타원기하학에서는 180°보다 크게 나타난다. 그 이유는 유클리드기하학에서는 직선이 자와 같이 곧게 그려지지만, 비유클리드기하학인 쌍곡선 기하학과 타원기하학에서는 직선의 모양들이 각각 쌍곡선과 타원 모양으로 안으로 오목하거나 밖으로 볼록하기 때문이다. 이러한 새로운 기하학의 발견으로 19세기 후반에 수학의 기하학은 유클리드기하학, 비유클리드기하학인 타원기하학과 쌍곡선 기하학으로 크게 세 가지로 구분 짓게 되었다.

5

1900년에 열린 제2차 국제수학학회에서 다비트 힐베르트는 그가 수학에서 가장 중요하다고 간주하는 스물세개의 미해결 문제들을 열거했다. 목록에서

57) 「기하학의 기초를 이루는 가설에 대하여(Über die Hypothesen welche der Geometrie zu Grunde liegen)」라는 제목으로 강연했고, 1867년에 출판되었다.

> 두 번째 문제는 수론(數論)[58]의 무모순성을 증명하라는 요청이었다. 그런 증명이 존재한다면 대부분의 고등수학의 무모순성을 확립할 수 있을 것이다. 이 증명이 요구하는 것은 요컨대 1은 2의 등가임을 증명하는 것은 불가능하다는 보증이다. 당시에 이것을 중대한 문제로 간주한 수학자는 거의 없었다. (121)

힐베르트는 1900년 파리에서 개최되었던 두 번째 세계수학자대회에서 38세의 젊은 그가 행했던 기조연설은 오늘날의 수학발전에 지대한 공헌을 끼쳤던 것으로 유명하다. 힐베르트의 기조 강연의 제목은 '수학 문제'이다. 실제 강연에서는 10개의 문제만 발췌하여 제시했지만 23개의 문제가 곧바로 여러 나라에서 번역되어 출판되었다. 두 번째 문제는 산술의 공리체계에 관한 무모순성이다. 보이어(Boyer)와 메르츠바하(Merzbach)가 쓴 『수학의 역사(하)』에 있는 그 내용을 인용해보면 다음과 같다.

> 엄밀함을 추구한 19세기에 제기된 문제인데 산술공리의 무모순성 — 산술의 공리에 바탕을 둔 유한개의 논리연산은 결코 모순된 결과를 가져오지 않는다 — 이 증명될 수 있을지를 묻고 있다.[59]

1931년 젊은 오스트리아의 수학자 괴델에 의하여, 오늘날 '괴델의 불완전성 정리'로 잘 알려진 '결정 불가능한' 명제의 발견은 이 두 번째 문제에 대한 답이 부정적인 것으로 밝혀졌다.

6

> 1931년에 쿠르트 괴델은 두 개의 정리를 발표했다. 첫 번째 정리를 요약하자면, 수학은 참일 수도 있지만 본질적으로 증명 불가능한 명제들을 포함

58) 산술(arithmetic)의 오역이다.

59) Carl B. Boyer & Uta, C. Merzbach, *A History of mathematics*, 1968, 1989, 1991, John Wiley & Sons, Inc. 양영오·조윤동 옮김, 『수학의 역사(상/하)』, 경문사, 2000, 993쪽.

> 하고 있다는 내용이다. 수론만큼이나 단순한 형식체계가 도출하는 명제들이 아무리 정확하고 의미심장하며 확실하게 참인 것 같아도, 이것들은 형식적인 수단에 의해 증명할 수는 없다는 뜻이다.
>
> 괴델의 제2정리는 수론의 무모순성에 대한 주장이 바로 그런 명제임을 보여준다. 수론의 공리를 써서는 결코 그것이 참임을 증명할 수가 없다. 즉, 형식적 체계로서의 수론은 자기 자신이 이를테면 "1=2"와 같은 결론을 내지 않는다고 보장하지 못하는 것이다. 그런 모순과는 단 한 번도 맞부닥치지 않을지도 모르지만, 결코 그럴 가능성이 없다고 증명하는 것은 불가능하다. (121)

위인용에 있는 '수론'은 힐베르트의 두 번째 문제와 관련이 있기에 앞의 주석 58에서 언급했던 것처럼 모두 '산술'로 바꾸어 읽어야 할 것 같다. 그래야 그 의미가 논리적으로 더 명확하다. 괴델의 제1, 2 불완전성 정리를 소개하고 있다.

7

> 1936년에 게르하르트 겐첸은 수론의 무모순성의 증명을 제출했지만, 그러기 위해서는 그는 초한귀납법(transfinite induction)이라는 논쟁의 여지가 많은 테크닉을 써야했다. 이 테크닉은 통상적인 증명방법의 일부가 아니었고, 수론의 무모순성을 보증하기 위한 방법으로 적당하다고 하기는 힘든 것이었다. 겐첸이 한 일은 의심스러운 가정을 써서 명백한 사실을 증명하는 일이었다. (127)

위인용에서 힐베르트의 두 번째 문제에 대한 겐첸의 무모순성은 초한귀납법, 즉 자연수의 귀납법을 일반적인 정렬집합으로 확장시킨 것인데, 이는 힐베르트가 최초에 제시했던 산술프로그램의 무모순성과는 완전히 일치하지 않는 새로운 가정을 도입하여 증명했다는 것을 설명하고 있다.

8

> 힐베르트는 이런 말을 한 적이 있다. "만약 수학적 사고에 결함이 있다면, 우리는 진실과 확실성을 도대체 어디서 찾아내야 한단 말인가?" (132)

9

알베르트 아인슈타인은 이렇게 말한 적이 있다. "수학의 명제가 현실에 관한 어떤 설명을 제공하는 한 그것은 불확실하며, 명제가 확실하다면 그것은 현실을 설명하고 있지 않다." (135-6)

스스로 배우는 코너 2.3

1. 단편소설 「영으로 나누면」의 단락 구성에 대한 독자 여러분의 생각을 기술한 후 그것을 발표하고 서로 토론하여보아라.

2. 수학 용어인 '부정'과 '불능'을 찾아서 그 의미를 분명히 기술하고 서로 토론하여보아라.

3. 수학에서 '무정의' 용어로 사용되는 개념들을 조사하여 그 이유를 서로 토론하여보아라.

4. '1=2'의 관계식을 유도하는 방법들을 인터넷 검색창에서 찾아 그 공통점을 살펴보고 왜 그러한 모순이 일어났는지를 서로 토론하여라.

5. 버트런드 러셀과 알프레드 화이트헤드가 출판한 『수학원리』의 362쪽에서 '1+1=2'를 밝히고 있다고 한다. 실제로 원서 또는 번역서를 찾아서 그 페이지를 확인해보고 그들이 도입한 페아노의 공리들로부터 왜 당연한 항등식을 그와 같이 유도해 가야 하는지? 그 이유를 서로 토론하여보아라.

6. 3a 단락에 나오는 수학자이며 현대식 컴퓨터구조의 창시자로 잘 알려진 존 폰노이만(John von Neumann, 1903~1957)에 대한 주요업적들을 찾아 서로 토론하여보아라.

7. 비유클리드기하학이 탄생하게 된 배경과 에피소드 등을 조사해 보고 수학사에 끼친 그 영향력을 서로 토론하여보아라.

8. 제2차 세계수학자 모임에서 힐베르트가 제시한 23개의 문제를 조사하여 발표해보아라. 특히 두 번째 문제와 연관되는 내용을 찾아 그것을 서로 토론하여보아라.

9. 괴델의 제1, 2 불완전성 정리를 설명하고 그 증명을 요약해 보고, 이것이 학문 전반에 끼친 영향력을 조사한 후 서로 토론하여라.

10. 수학사에서 '허수'와 '무한소' 개념의 탄생배경을 찾아 서로 토론하여보아라.

11. 게르하르트 겐첸(Gerhard K. E. Gentzen, 1909~1945)이 증명한 '산술의 무모순성'에 대한 증명 방법을 살펴보고 증명과정에 이용했던 '초한귀납법'이 무엇인가를 찾아서 그 의미를 서로 토론하여보아라.

12. *n*매듭(n=1, 2, …,9) 중 n=8과 9에서 수학에 대해 언급하고 있는 힐베르트와 아인슈타인의 두 인용 글의 출처를 찾아서 언제, 어떤 상황에서 그러한 말을 했는지 조사하여 보아라.

2.4 한밤중에 개에게 일어난 의문의 사건[60]

2003년에 출간된 마크 해던(Mark Haddon)의 소설로 확률과 규칙적인 패턴 인식이 잠재돼있다. 자폐증의 병세를 지닌 주인공 크리스토프를 통하여 수학적 내용을 소수로 장 번호를 매기면서 2에서 시작하여 229[61]에서 끝을 맺는다. 이 소설에 잠재해 있는 수학과 관계되는 문제들은 소설 내에 그 풀이를 해두었기에 문제와 풀이 부분을 동시에 인용만 한다. 틈틈이 주어진 문제와 관련이 있는 수학 이론들은 가능한 <스스로 배우는 코너>에서 보충할 수 있도록 배려하였다.

> 19
>
> 책을 나누는 장은 자연수로, 그러니까 1, 2, 3, 4, 5, 6……이런 순서로 나간다. 그러나 나는 이 책의 장들을 소수인 2, 3, 5, 7, 11, 13 등으로 붙여 나갈 것이다. 왜냐하면, 나는 소수를 좋아하니까.
>
> 101
>
> 여기에 '몬티 홀 문제'[62]라 불리는 재미있는 이야기를 소개하겠다.
>
> (중략)
>
> You are on a game show on television. On this game show the idea is to win a car as a prize. The game show host shows you three doors. He says that there is a car behind one of the doors and there are goats behind the other two doors. He asks you to pick a door. You pick a door but the door is not opened. Then the game show host opens one of the doors you didn't pick to show a goat (because he knows what is behind the doors). Then he

---

60) Mark Haddon(2003), 유은영 옮김(2004).

61) 2에서 229까지의 소수의 개수는 50개이다.

62) 몬티 홀 문제(Monty Hall problem)는 미국의 TV 게임 쇼 ≪Let's Make a Deal≫에서 유래한 퍼즐이다. 퍼즐의 이름은 이 게임 쇼의 진행자 몬티 홀의 이름에서 따온 것이다.

says that you have one final chance to change your mind before the doors are opened and you get a car or a goat. So he asks you if you want to change your mind and pick the other unopened door instead. What should you do?

텔레비전으로 게임 쇼를 시청하고 있다. 게임 쇼에서 문제를 맞히면 상으로 자동차를 받는다. 사회자가 3개의 문을 보여주며 말한다. 한 개의 문 뒤에 자동차가 있고, 다른 2개의 문 뒤에는 염소가 있다고 말한다. 그는 당신에게 문을 선택하라고 말한다. 당신은 문을 선택한다. 그러나 문은 열리지 않는다. 그때 게임 쇼의 사회자가 당신이 선택하지 않은 문을 한 개 열어 염소가 있음을 보여준다(왜냐하면, 그는 문들 뒤에 무엇이 있는지 미리 알고 있기 때문이다). 그때 그는 말한다. 문을 열어 당신이 자동차를 선택했는지 아니면 염소를 선택했는지 보기 전에, 당신의 선택을 바꿀 수 있는 마지막 기회가 주어진다고 말이다. 그러고는 당신에게 묻는다. 당신이 마음을 바꾸어, 대신 열리지 않은 다른 문을 선택하고 싶은지 묻는 것이다. 당신이라면 어떻게 하겠는가?

문을 X, Y, Z라 명명하자.

자동차가 X문 뒤에 있을 경우 Cx라 하자고 약속한다. Cy, Cz 등으로 표시된다.

사회자가 X문을 열었을 경우에는 Hx라 하자. Hy, Hz 등으로 표시된다. 당신이 X문을 열었을 경우에, 선택을 바꾸어 자동차를 탈 수 있는 확률은 다음 공식에 의해 알 수 있다.

$$P(Hz \wedge Cy)+P(Hy \wedge Cz)$$

$$= P(Cy)\cdot P(Hz|Cy)+P(Cz)\cdot P(Hy|Cz)$$

$$= \tfrac{1}{3}\cdot 1+\tfrac{1}{3}\cdot 1=\tfrac{2}{3}$$

당신이 해볼 수 있는 두 번째 방법은, 아래와 같이 일어날 수 있는 결과를 모두 그림으로 만들어 보는 것이다.

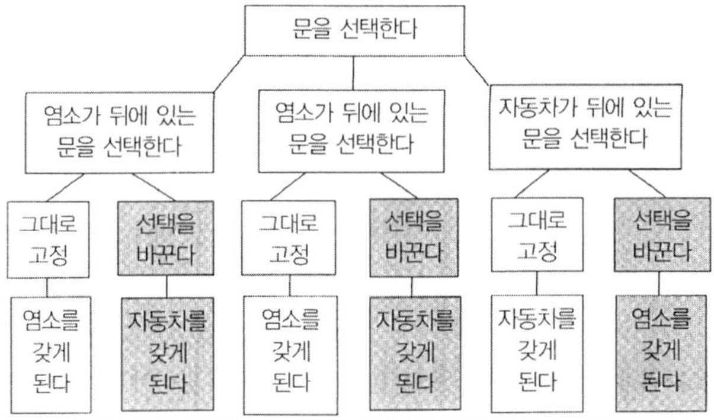

이렇게 당신이 선택을 바꾸어 본다면, 3번 중 2번은 자동차를 탈 가능성이 있다. 그리고 만약 처음 한 선택을 고집한다면, 자동차를 탈 가능성은 단지 3번 중 1번이다.

이것은 직관이 가끔은 잘못될 수 있음을 보여준다. 직관은 사람들이 살아가면서 어떤 일을 결정할 때 사용된다. 한편 논리는 옳은 답을 끄집어낼 수 있게 도와준다.

151

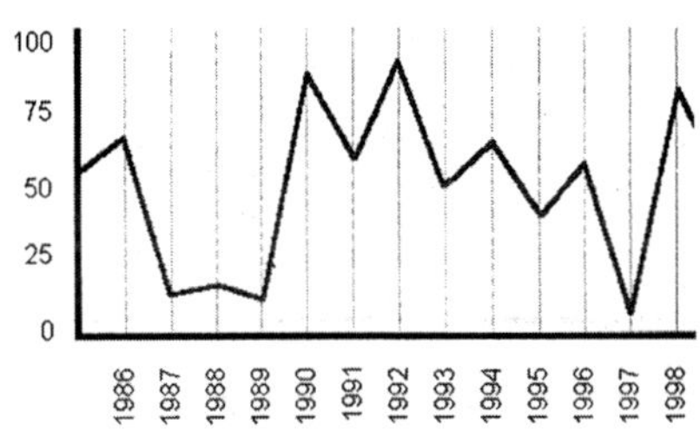

동물의 집단에 대한 하나의 공식이 있다:

N new = λ (N old)(1-N old)[63]

위의 공식에서, N은 인구밀도를 나타낸다. N=1일 경우 개구리 수는 가장 많

63) 일반적으로 모든 생태학에서 다루는 기본적인 생태방정식은 $F(x)=\lambda x(1-x)$ $(0 \leq x \leq 1)$로 주어진다. 여기서 λ는 생태학적인 상수로 $0<\lambda<4$이다.

다. N=0일 경우 개구리는 전혀 없다. N new는 그 해의 통계이고, N old는 이전 해의 통계이다. 그리고 λ 는 불변수[64]라 부른다.

λ이 1보다 작을 때, 밀도는 더욱더 작아져 점차 없어진다. 그리고 λ가 1과 3 사이일 때 밀도는 더욱더 커지며, 다음과 같이 안정된 곡선을 그린다 (이 그래프 역시 가설이다).

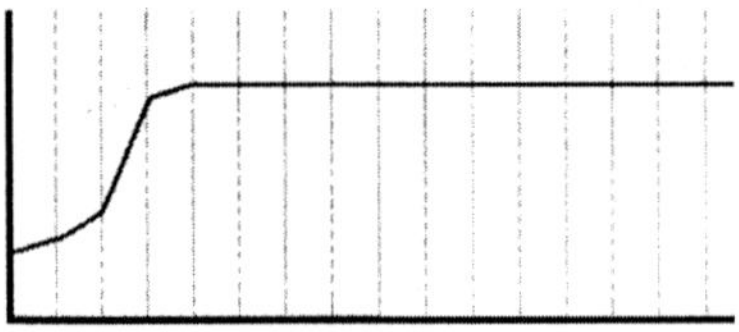

λ가 3과 3.57 사이이면, 밀도가 다음과 같은 사이클을 보인다.

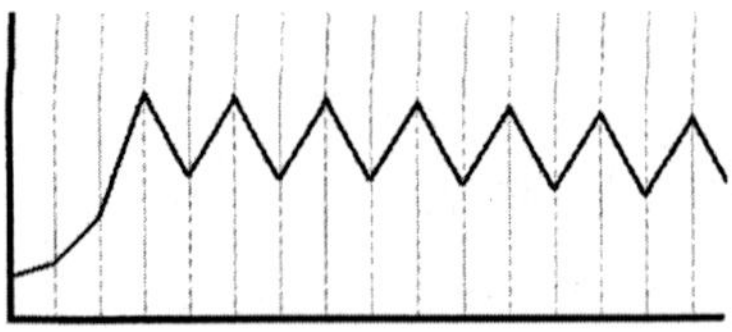

그러나 λ가 3.57보다 커지면, 밀도가 첫 그래프처럼 무질서해진다.

이것은 로버트 메이와 조지 오스터와 짐 요크에 의해 발견되었다.

191

내가 몰두했던 수학 문제는 '콘웨이의 병사들'이라는 것이다. '콘웨이의 병사들'에서 당신은 이 그림처럼 모든 방향으로 끊임없이 이어지는 체스판을 가지게 된다. 그리고 그 가운데를 가로지르는 선 하단의 모든 칸에는 색을 입힌 타일이 있다.

64) '변수가 아니다'라는 의미, 즉 상수(constant)를 말한다.

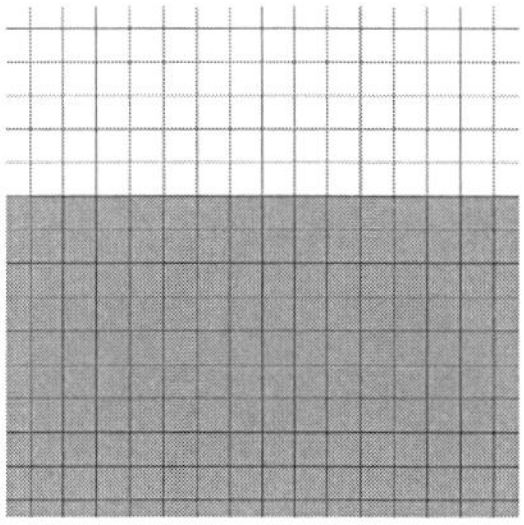

당신은 다음 그림과 같이 오직 가로나 세로 방향에 있는(대각선은 안 된다) 색칠한 타일을 건너뛰어 두 칸 떨어져 있는 빈칸으로 갈 수 있는 경우에만 색칠한 타일 하나를 움직일 수 있다. 그리고 이렇게 색칠한 타일을 하나 움직이면 그 위로 뛰어넘었던 색칠한 타일을 함께 제거해야 한다.

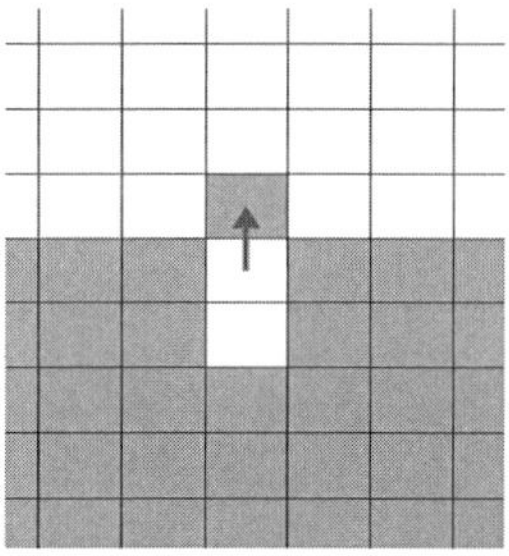

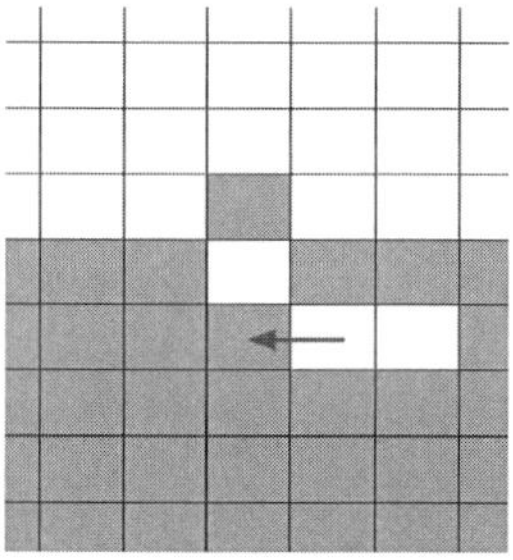

그래서 당신이 가로 출발선 위로 얼마나 멀리까지 색칠한 타일을 가져다 놓을 수 있는가를 보는 것이다. 처음에는 다음 그림과 비슷한 식으로 시작하면 된다.

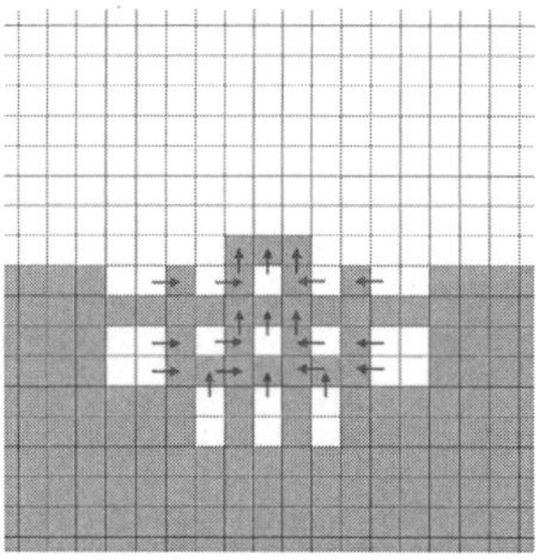

그다음엔 이 그림과 같은 식으로 하면 된다.

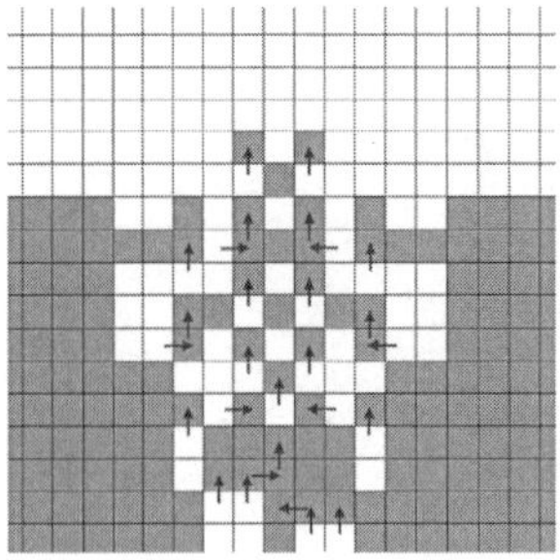

나는 그 답을 알고 있다. 당신이 어떤 식으로 타일을 움직이더라도 당신은 절대로 가로 출발선에서 위로 네 칸 이상으로는 옮겨놓을 수 없다.[65] 하지만 이것은 이것 말고 다른 것들에 대해서는 생각하고 싶지 않을 때 머릿속에서 풀어보기에는 적합한 수학 문제이다.

(중략)

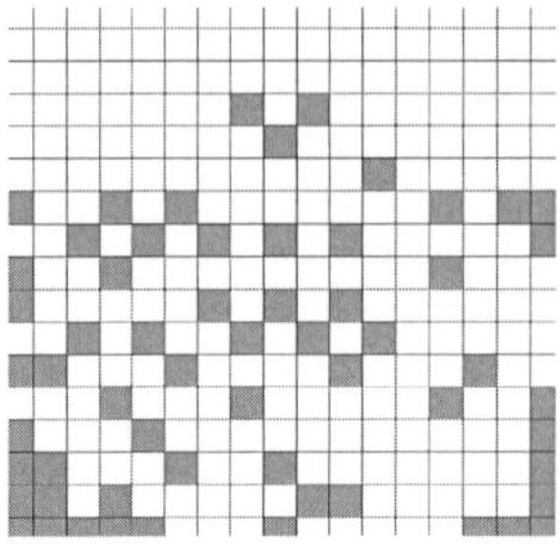

스스로 배우는 코너 2.4

1. 조건부확률은 사건 A가 일어났을 경우, 사건 B가 일어날 확률을 뜻하고, P(B|A)로 표기한다. 여기서 $P(A|B)=P(A\cap B)/P(B)$, 즉 $P(A\cap B)=P(B)\cdot P(A|B)$

65) 수학에서 '이상'은 영어로 'more than and equal'이다. '가로 출발선에서 위로 네 칸 이상으로는'에 대한 원문을 찾아보면 이 부분의 영어는 "more than 4squares above the starting horizontal line"이므로 '가로 출발선에서 위로 네칸보다 더는'으로 번역함이 옳다(문제 2.4.4).

이다. 이제 A와 B의 역할을 서로 바꾸면 $P(B\cap A)=P(A)\cdot P(B|A)$를 얻는다. $P(A\cap B)=P(B\cap A)$이므로 우리는 $P(B)\cdot P(A|B)=P(A)\cdot P(B|A)$를 얻고 이것으로부터 $P(A|B)=P(A)\cdot P(B|A)/P(B)$로 나타낼 수 있고, 또한 $P(B)=P(B\cap A)+P(B\cap A^c)=P(A)\cdot P(B|A)+P(A^c)\cdot P(B|A^c)$이므로 다음의 베이즈 공식(Bayes formula)을 얻는다.

$$P(A|B)=\frac{P(A)\cdot P(B|A)}{P(B)}=\frac{P(A)\cdot P(B|A)}{P(A)\cdot P(B|A)+P(A^c)\cdot P(B|A^c)}$$

위의 베이스 공식은 사전정보인 $P(B|A)$를 알고 있을 때 $P(A|B)$를 구하는 공식이다. 이 소설에서 언급했던 몬티 홀 문제를 $P(A\cap B)=P(B\cap A)$임을 주목하고, '$P(Hz\wedge Cy)+P(Hy\wedge Cz)$' 대신에 '$P(Cy\wedge Hz)+P(Cz\wedge Hy)$'로 바꾸어 풀어보고 그 풀이 과정을 서로 토론하여라.

2. '몬티 홀 문제'에 대한 다양한 풀이 방법을 조사하여 보아라. 또한 '게임 쇼의 사회자가 당신이 선택하지 않은 문을 한 개 열어 염소가 있음을 보여준다.'라는 가정이 없다면 이 문제의 답은 어떻게 되는가?

3. 생태계의 어떤 집단(이 절에서는 개구리의 집단을 예로 들었다)의 동력계를 설명해주는 오늘날 생태방정식이라고 불리는 단순한 함수는

$$F(x)=\lambda x(1-x),\quad 0\le x\le 1$$

이다.[66] 여기서 λ은 생태학적인 상수로 $0<\lambda<4$이다. 예를 들면, n세대에 있어서 종족들의 극한집단(어떤 한 때에 살아 있는 종족의 최대치)이 살아서 남아 있을 확률을 P_n $(0\le P_n\le 1)$이라 하자. 생태학자들은 $n+1$세대에 살아남아 있을 집단의 크기를 예측하기 위하여 n세대의 집단의 정보인 P_n을 먼저 파악

66) 동력계에서는 이것을 논리 방정식(logistic equation)이라 한다.

한 후, 앞의 이차함수 F을 사용하여 $n+1$세대에 살아남을 확률 $P_{n+1}=F(P_n)=\lambda P_n(1-P_n)$을 찾는다.[67]

로버트 메이(Robert May), 조지 오스터(George Oster), 짐 요크(Jim Yorke)가 공동으로 1970년 발견한 집단의 논리 방정식을 찾아서 생태학적인 상수의 값을 왜 0과 4 사이로 제한했는지? 그 이유를 발표한 후 서로 토론하여보아라.

4. 먼저 다음 4가지 경우의 체크 판 그림을 주목하여라.

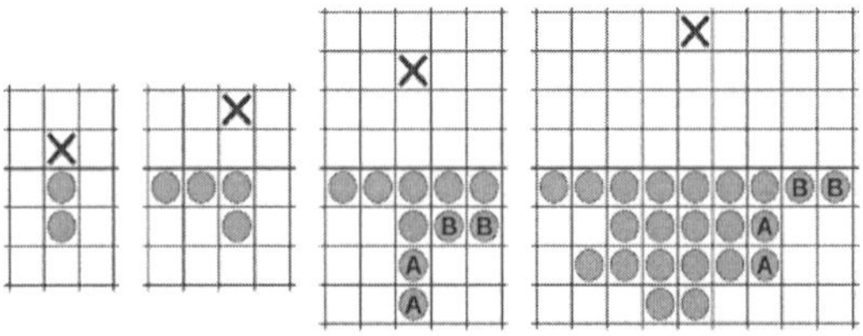

앞 그림에서 '콘웨이의 병사들(Conway's Soldiers)'을 체크 판의 붉은색 선으로부터 1행 위로 옮겨갈 때는 최소 2명의 군인이 필요하고 1번 이동이 있다. 2행 위로 옮겨갈 때는 4명이 필요하고 3번의 이동이 있다. 3행 위로 옮겨갈 때는 최소 8명이 필요하고 7번의 이동이 있다(두 명은 Ⓐ 또는 Ⓑ에 있을 수 있다). 4행 위로 옮겨갈 때는 최소 20명이 필요하고 19번의 이동이 있다(두 명은 Ⓐ 또는 Ⓑ에 있을 수 있다). 위의 내용을 실제로 체크 판에서 어떻게 움직이는지를 관찰하여보아라.

일반적으로 인터넷 웹사이트[68]에는 이 절의 마지막 문제로 소개했던 '콘웨이의 병사들(Conway's Soldiers)'에 관한 퍼즐 문제의 결론(색칠한 타일을 가로 출발선에서 절대로 위로 4칸보다 더는 옮겨놓을 수 없다)을 황금비 $\varphi=(\sqrt{5}-1)/2(<1)$의 몇몇 성질[69]을 반복적으로 사용하여 더 엄밀히 논리적으로 증명하고 있다. 이것을

67) 김태화(2009), 322~324쪽.

68) https://en.wikipedia.org/wiki/Conway%27s_Soldiers

조사하여 발표한 후 서로 토론하여보아라.

5. 이 소설의 마지막 부록에는 다음처럼 피타고라스의 정리와 관련된 하나의 문제가 자세하게 풀이와 함께 소개되어 있다.

물음 다음을 증명하시오.

세 변이 n^2+1, n^2-1, $2n$ ($n>1$일 때)로 표시되는 삼각형은 직각삼각형이다. 반대되는 한 예를 들어 그 역은 성립하지 않음을 보여라.

풀이 먼저 "직각삼각형에서 빗변 c의 제곱은 직각을 낀 다른 두 변 a와 b의 제곱의 합과 같다"라는 피타고라스의 정리를 상기해보자. 이것을 간단히 수식으로 나타내면 $a^2+b^2=c^2$이다. 이때 'a-b-c'를 피타고라스 3쌍(Pythagorean triple)라 부른다. 이제 위의 물음을 살펴보자. $n>1$이므로 $n^2+1-2n=(n-1)^2>0$이고 $n^2+1-(n^2-1)=2>0$이기 때문에 n^2+1이 빗변이고, $(n^2+1)^2=(n^2-1)^2+(2n)^2$가 성립한다. 그러므로 $(2n)$-(n^2-1)-(n^2+1)은 모두 피타고라스 3쌍이다. 이러한 꼴이 아닌 피타고라스 3쌍도 무수히 많다. 예를 들면, 5-12-13, 7-24-25, 9-12-15, 9-40-41, 11-60-61, 13-84-85, 15-20-25, 15-36-39, 15-112-113 등이다.

이제 피타고라스 3쌍들을 직각삼각형의 모양에 따라 분류하여보아라. 예를 들면, 직각을 이루는 다른 두 각의 합이 (14.2°, 75.8°), (22.6°, 67.4°), (30.5°, 59.5°), (36.9°, 53.1°)일 경우 직각삼각형을 이루는 피타고라스 3쌍을 차례로 하나씩 써보면 16-63-65, 25-60-65, 33-56-65, 39-52-65이다. 왜? 이렇게 되는가? 그 이유를 밝혀보아라.

---

69) $\sum_{n=0}^{\infty}\varphi^2=1/(1-\varphi)$, $\varphi^2=1-\varphi$, $\sum_{n=2}^{\infty}\varphi^2=1/(1-\varphi)-1-\varphi=\phi^2/(1-\varphi)=1.$

2.5 『사랑의 종말』

학창 시절에 읽어보았던 영국의 소설가 그레이엄 그린의 소설 『사랑의 종말』[70)]에서 작가 그린이 토해내는 수학적 지식의 파편들을 쫓아가 보았다. 전체적인 이야기는 1939년에 발발한 제2차 세계대전의 잔해가 여전히 생생하게 묘사되고 있으며, 소설가인 모리스 벤드릭스와 핸리 마일즈의 부인 사라 마일즈와의 불륜의 정사에 관한 자서전적인 소설이다. 이 소설의 남자주인공인 소설가 벤드릭스가 쓴 작품이 영화관에서 상영되고 그것을 보려 사라와 함께 영화관을 찾는다. 벤드릭스 자신의 소설에 있는 '양파' 이야기가 영화 속에서 재현된다. 그 후 레스토랑에서 때마침 식탁에 올라온 양파 한 접시를 나누어 먹으면서 두 사람은 사랑에 빠진다.

둥근 양파의 껍질을 벗겨내고 하얀 속들을 하나씩 벗겨보았는가? 아마도 마지막 핵에 해당하는 부분은 더는 벗길 수 없어 적당히 벗기고 칼로 그만 자르고 만다. 이러한 양파가 주는 의미를 한 번 짚어보자. 사실 양파를 나타내는 영어 단어 'onion'은 '하나로 뭉치다'라는 뜻을 나타내는 'union'에서 유래되었다고 한다. 자세히 두 단어를 비교해보면 첫 모음만 서로 뒤바뀌있다. 더욱 union은 숫자 1을 나타내는 'one'과 동일시된다. 또한, 코믹하게도 U자의 양 끝을 이으면 O자가 되지 않은가?[71)] 조금 비약되는 이야기라고 여겨지겠지만 양파 이야기는 '1+1=1'의 논리이다. 이런 이유로 소설에 등장하는 양파 이야기 역시 모리스 벤드릭스와 사라의 일치된 하나의 생각, 즉 사랑의 시작을 암시한다. 그리고 작가 그린이 이 소설에서 수학지식을 문학에 접목하는 행위가 세 번

---

70) Graham Greene (1951), 황찬호 옮김(1976), 7쪽: 본문에서 이 역서를 부분 인용 시 그 마지막에 쪽 번호만 소괄호로 묶어 표시한다.

71) 김태화(2009), 65쪽의 문제 2.2.4 참고.

나타난다. 제일 먼저 나타나는 무한점에 대한 작가의 생각을 쫓아가 보자.

> 그러나 순간이 문제였다. 영원이란 시간의 연장이 아니라 시간의 결여라고들 한다. 나는 가끔 사라의 자기포기는 그 이상스러운 수학상의 무한점, 즉 폭도 면도 없는 그런 점에 가 닿는 것이 아닌가 생각된다. (299)

작가는 점을 시간과 결부시켜 말하고 있다. 즉, 점은 순간이라고 생각한다. 그리고 영원과 동일시되는 무한점은 시간의 연장이 아니라 시간의 결여, 즉 공백이라고 말한다. 사라의 신에 대한 사랑을 염두에 두고 말한 것으로 볼 때 작가 그린은 시간이 없는 그러한 0의 세계를 '영원'이라고 말하고 있다. 엄밀한 의미의 수학의 무한점은 극한으로 설명되고 상징적인 기호 '∞'로 표기한다. 수 '0≡공'과 기호 '∞≡무한'로 표기할 때 '0'과 '∞'의 동일시 행위('0≡∞')는 거꾸로 보기 함수 $t \mapsto t^{-1}$ $(t > 0)$의 극한에서 쉽게 확인할 수 있다(3.3절). 그렇지만 앞의 인용에서는 사라의 사랑 L에 대한 두 사람 사이의 거리함수 $d(L)=L^{-1}$로 주어졌다고 생각해보자. 그러면 앞의 인용 구절에서 '사라의 자기포기'는 모리스 벤드릭스의 처지에서 생각해보면 자신에 대한 사라의 사랑이 L=0임을 뜻하고 그때 사라와 자신과의 거리감은 $d(L)=L^{-1}=\infty$(무한)이다. 지구 핵의 중심도 무한한 우주의 끝도 전혀 알 수 없는 것처럼 수학의 기준이 되는 0과 무한기호 ∞ 역시 모호한 극한으로 바라볼 뿐 실제로는 전혀 그 한계를 알지 못한다. 작가가 위인용에서 말하고 있는 시간의 '순간'과 '영원'을 구분할 수 없는 것처럼.

앞 인용에 잠재된 작가의 점에 대한 두 가지 사유를 살펴보자. 첫 번째는 점의 크기는 시간이 없는 순간으로 생각한다. 그 순간의 점이 영원에 머물면 시간은 더는 존재하지 않는다. 이러한 논리는 시간이 양의 값으로 흐르는 선의 세계, 즉 현생이라면 영생은 시간이 없는 곳, 즉 점의 세계로 양분하는 것과 같다. 바꾸어 말하면 '선/점'의 이분법적인 사고이다. 두 번째는 점의 속성을 '폭도 면도 없다'라고 말한다. 그런데 점이란 무엇인가? 영어단어 포인터는 손가락으로 무엇을 가리키는 행위이다. 마치 허공을 향해 저것이 무엇이라고 가리키는 그곳! 그 텅 빈 자취이다. 때때로 연애를 하는 상대에게 '내가 널 찜했다'라고 말한 그 찜과 똑같다. '찜=포인터. 이렇게 직관적으로 위치와 결부하여 정의를 내렸던 오래된 점의 정의를 한 번 들추어 볼 필요가 있겠다. 기원전 희랍의 수학자인 유클리드는 오늘날 유클리드 논증기하학의 표준체계가 된 그의 저서 『원론』에서 점 또는 직선과 같은 근원적인 몇 개의 기하학적인 개념을 정의하려고 시도했다. 예를 들면,

> 점은 부분이 없는 것이다(A point is that there is no part.)[72]

그런데 '부분'이라고 하는 개념을 엄밀히 정의하는 것 또한 점의 정의만큼 그렇게 간단하지 않다. 사실은 무척 어렵다. 무리하게 정의하면 결국 순환논법에 빠지게 된다. 그러나 앞 인용의 마지막 문장에서 언급했던 '폭도 면도 없는 그런 점'은 유클리드가 말하는 '부분이 없는 점'과 같은 의미를 내포한다. 이제 다음 두 번째 인용을 살펴보자.

> 「딴 사람은 아무도 사랑하지 않겠어요. 절대로 두 번 다시는.」이라고 할 때도 사라는 거짓말을 하는 것이 아니었다. 시간에는 모순이 있다. 그 뿐의 문제다. 시간은 수학적인 점 위에는 존재하지 않는다. 사라는 나보다도 훨씬 더 사랑의 능력을 갖추고 있었다. (300)

"시간에는 모순이 있다"라는 문장 속의 모순은 무엇인가? 작가 그린은 구체적으로 어떤 모순이 있는지를 분명하게 언급하고 있지는 않다. 다만 앞 첫 번째 인용과 결부시켜 생각해보면 영원과 순간을 점과 동일시한다. 왜냐하면 '$\infty \equiv$ 영원', '$0 \equiv$ 순간'이라고 하면, 함수 $t \mapsto t^{-1} (t \neq 0)$에 의하여 극한적으로

---

72) Heiberg, J.L., Euclid's Elements of Geometry, 2008. Richard Fitzpatrick 영어옮김, 2008, 6쪽.

'0≡±∞' 되기 때문이다. 일반적으로 고대 자연 철학자에게는 수는 '0'에서 시작했고 기준점으로 사용되었다. 시간 역시 기준점이 필요하다. 그래서 최초의 '순간'의 점이 기준점이고 시간은 과거 또는 미래로 연속적으로 흐르고 있기에 그 끝점이 바로 '영원'을 상징하는 무한(±∞)이다.[73] '시간은 수학상의 점 위에는 존재하지 않는다.'라는 문장과 비교해보면 수학상의 점 위에는 시간 그 자체가 없다고 말한다. 실제로 수학에서 점은 0차원이고, 그러한 0차원의 공간에는 시간이 존재하지 않는다. 시간뿐만 아니라 어떠한 개념도 존재하지 않는다. 영원을 상징하는 무한점까지 가는 데 걸리는 시간이 수학의 극한의미로는 '∞'으로 표기하지만, 이것은 상징적인 기호일 뿐이다. 실제로 영원이란 신의 영역이고, 반면에 수학적인 모든 개념은 '무정의' 개념을 제외하면 인간의 사유물이다.

그렇다면 인간적 사유와 신적인 사유를 어떻게 구분하는가? 인간적인 사유가 앞 인용을 예로 들면, '순간/영원'('0≡∞')처럼 이분법적이라면 신적인 사유는 이 둘의 양분과 관계되는 모든 시간이 함께 통합되어 나타나기에 삼분된 것이라 말할 수 있다. 이러한 삼분법 사고(모순어법)는 통합적인 하나의 대원을 그린다. 게다가 그러한 원 속에는 더는 양분되는 개념이 존재할 필요가 없다.

마지막으로 벤드릭스는 죽기 전에 쓴 사라의 마지막 편지를 읽고 난 후 독백처럼 자기가 쓴 소설들이 모두 실패로 돌아간 이유를 인생에는 무엇 하나 '끝나는 것이 없는 것' 같다고 말한다. 구체적인 예시로 화학자와 수학자를 들어 다음처럼 기술하고 있다.

> 화학자는 물질은 완전히 파괴되는 일이 없다고 하고, 수학자는 방을 건너갈 적에 걸음마다 반씩 줄여서 가면 저편 벽에는 절대로 가 닿지 못한다고 한다. (384)

---

73) 엄밀한 의미에서는 점은 무정의 개념이고 집합의 원소들을 칭한다. 그러므로 '순간'과 '영원'만으로 점을 구분 짓는 것은 무의미하다.

위의 내용은 기원전 460년경 고대 그리스의 철학자인 제논(Zenon)이 제시했다고 전해지는 '아킬레스와 거북이의 달리기 경주'에 대한 역설(paradox)을 운동 중인 물체에 대하여 재구성한 이분법 역설[74])을 떠올리게 한다. 벤드릭스는 '끝나는 것이 없는 것'의 예로 화학에서는 물질의 완전 소멸을 부정하고 ,수학에서는 나열되는 수열에 대한 극한개념을 언급하고 있다. 화학자에게는 우라늄과 같은 물질의 자연 방사, 즉 그 반감기를 생각한다. 그럼 화학자의 관점에서 위인용의 앞부분을 살펴보자. 우라늄의 질량을 m=1이라 하자. 반감기에 따라 그 질량은 $1 \rightarrow 1/2 \rightarrow 1/2^2 \rightarrow 1/2^3 \rightarrow \cdots$로 계속하여 감소해 나간다. 임의의 n차례 붕괴 후에 남아 있는 질량은 $1/2^n > 0$이므로 결코 유한한 시간 속에서는 결코 그 질량이 0으로 완전히 파괴되지는 않는다.

동시에 수학자의 입장에서 위인용의 뒷부분을 수식으로 나타내어보자. 수학자가 서 있는 곳에서 반대편 벽까지의 거리를 d=1(>0) 라 생각하자. 그러면 무한 번 이동하여 도달한 거리는

$$1/2 + 1/2^2 + 1/2^3 + \cdots\cdots = 1$$

이다. 충분히 큰 모든 n에 대하여 $1/2+\cdots+1/2^n<1$이므로 살아 있는 동안에는 결코 반대편 벽에 절대로 도달할 수가 없다. 더욱, 분명한 사실은 보폭을 이처럼 점점 더 0에 가까운 크기만큼 유지한다는 것은 절대 불가능하다. 그렇지만 작가 그레엄 그린은 오래된 제논의 이분법 역설을 이 소설 속에 화학자와 수학자의 예시를 들어 교묘히 잠입시켜놓고 있다.

이제 이 문제를 첫 번째 인용과 결합하여 설명해보자. 증오와 사랑은 이상

74) "움직이는 것은 목표에 도달하기 위해서는 중간지점에 도달하여야만 한다." 바꾸어 말하면 움직인 것은 결코 종착점에 도달하지 못하게 될 뿐만 아니라 출발조차도 할 수가 없다. 왜냐하면, 출발점과 종착점 사이에 있는 중간지점(1/2)을 제일 먼저 통과해야 하고 다시 1/2지점에 도착해 있으면 1/4지점에 도달해야 하고, 이렇게 계속해 나가면 $1/8=1/2^3 \rightarrow \cdots \rightarrow 1/2^n \rightarrow \cdots$에 무한히 도달해야 하기 때문이다.

하게도 수학상의 하나의 무한점, 실존하지 않는 상상 속의 어떤 점에서 서로 만나고 있다고 생각한다. 그러기에 우리는 사랑하면서도 서로를 미워하지 않는가. 사라의 끊임없는 사랑의 시선들은 모리스의 증오가 되었지만, 이것은 시작에 불과했다. 시간은 항상 정체하는 것이 아니고 현실에서 끊임없이 흐르고 있기에 때론 과거로 때론 미래로 마음대로 왕래하지 않는가. 그놈을 한 점으로 잡아두기란 절대 쉽지 않다. 그러기에 모리스와 사라에 대한 사랑은 궁극적으로 엡실론 사랑을 하였으리라. 한곳에 머물지 않고 그 작은 양의 엡실론($\varepsilon>0$)[75]으로 다시금 무한의 시그마Σ를 만들어 새롭게 변신하고자 하였으리라. 그러나 사라의 모리스에 대한 사랑은 불행히도 그녀의 마지막 선택이 인간이 아닌 절대자인 신에 대한 사랑으로 변해갔기 때문에 무한사랑이 되었으리라! 결국, 미워한다는 것은 사랑하기 때문이다. 누군가를 전혀 미워할 가치도 없을 때는 엡실론 사랑도 더는 존재할 가치가 없다.[76]

스스로 배우는 코너 2.5

1. 그레이엄 그린의 다른 작품에서 수학적인 개념을 포함하고 있는 부분을 찾아 분석하여 발표한 후 서로 토론하여보아라.

2. 칼 지브란(Kahlil Gibran, 1883–1931)은 레바논의 베차리에서 태어났다. 지브라니즘이라는 새로운 용어를 탄생시킬 만큼 그의 작품세계는 특정한 문학조류에 영향을 받지 않고 독창적이고 자연을 노래했다. 우리에게는 신비주의자, 평화주의자, 종교가, 혁명가, 철학자, 이단자 등 상반되는 이중적인 면모

---

75) 앞 인용에서 수학자가 있는 곳에서 벽까지의 거리를 편의상 $d=1$이라 가정했을 때, 이동한 거리의 총합은 기하급수(geometric series) $1/2+1/2^2+1/2^3+\cdots=1$이다. 그러므로 충분히 큰 n에 대하여 엡실론 $\varepsilon=1-(1/2+1/2^2+\cdots+1/2^n)>0$이다.

76) 김태화(2002), 68~69쪽

를 지닌 인물로 인식되고 있다. 저서로는 『부러진 날개』, 『광인』, 『예언자』, 『방랑자』, 『스승의 목소리』, 『칼릴 지브란 자화상』, 『영혼의 거울』, 『눈물과 웃음』, 『사상과 명상』, 『지브란의 지혜』 등이 있다. 위에 열거한 칼릴 지브란의 작품 중에 기억 속에 남아 있는 구절이 있는가? 없다면 또다시 한번 읽어보고 수리 철학적인 분석이 가능한 작품을 찾아서 분석한 후 서로 토론하여라.

3. 고대 그리스 엘레아 학파의 제논이 주장했다고 전해지는 역설은 '아킬레스와 거북이의 달리기 경주', '이분법 역설', '화살의 역설'과 '경주장(stadium)의 역설', 이렇게 4가지가 있다고 한다. 이들을 찾아서 그 내용을 조사하고 이러한 역설을 반박하고 해결하기 위하여 고안해 낸 수학, 과학, 철학 등의 내용은 무엇인가? 그리고 문학 작품 속에 표현된 제논의 역설이 더 있는지를 조사하여 보아라. 만약 있다면 그것을 찾아 그 내용을 소개하고 서로 토론하여보아라.

2.6 『국가론』

고대 그리스 시대 우리에게 잘 알려진 3대 철학자라면, 소크라테스[77]에서 시작하여 플라톤[78], 그리고 아리스토텔레스[79]로 이어지는 스승과 제자들

77) 소크라테스(Socrates, B.C. 470~399)는 고대 그리스 아테네에서 태어나 철학의 아버지라고 불릴 정도로 많은 철학적 사상을 후대에 남겼다. 당대의 소피스트로서 그에 대한 기록은 그의 제자인 플라톤과 플라톤의 수제자인 아리스토텔레스의 저서를 통해서 그의 사상과 철학을 엿볼 수 있다.

78) 플라톤(Plato, B.C. 428/427 or 424/423~348/347)은 아테네의 명문 출신으로 20세경부터 약 8년(28세 때 스승 소크라테스가 처형됨)간 소크라테스의 문제門弟로 있었다. 그는 기원전 387년에 아테네에 아카데미이아(Akademeia, 그리스어 Ἀκαδημία로 오늘날 Academy의 어원이 되었다)를 설립했으며 많은 작품을 우리에게 남겼다. 그중에서 『국가론』은 『소크라테스의 변명』과 더불어 우리에게

간의 맥을 떠올릴 것이다. '소크라테스/플라톤/아리스토텔레스'라고 삼분법적으로 써본다. 이렇게 기술해 놓고 보면 플라톤의 위치는 삼분법의 중간에 위치하고 조정자로서의 나머지 두 사람에게 상호관계의 차원에서 지대한 영향력을 끼쳤다. 그의 저서 중, 이 절에서 소개하는 『국가론』은 제대로 된 정치를 하고자 했던 자라면 한 번쯤 관심을 두고 읽어보지 않았을까? 하고 싶을 정도로 사회 전반에서 일어나는 많은 관심사를 문답식으로 전개해 두고 있다. 먼저 플라톤이 신에게 드린 네 가지 감사를 살펴보는 것으로 시작하자.

> 나는 신에게 네 가지 것을 감사드린다. 이방인이 아니고 그리스인으로 태어난 것, 노예가 아니고 자유인으로 태어난 것, 여자가 아니고 남자로 태어난 것, 소크라테스와 같은 시대에 태어났다는 것이다.[80)]

서양철학의 기초가 된 플라톤의 『국가론』은 총 10권으로 구성되어 있다. 정의로운 이상 국가의 건설을 목표로 소크라테스가 부유한 케파로스의 아들인 포레마르코스의 집에 모여 있는 사람들과 함께 제1권에서는 과연 '정의(올바름)'란 무엇인가? 라는 소크라테스의 질문에 대한 답을 문답식으로 찾아가는 과정에서 트라시마코스와 상충한 이야기가 주목받는다. 그러자 제2권에서는 크라우콘과 아테이만토스가 정의에 대한 소크라테스의 해답을 요청하였지만, 그는 직접적인 해답 대신에 더 구체적으로 국가에 대한 정의가 무엇인가? 라고 물으면서 토론의 방향을 바꾼다.

제3권에서는 이상 국가의 근본은 수호자 계급의 교육이 무엇보다 중요하다고

가장 잘 알려진 고전 명작 중의 하나이다.

79) 아리스토텔레스(Aristoteles, B.C. 384~322)는 마케도니아 스타게이로스에서 태어나 17세(학원이 설립된 지 20년이 지난 후)에 그 당시 플라톤이 이끌고 있던 '아카데미이아'에 들어가 문하생이 되었으며, 플라톤의 뛰어난 제자인 동시에 스승의 학문을 비판적 차원에서 한 걸음 더 나아갔다. 그의 방대한 저술 중에도, 특히 『오르가논』(문제 1.1.1 참고)는 형식논리와 과학적인 방법론에 근거한 최초의 논리학이다.

80) 이종우 편저(2000), 22쪽.

말하고, 시가, 음악, 체육에 걸쳐 자세하게 검토된다. 제4권에서는 이상 국가의 건설에 필요한 3계급(통치자, 수호자, 생산자)과 각 계급에는 차례로 통치자(왕)는 '지혜'의 덕을, 수호자(군인)에게는 '기개' 또는 '용기'를, 그리고 생산자(국민)에게는 '절제'의 덕을 강조했으며, 모든 계급에 공통으로 '정의(올바름)'의 덕목을 강조했다. 동시에 각 계급의 세 가지 덕목이 음악의 3운율(고음, 저음, 화음)과 비교되어 설명되고 있다.

제5권에서는 이상 국가의 건설을 위한 '철인[81]정치(aristocracy)'의 필요성을 제기하고, 수호자 계급 중의 한 명이 통치자가 되어야 함을 주장한다. 제6권에서는 플라톤의 '좋음'에 대한 이데아가 등장한다. 그리고 제7권에서는 '동굴의 비유'가 나타나며 수호자 계급에 대한 필수교육이 제기된다. 8권에서는 정의롭지 못한 네 가지 정치체제, 즉, 명예(timocracy), 과두(oligarchy), 민주(democracy), 참주(tyranny) 정치가 차례로 비교, 설명하면서 그러한 정치의 단점들이 열거된다. 게다가 이상 국가의 번영에 가장 중요한 것이 집단의 인구수라고 생각했으며, 국가가 번영하지 못하고 쇠퇴해 가는 이유를 차례로 그러한 네 가지 정치체제에서 찾는다.

그리고 제9권에서는 개인 국가의 장점과 행복이, 10권에서는 영혼불멸설이 등장한다. 이제 1~4권에서 제시된 이상 국가의 건설에 필요한 세 계급과 정신(영혼)의 세 영역을 음악의 세 운율과 비교하여 나타낸 곳을 함께 다음과 같이 표로 만들어 비교해두자.

81) 철학자로 4가지 덕(지혜, 용기, 절제, 정의)을 겸비한 자를 말한다.

단계	국가의 3계급	정신의 3부분		신체	음악 (3운율)
①	통치자(왕)	이성적 (사유능력)	이성 (지혜)	머리	고음
②	수호자(군인)	비이성적 (결단 능력)	감성적: 의지 (용기, 기개)	가슴	화음
③	생산자(농부, 수공업자, 상인, 노동자 등)		감각적: 욕구	사지 (팔다리)	저음

인간의 탄생 주기를 신적인 주기를 나타내는 완전수 6과 비교하면서 설명하는 대목에서 $216=6^3=6\cdot6\cdot6$이라는 유별난 수[82]을 그는 인간탄생의 주기와 관계가 있는 '인간의 수'로 나타내려고 애썼다.[83]이 부분의 해석을 위해 플라톤의 원서를 한글과 영어로 번역한 예를 각각 하나씩 들어 역자들 간의 차이점을 서로 비교해보자.

> 이런 식으로 말할 것이네 — 이토록 조직된 국가는 절대 흔들리지 않을 것이네. 그러나 만사가 시작이 있으면 끝이 있기 마련이니까. 그대들 것과 같은 국헌(國憲)이라 할지라도 영구적으로 지속하는 것은 아니겠고 언젠가는 분해될 것이네. 그리고 분해되는 것은 이런 것이네. 대지에서 자라나는 식물, 지상을 배회하는 동물들에게도 각자 주기가 완료될 때 얼과 육체의 풍요와 불모(不毛)가 따르게 되네. 단명하는 것은 짧은 궤도를, 장수하는 것은 긴 궤도를 돌 것이네. 그러나 인간의 풍요와 불모에 관한 지식에 대해서는 그대들의 지배자들의 지혜나 교육을 가지고는 알 수 없을 것이네. 그것들을 구제하는 법칙들은 감각으로 합성되어버린 지능을 가지고서는 발견되지 않을 것이고 그들을 스치고 지나가네. 이리하여 그들은 마땅히 그래서는 안 될 때 아이들을 생산하네. 신적인 것의 탄생에는 완전수(完全數)에 포함된 주기라는 것이 있네. 그러나 인간탄생의 주기도 수로써 이해할 수 있네. 여기에

82) Margaret Wertheim(1995), 최애리 옮김(1997), 34~35쪽에서는 피타고라스는 모든 인간은 216년마다 환생한다고 믿었다.

83) Plato, 이병길 옮김, 1975(초판), 1996(2판), 2007(중판)의 332~334쪽.

있어서 첫 번째 수는 서로 닮고 또는 닮지 않고 증감에 생기는 수(3, 4, 5)의 평방수(平方數)에다 각자수(各者數)를 곱한 수를 가산한 것($3^3+4^3+5^3=216$)으로 세 방향으로 퍼져 길이, 폭, 깊이와 네 개의 경계점(境界點)을 받아들이면서 서로 약분도 되고 조화를 이루네. 그리고 그들 기본수인 4와 3이 5와 결합한 다음 ($3\times4\times5=60$) 다시 세 번 곱하면($60\times60\times60\times60=12{,}960{,}000$) 두 개의 조화를 가져오네. 그 첫 번째 것은 등수(等數)를 등수배(等數倍)한 것 ($3{,}600\times3{,}600=12{,}960{,}000$), 즉 100의 어떤 배수($100\times36$)를 한 변(邊)의 길이를 하고, 옆으로 또 하나 더 기다란 변(邊)을 갖는 장방형(長方形)인데, 그 변은 각각 5의 유리수적인 대각선수(對角線數) 7의 제곱을 100배한 것 ($7^2\times100=4900$)보다는 100이 부족한 것이지($4{,}900-100=4{,}800$). 다시 말해 5의 무리수적인 대각선수 $\sqrt{50}$ 의 자승(自乘)을 100배한 것(($\sqrt{50}$)$^2\times100=5000$)보다는 200이 부족한 것($5{,}000-200=4{,}800$)이라고 하여도 좋지. 이에 대해 또 하나의 변(邊)은 3의 세제곱을 100배한 것 ($3^3\times100=2{,}700$)이네. 이들 수의 총체가 대지를 측정하는 수(게에메도리코스), 즉 기하학적 수(게에메도리코스)네. 이것이 우월한 또는 열등한 탄생을 지배하네. 그런데 그대들의 수호자들은 탄생의 법칙에 대해 무식하므로 신랑과 신부를 때아닌 때 결합해 거기서 출생한 아이들은 우수하지도 못하고 운수도 좋지 못하네. 그리고 비록 그들 가운데 가장 우수한 자가 그들 전임자에 의해 선임되겠지만, 그래도 그들 조상의 권좌를 차지하기에는 부족하네. 그리고 그들이 수호자로서 권력을 장악했을 때 곧 우리 문예와 음악의 여신들을 경시하고, 첫 번에는 음악을, 다음에는 체육을 폄가(貶價) 하네. 그 후 그대들 국가의 젊은이들은 문화적으로 되지 못하네. 그 후 계승되어 나가는 세대에 있어서는 지배자들은 헤시오도스가 말하는 금, 은, 동, 그리고 철로 만들어진 그대들의 서로 다른 종족들의 금속을 검사하는 수호자로서 능력마저 상실하네. 이리하여 철이 은과 섞이고 동이 금과 섞여 언제나 어느 고장에 있어서나 증오와 전쟁의 원인이 되는 부동성과 불평등 그리고 불균형을 가져오네. 이것을 여신들은 불화가 언제나 이로부터 발생하는 원인이라고 확언하네. 이것이 우리에 대한 그들의 대답이네.[84)]

84) Plato, 이병길 옮김(2007), 332~334쪽.

그리고 위인용 부분에 대하여 플라톤의 원서를 벤저민 조윗(Benjamin Jowett)이 영어로 번역한 것을 인용해보자.

> After this manner:—A city which is thus constituted can hardly be shaken; but, seeing that everything which has a beginning has also an end, even a constitution such as yours will not last for ever, but will in time be dissolved. And this is the dissolution:—In plants that grow in the earth, as well as in animals that move on the earth's surface, fertility and sterility of soul and body occur when the circumferences of the circles of each are completed, which in short-lived existence pass over a short space, and in long-lived ones over a long space. But to the knowledge of human fecundity and sterility all the wisdom and education of your rulers will not attain; the laws which regulate them will not be discovered by an intelligence which is alloyed with sense, but will escape them, and they will bring children into the world when they ought not. Now that which is of divine birth has a period which is contained in a perfect number, but the period of human birth is comprehended in a number in which first increments by involution and evolution [or squared and cubed] obtaining three intervals and four terms of like and unlike, waxing and waning numbers, make all the terms commensurable and agreeable to one another. The base of these (3) with a third added (4) when combined with five (20) and raised to the third power furnishes two harmonies: the first a square which is a hundred times as great (400=4×100), and the other a figure having one side equal to the former, but oblong, consisting of a hundred numbers squared upon rational diameters of square (i.e. omitting fractions), the side of which is five (7×7=49×100=4900), each of them being less by one (than the perfect square which includes the fractions, Sc. 50) or less by two perfect squares of irrational diameters (of a square the side of which is five =50+50=100); and a hundred cubes of three (27×100 =2700+4900+400=8000). Now thus number represents a geometrical figure which has control over the good and evil of births. For when your

guardians are ignorant of the law of births, and unite bride and bridegroom out of season, the children will not be goodly of fortunate. And thought only the best of them will be appointed by their predecessors, still they will be unworthy to hold their fathers' places, and when they come into power as guardians, they will soon be found to fall in taking care of us, the Muses, first by under-valuing music; which neglect will soon extend to gymnastic; and hence the young men of your State will be less cultivated. In the succeeding generation rulers will be appointed who have lost the guardian power of testing the metal of your different races, which, like Hesiod's, are of gold and silver and brass and iron. And so iron will be mingled with silver, and brass with gold, and hence there arise dissimilarity and inequality and irregularity, which always and in all places are causes of hatred and war. This the Muses affirm to be the stock from which discord has sprung, wherever arising; and this is their answer to us.[85)]

위의 한글 인용 부분 중

여기에 있어서 첫 번째 수는 서로 닮고 또는 닮지 않고 증감에 생기는 수(3, 4, 5)의 평방수(平方數)에다 각자수(各者數)를 곱한 수를 가산한 것 ($3^3+4^3+5^3=216$)으로 세 방향으로 퍼져 길이, 폭, 깊이와 네 개의 경계점(境界點)을 받아들이면서 서로 약분도 되고 조화를 이루네.

라고 번역한 부분을 수학 퍼즐[86)]과 일반인을 위한 수학 교양 도서를 많이 저술한 영국의 과학저널리스트 데이비드 웰스의 책[87)]에서는 다음처럼 표현하고 있다(여기서는 존 킹이 인용한 부분을 번역자(김량국)가 옮긴 표현이다).

85) Plato, Translated by Benjamin Jowett, Grolier, 1871, p. 353-354

86) David Wells, *Books of curious and interesting puzzles*, Penguin Books, Ltd. 1992, 2006(신판).

87) David Wells, *The penguin dictionary of curious and interesting numbers*, Penguin Books, Ltd. 1987(2판), 1997(신판).

이 수는 인간의 수이다. 유사함과 유사하지 않음. 그리고 번영과 쇠퇴를 모두 만들어내고 모든 것들이 서로 교통하고 합리적이 되도록 하는 원소들의 3가지와 4가지 경계가 주어질 때, 이 수는 제곱과 제곱근이 증가하는 최초의 수이다.[88)]

위의 두 번역을 비교해보면 번역과정에서 상당히 많은 차이가 있음을 알게 된다. 벤저민 조웻의 영어번역에 있는 'soul(영혼) and body(몸)'은 '인간'을 말하고 있다. 그러기에 벤저민 쥬엣의 영어번역인 'fertility(번영)'(뒤에 또다시 나오는 fecundity)과 'sterility(쇠퇴)'를 한글 번역에서는 '풍요'와 '불모'로 번역함으로 그 의미를 조금 흐리게 했다. 그리고 중반 부분에서 인간탄생의 주기를 나타내는 어떤 수[89)]를 설명하는 부분에서는 한글 번역과 영어번역이 상당한 차이가 있다. 편의상 소괄호로 언급된 숫자들은 모두 무시하고 이 부분의 벤저민 조웻의 영어번역만 한글로 두 가지 측면에서 재번역해 보자.

1) 수학 용어에 근거한 해석

여기에 있어서 먼저 제곱과 입방[90)]으로 증가하여 서로 닮고 또한 닮지 않은 세 개의 구간들과 네 개의 항들을 생성하며, 수들을 증가시키고 감소시키면 모든 항은 약분도 되고 서로가 일치도 하네. 이것들[91)]의 기본수의 1/3이 (3에) 더해진 수[92)]가 5와 결합하여 세제곱[93)]이 되었을 때 두 개의 조화를 이루네.

---

88) John King(1996), 김량국 옮김(2001), 32쪽.

89) 완전수 (또는 사이클 수)에 이분법으로 대립하는 인간의 수 (또는 불완전 사이클 수) 216을 칭한다.

90) 'by involution and evolution'은 '쇠퇴와 번영으로'를 뜻하지만 여기서는 수학적인 의미로 'squared and cubed'(제곱과 입방으로)라고 번역했던 도날드슨(Donaldson) 박사의 표현을 사용했다. 또 다른 번역자인 웨버(Weber)는 'equalling and equalled in power'로 번역하기도 했다.

91) 'The base of these'에서 'these'는 앞 문장의 세 개의 거리를 나타내는 수 '3, 4, 5'의 기본수는 '3'이다.

92) 'The base of these with a third added'에서 'The base of these'를 바로 앞 주석에 따라 '3'으로 바꾸어 보면 '3 with a third added (to it)'로 생각된다. 'three with a third'는 '3의 (1/3)=1'이 되므로 간단히 수식으로 표현하면 '1+3(it)=4'를 뜻한다. 그러므로 이 4가 5와 결합하면 (여기서 '결합하면'의 의미는 '4×5') 20이 된다.

그 첫 번째 것은 큰 것으로 100을 곱한 정방형[94]이고, 다른 하나는 전자[95]와 똑같은 한 변을 갖는 도형이지만 장방형[96]이네, 그러한 모양의 긴 변은 5인 (분수를 생략한) 정방형의 유리수적인 대각선수[97]들의 제곱수에 100을 곱하여 얻은 수[98]인데, 그들[99]의 각각이 (분수를 포함하는 완전제곱, 길이 50보다는) 1이 적거나 (그 변이 5인 정방형의) 무리수적인 대각선수의 두 완전제곱이 더 작은 것이네; (이에 비교해 다른 작은 한 변은) 3의 세제곱을 100배 한 것이네. 그리하여 이제 수가 우월한 또는 열등한 탄생을 지배하는 하나의 기하학적인 도형[100]을 그려내네.

플라톤이 표현한 윗부분의 원문은 고대로부터 수학자와 수비학자들의 많은 관심을 불러 일으켰으며, 여전히 그의 저술 중에서 가장 난해한 것으로 알려져 왔다. 무엇보다 데이비드 웰스는 이 문장의 모호함은 플라톤의 고의가 아니라 당시의 언어로서 자기 생각을 명확하게 표현하는 것이 그에게는 결코 쉬운 일이 아니라고 지적한다.

이 문장은 플라톤이 피타고라스 학파의 일원으로서 수와 현실 세계의 밀접한 관계를 어떻게 이해하고 있었는지 뿐만 아니라. 당시의 언어를 사용하여

---

93) $(20)^3=8000$이다. 벤저민 쥬엣은 이 수가 도날드슨 박사의 연구에 근거하여 그 당시 스파르타시의 전체 인구수라고 말하고 있다.

94) 여기서 'a square'는 정방형 즉 정4각형의 도형을 말하고 그 한 변이 장방형의 긴 변과 똑같다고 말하고 있다. 분명히 바로 이어서 설명하는 장방형의 긴 변이 $7^2\times100=4900$이므로 정방형의 한 변도 4900이다. 그러나 벤저민 쥬엣은 $20\times20=400=2^2\times100$으로 표현하고 이 수는 도널드슨 박사의 연구에 근거하여 그 당시 스파르타시를 지배했던 수호자 또는 통치자들의 총수라고 한다.

95) 'the former'는 한 변이 4900인 정방형을 뜻한다.

96) 장방형(oblong)은 한 변에 비교해 다른 한 변이 더 긴 직사각형이다.

97) 한 변이 5인 정사각형의 대각선의 길이는 $\sqrt{50}$이고 이것에 가장 근사한 유리수적인 대각선수는 $7=\sqrt{49}$이다.

98) $7^2\times100=4900$을 말한다.

99) 두 수 49, 4900을 말한다.

100) 정방형의 두 변은 4900, 4900이고 장방형의 두 변은 2700, 4900이므로 네 개의 수를 크기순으로 차례로 써보면 '2700, 4900, 4900, 4900'으로 이웃하는 두수들 사이의 비가 (49)/(27), 1, 1로 이등변삼각형이다.

그가 자신의 생각을 표현하는 데에서 어떤 어려움을 겪었는지를 잘 보여 주고 있다.[101)]

이제 앞에서 필자가 벤저민 조웻의 영어번역을 수학적인 용어에 근거하여 다시 번역했던 내용의 의미를 살펴보자. 이글은 플라톤이 국가를 구성하는 데 있어 그 집단의 수가 매우 중요함을 강조하면서 동시에 인간탄생의 주기와 관련지어 설명하고 있다. 먼저 신은 이 세상을 6일 동안에 창조했으며 6=1+2+3(진약수들의 합)이라는 의미에서 6은 첫 번째 완전수, 즉 사이클 수이다. 플라톤은 신적인 것의 탄생주기로 완전수 6을 언급함과 동시에 인간의 탄생 주기(피타고라스 학파는 영혼이 환생하는 주기라고 했다)를 나타내는 어떤 수를 다음처럼 아주 모호하게 표현하고 있다.

먼저 평방과 입방으로 증가하여 서로 닮고 또한 닮지 않은 세 개의 간격들과 네 개의 항들을 생성하며, 수들을 증가시키고 감소시키면 모든 항은 약분도 되고 서로가 일치도 하네.

먼저 그다음 문장을 살펴보자.

이것들의 기본수 3의 1/3이 (3에) 더해진 수가 5와 결합하여 세제곱이 되었을 때, 두 개의 조화를 이루네.

여기에 잠재된 수는 '3-4-5'로 우리에게 아주 낯익은 수들이다. 즉, 아래 그림과 같이 세 변의 길이가 '3-4-5'로 주어진 이집트 삼각형 또는 피타고라스의 삼각형을 말한다.

101) Wells(1997): John King(1996), 김량국 옮김(2001), 32쪽.

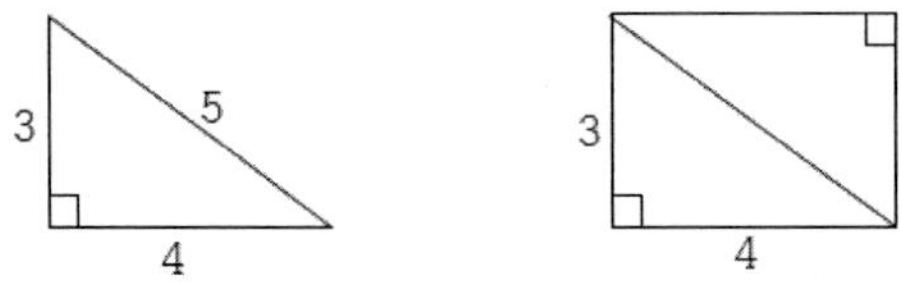

이 도형 속에는 분명히 길이가 3인 선분, 4인 선분, 그리고 5인 선분들이 세 개가 있다. 이 선분들은 모두 실수의 구간들로 간주할 수 있다. 그런데 우리는 직각삼각형의 넓이는 똑같은 모양을 두 개 서로 붙이면 우측 그림처럼 두 변이 각각 3과 4인 직사각형의 넓이(3×4=12)의 절반이 되므로 피타고라스 삼각형의 넓이는 6이다. 이제 우리는 '3-4-5-6'이라는 네 개의 수를 갖게 되었다. 3과 4는 피타고라스 삼각형의 밑변과 높이, 5는 빗변이며 6은 그 면적을 나타낸다. 이러한 설명을 네 개의 항 또는 수로 번역이 가능하다. $3^2+4^2=5^2$는 제곱으로 증가하고 $3^3+4^3+5^3=6^3$은 입방으로 증가한다. 앞 한글 번역(이병길 옮김)에서는 216=6×6×6을 "세 방향으로 퍼져 길이, 폭, 깊이와 네 개의 경계점을 받아들이면서 서로 약분도 되고 조화를 이루네."라고 했다. 이것은 우측 그림처럼 각 모서리의 길이가 6인 정육면체를 형성한다고 생각할 수 있다. 그리고 "네 개의 경계점을 받아들이면서"라고 말하는 것은 반대편 점선 부분에 있는 네 군데의 경계점(꼭짓점)을 받아들인다는 것이다.

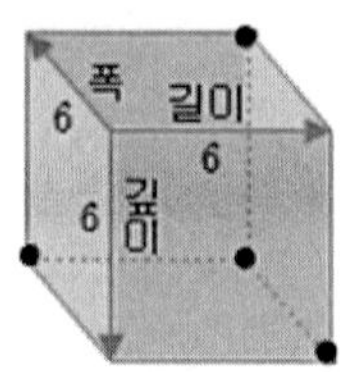

한편 "수들을 증가시키고 감소시키면 모든 항은 약분도 되고 서로가 일치도 하네"라는 뜻은 '3-4-5-6'의 네 수 중 3은 1씩 한 번, 두 번, 세 번을, 4는 한번과 두 번을, 5는 한번을 증가시키면 차례로 4=3+1, 5=3+2=4+1, 6=3+3=4+2=5+1이 된다는 것이다. 반면에 6을 1씩 한 번, 두 번, 세 번을, 5를 한 번과 두 번을, 4를 한 번 감소시키면 5=6-1, 4=6-2=5-1, 3=6-3=5-2=4-1이 된다는 뜻이다. 그러므로 3을 1씩 세 번 증가시키면 6과 일치하고 그것은 2와 3으로 약분이 된다. 나머지도 같은 방법으로 설명할 수 있다.

그 다음의 문장을 필자가 번역한 "이것들의 기본수의 1/3이 더해진 수가 5와 결합하여 세제곱이 되었을 때 두 개의 조화를 이루네"라는 문장의 해석은 매우 중요하지만, 한글과 영문해석에는 많은 차이가 있다. 먼저 두 가지 관점에서 살펴보자. "이것들의 기본수"라고 필자가 번역했던 "The base of these"의 'these'를 피타고라스의 삼각형으로 생각할 수 있다. 이 경우에는 'The base'는 그러한 도형의 '밑변'이 된다. 그러므로 필자의 번역과 함께 생각하면 밑변이 3인 피타고라스 삼각형이 그 빗변 5와 결합하였다고 말한다. 이 경우에 밑변:빗변=3:5의 관계는 코사인의 값이 된다.[102] 다른 한 관점은 영문번역을 토대로 설명한다. 그다음에 나타나는 두 개의 도형, 정방형과 장방형과 연계시켜 생각해야 한다("두 개의 조화를 이루네"). 왜냐하면, 장방형의 긴 변이 전자, 즉 정방형의 한 변과 똑같다고 설명하면서 그 변의 길이가 4900이라고 말하지 않는가! 그러므로 이 수가 바로 정방형의 한 변이다. 이어서 "그 첫 번째 것은 큰 것으로 100을 곱한 정방형이고,"라고 하는 부분을 살펴보자. 이 문장은 바로 뒤에서 장방향의 긴 변(이것이 정방형의 한 변이다)이 '$7^2 \times 100=4900$'이라고 말하고 있으므로 '100을 곱한'의 엄밀한 의미는 '$7^2 \times 100$'의 의미로 정방형의 한 변을 나타내는 것으로 생각할 수 있다. 그리고 마지막에는 장방형의 나머지 한 변의 길이가 2700이라고 말한다.

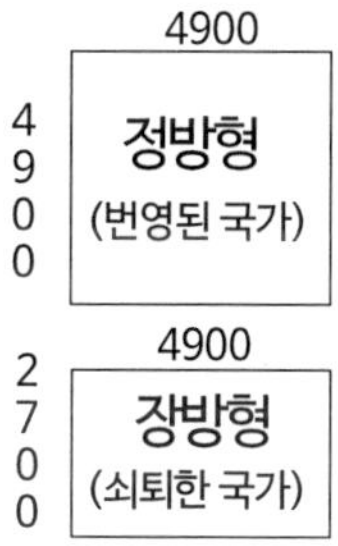

국가를 형성하고 있는 국토위에 사는 왕과 수호자 계층에 있는 인구수를 대충 '가로+세로'의 변으로 플라톤은 계산하고 있다. 그러므로 정방형 4900+ 4900=9800(명)은 최대로 번창하였을 때의 최대 집단 수이고, 반면에 장방형이면 가로와 세로 변의 합이 4900+2700 =7600(명)이므로 이것은 서서히 쇠퇴해 갔던 집단이 국가를 형성하는 최소의 집단

102) 이 절의 마지막에서 "인간의 바이오리듬은 생태학적으로 코사인의 주기를 따르고 동물은 사인의 주기를 따른다."라고 분석하듯이, 인간의 수 216에 관한 이야기가 코사인 함수로 확장되고 있다.

수이다(앞 우측 그림). 당시 스파르타시의 인구수가 도날드슨(Donaldson) 박사의 연구에 근거하여 대략 8000(명)이었음을 생각할 때 '7600(쇠퇴한 국가)/8000(현재)/9800 (번창한 국가)'로 삼분할 수 있고, 그 차이를 살펴보면 이미 쇠퇴할 징조가 엿보인다.

— 탄생의 주기와 관계하는 조화의 수 35

수 '6'은 완전수일 뿐만 아니라 '결혼의 수'라고 말했다. 그러므로 결혼의 수 6은 인간탄생의 첫 번째 관문을 체크하는 수로 수정과 밀접한 관계가 있다. 왜냐하면 여자(2)와 남자(3)가 곱절의 사랑을 행하는 관계가 3×2이기 때문이다. 그러므로 6은 결혼한 부부의 첫 번째의 수정을 의미하고, 9는 수정 후 아기가 자라면서 정상 체중을 갖고 엄마의 자궁 속에서 9개월(약 270일) 꽉 채우고 정상아로 태어남을 상징한다. 그러나, 진약수들의 합이 본래의 수와 딱 1만큼 작은 부족수로서 완전수(또는 결혼의 수) 6 다음 첫 번째 부족수 8은 저체중을 갖든가 또는 정상보다 일찍 미숙아를 출산하는 상황에 해당한다. 그런데 첫 번째 과잉수 12는 탄생 주기와 어떤 관계가 있는가? 그 당시에는 아기가 좀 늦게 태어나면 대충 1년(12개월)쯤 임신을 했다고 추산했으리라 여겨진다. 그러므로 과잉수 12는 과체중을 갖고 정상 출산일보다는 늦게 출산하는 경우로 생각할 수 있지 않을까? 이처럼 수 6, 8, 9, 12는 모두 인간탄생과 관계가 있는 수이다. 탄생과 관련된 조화의 수 35에 대한 수비학적인 수의 분류와 비교하여, 간단히 도표로 요약해 보면 다음과 같다.

수	(수비학적인) 수의 분류	(탄생과 관련된) 분석
6	첫 번째 완전수, 결혼의 수	결혼 / 수정
8	첫 번째 부족수[103)]	저체중 / 미숙아
9	잉태를 상징하는 수	(임신 개월 수) 정상아
12	첫 번째 과잉수	과체중 / 과숙아
Σ=35	조화의 수[104)]	탄생 주기

피타고라스 학파에 의하면 태생에 요구하는 기간은 이 네 수 6, 8, 9 그리고 12[105])의 합 6+8+9+12=35는 탄생의 주기와 관계하는 조화의 수로 간주했다. 그러므로 플라톤이 '인간탄생의 주기와 관계가 있는 첫 번째 수'로 언급했던 인간의 수 216을 216=(35×6)+6과 같이 나타내면, 이것은 피타고라스 학파가 주장하는 태생에 요구하는 기간의 조화로운 단계를 모두 합한 조화의 수 '35'에 결혼의 수 '6'을 곱한 후 다시 완전수 '6'을 결합한 것으로 그 속에는 인간이 탄생하는 것들에 관한 모든 조화가 내포되어 있다.[106])

2) 국가와 결부 지어 해석

이제 1)과는 다른 관점에서, 제8, 9권에서 플라톤이 설명하고 있는 국가의 번영과 쇠퇴를 '우월한' 또는 '열등한' 인간의 탄생과 결부하여 해석해보자.

> 여기에 있어서 먼저 번영과 쇠퇴를 해가며 서로 닮고 또한 닮지 않은 세 개의 질서들과 네 가지 덕을 생성하며, 그들이 번영해 가고 쇠퇴해 가면 모든 덕은 서로서로 조화를 이루고 일치가 되네. 이것들의 기본 덕[107])의 하나[108])가 더 더해진 덕이 5가지의 국가형태와 결부되어 3승의 멱으로 확장되었을 때

---

103) 결혼한 쌍의 수정을 듯하는 수 6 이후에 첫 번째 나타나는 부족수를 뜻한다.

104) 플라톤의 『국가론』, 이병길 옮김(1975)의 332쪽에 있는 주석 3에서는 "피타고라스 학파에 의하면 태생에 요구하는 기간은 6일, 8일, 9일, 12일 사이의 조화로운 단계를 생각할 수 있고 이 총계 '35'는 조화의 수이다"라고 밝히고 있지만, 이 문장의 출처를 찾아보려고 애를 썼지만 어떠한 단서도 찾을 수 없었다.

105) 피타고라스 학파는 문제 1.7.7에서 보았듯이 수 n의 그 진약수들의 합 s(n)과 비교하여 '부족수/완전수/과잉수'로 삼분하여 구분했다. 신이 세상을 6일 동안에 창조했으며, 6=1+2+3이므로 수 6은 완전수이다. 알쿠인(Alcuin, 735- 804)의 관찰에 따르면 전 인류가 노아의 방주 속의 8영혼으로부터 이어져 왔는데 8(>1+2+4)은 부족수이므로 이 두 번째 창조는 불완전하다는 것이다(이종우 편저, 2000,13쪽). 한편, 수 9는 중용의 수로 태아가 자궁 속에 탄생을 기다리는 잉태의 수이다. 수 12는 12<1+2+3+4+6=16이므로 수 12는 첫 번째의 과잉수이다.

106) Plato, *The Republic*, 이병길 옮김(1975), 332~333쪽.

107) 정신의 세 영역에 대응되는 기본적인 덕은 지혜, 용기, 절제이다.

108) 이상 국가의 기본 3계급이 공통분모로 소유해야 하는 올바른 마음가짐의 덕, '정의'를 말한다.

두 개의 조화를 이루네. 그 첫 번째 것은 큰 것으로 100을 곱한 정방형의 번영했던 국가형태이고, 다른 하나는 전자와 똑같은 한 변을 갖는 도형이지만 장방형, 즉 점차로 쇠퇴해 간 국가형태를 말하네, 그러한 모양의 긴 변은 5인 (분수를 생략한) 정방형의 유리수적인 대각선수[109]들의 제곱수에 100을 곱하여 얻은 수[110]인데, 그들[111]의 각각이 (분수를 포함하는 완전제곱, 길이 50보다는) 1이 적거나 (그 변이 5인 정방형의) 무리수적인 대각선수의 두 완전제곱이 더 작은 것이네; (이에 비교하면 다른 작은 한 변은) 3의 세제곱을 100배 한 것이네. 그리하여 이제 수가 우월한 또는 열등한 탄생을 지배하는 하나의 기하학적인 도형[112]을 그려내네.

이상 국가의 근본은 세 계급인 통치자(왕), 수호자(군인), 생산계급(농민, 수공업자, 상인, 노동자 등)의 계층적 질서에 근거하여 통제되어야 하며 통치자는 수호자 중에서 가장 지혜롭고 네 가지의 덕인 "지혜, 용기, 절제, 정의"를 갖춘 철인이 국가를 통치해야 한다고 플라톤은 주장한다. 특히, 수호자 계급은 교육을 통하여 정신의 세 영역(이성, 의지 또는 기개, 욕구)의 하위에 해당하는 지나친 욕구를 자제하는 절제의 덕을 갖게 되고 이러한 절제를 겸비하기 위해서는 지혜로운 이성적 판단을 할 수 있도록 교육의 필요성을 강조했다. 특히 정신의 세 영역을 지배하는 '이성, 의지(기개), 욕구'는 세 가지 기본 덕인 "지혜, 용기, 절제"의 근원이 된다. 정신의 욕구를 잘 조절하여 절제된 삶을 사는 것은 기개가 곧은 삶으로 바뀌고 그러한 용기 있는 사람은 지혜로운 사람으로 한층 더 높은 단계로 상승하여 그들이 수호하는 국가가 번영하고, 그 반대의 경우에는 쇠퇴하게 된다는 것이다. 철인이 통치하는 이상 국가가 가장 많은 인구수를 갖고 국가가 번영하게

---

109) 한 변이 5인 정사각형의 대각선의 길이는 $\sqrt{50}$ 이고 이것에 가장 근사한 유리수 적인 대각선수는 $7=\sqrt{49}$ 이다.

110) $7^2\times100=4900$을 말한다.

111) 두 수 49, 4900을 말한다.

112) 정방형의 두 변은 4900, 4900이고 장방형의 두 변은 2700, 4900이므로 네 개의 수를 크기순으로 차례로 써보면 '2700, 4900, 4900, 4900'으로 이웃하는 두수들 사이의 비가 $\frac{49}{27}$, 1, 1로 이등변삼각형이다.

된다고 믿었다. 그러므로 그러한 모형은 정사각형으로 완전한 모형인 데 반하여 제8, 9권에서 언급하고 있는 철인정치가 아닌 4가지 '명예정치 → 과두정치 → 민주정치 → 참주 정치'로 점차로 쇠퇴해 간다고 말하고 있다. 이 모양은 모두 장방형으로 한 변이 계속하여 줄어들고 있다. 플라톤이 도형을 이용하여 인구의 수를 계산하는 방법에 의하면 그 의미는 비록 국가는 소멸해도 그 인구는 최소한 한 변만큼은 남아 있다고 생각할 수 있겠다.

3) 황금비, 인간의 수 216과 짐승의 수 666

인간의 수 $216=6^3$과 관련이 있는 두 가지 성질을 언급해보자. 그 첫 번째는 피타고라스 3쌍 '(3, 4, 5)'에서 가장 큰 수 5와 제일 작은 수 3의 비가 5/3=1.666…이고, 이 값은 황금비 ϕ의 소수점 한자리까지 근사한 값이다. 그러한 이유로 고대의 많은 건축물, 특히 신전과 피라미드와 같은 무덤 등을 짓는데 이 근삿값이 많이 사용되었다. 두 번째는 이 피타고라스 3쌍 '3-4-5'는 연속된 세 수이며 이들의 세제곱 수(또는 입방 수) 3^3, 4^3, 5^3은 3차원을 나타내는 큐브에 의하여 아름다운 현실 공간의 집을 지을 수 있다는 것이다. 그 집의 값이 바로 $3^3+4^3+5^3=6^3$이라는 것이다. 이러한 이유로 $216(=6^3=35\times6+6)$은 인간이 발견한 가장 아름다운 조화의 수로 여겨졌으리라 믿는다.

앞에서 언급했던 인간의 수를 216=6·6·6[113]로 나타내고 짐승의 수 666을 나란히 붙여 놓은 후 서로 비교하여보아라. 어떤가? 그 해답은 악마 또는 짐승의 수 '666'에 비해 인간의 수 '6·6·6'속에는 곱셈기호(×) 대신에 사용되는 두 개의 점(·)이 수들 사이에 존재해 있다는 것이다. 마치 인간의 두 눈동자처럼. 언제나 어둠을 찾는 악마에 비교해 인간의 두 눈동자는 지혜의 빛을 찾는다.

---

113) 악마(짐승)의 수 666에 대한 인간의 수 6 • 6 • 6의 차이는 곱셈기호 대신에 사용되는 두 개의 점이 수들 사이에 있다는 것이다. 두 개의 눈동자처럼. 어둠을 쫓는 악마에 비교해 인간의 두 눈동자는 지혜의 빛을 찾는다.

이제 두수 216, 666, 그리고 황금비 ϕ 사이에는 다음 항등식이 성립함을 주목하여라(문제 2.6.1).

$$-\phi=\cos 216°+\sin 666°=\cos (6\cdot 6\cdot 6)°+\sin 666°$$

예로부터 피타고라스 학파가 발견했던 황금비 ϕ의 신비와 조화는 고대 자연 철학자들이 발견했던 무리수의 비로 가장 아름다운 비이기도 하며, 그 팽창은 무한한 황금나선을 그리면서 우주 속으로 뻗어나간다. 황금비 ϕ의 음수인 $-\phi$가 '인간의 수' 6·6·6과 '짐승의 수' 666을 내포하고 있는 위의 항등식을 바라보고 있노라면, 대자연 속에서 함께 살아가고 있는 인간과 짐승의 운명적인 삶을 엿보는 듯하다. '현실'이라는 공간 속에서 함께 살아가고 있는 인간과 짐승이 각기 서로 다른 가면, 즉 인간(216=6 · 6 · 6)은 코사인, 짐승(666)은 사인의 탈을 쓰고 있지 않은가? 더욱 신성 비례를 나타내는 ϕ가 신의 세계라면 그 반대 부호인 $-\phi$는 신의 세계에 대립하는 곳, 바꾸어 말하면, 동물들과 함께 살아가는 우리의 세상이라고 말할 수 있지 않을까? 그곳은 때때로 음지처럼 어둠의 장막이 처져있어 늘 그들 곁에는 운명처럼 죽음의 그림자가 도사리고 있다. 왜 인간이 코사인의 탈을 쓰고 짐승은 사인의 탈을 쓰고 있느냐? 라고 의혹을 가질 수 있다. 두 주기함수의 그래프[114]을 그려보면 그러한 의혹을 풀어줄 한 가지 단서를 발견할 수 있다. 사인과 코사인 함수의 그래프를 다음 그림처럼 그려보면, 한 주기 $[0, 2\pi]$ 동안에 그 값들이 변하는 과정을 살펴보면 코사인은 $1 \to 1$ 이고 사인은 $0 \to 0$ 이다.

---

114) $\sin x$을 90도($\pi/2$) 음의 방향으로 평행이동하면 $\cos x$와 겹친다. 이것을 식으로 표현하면 $\sin(x+\pi/2)=\cos x$ 이다. 같은 방법으로 $\cos x$을 $\pi/2$ 양의 방향으로 평행이동하면 $\sin x$와 겹친다, 즉 $\cos(x-\pi/2)=\sin x$ 이다.

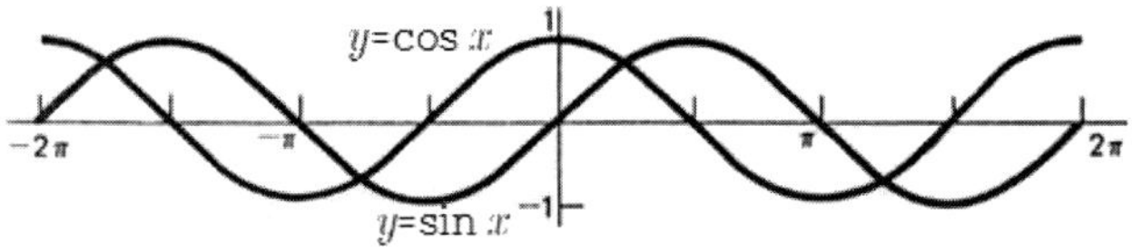

인간의 삶은 대체로 차세대가 그들의 전 세대에 상당히 높게(1) 의존하여 살아가고 있는 반면에 동물은 상대적으로 그 의존도가 거의 0에 가깝게 살아가고 있기 때문이다. 그래서 인간의 바이오리듬은 생태학적으로 코사인의 주기를 따르고 동물은 사인의 주기를 따른다고 말할 수 있겠다.

스스로 배우는 코너 2.6

1. 임의로 주어진 "한 선분을 잘랐을 때, 전체선분의 길이와 긴 선분의 길이의 비가 긴 선분의 길이와 짧은 선분의 길이의 비와 같게 자르면, 우리는 주어진 선분을 황금분할 한다."라고 말한다. 이때 황금분할을 비율로 나타내면 (전체 길이)/(긴 길이)=(긴 길이)/(짧은 길이)로 나타나고, 일정한 이 값을 황금비 ϕ라 표기하자. 그 값은 무리수로 $\phi=(1+\sqrt{5})/2\approx1.618$이다. 더욱 황금비 ϕ을 사인과 코사인의 합으로 나타내면 다음과 같다.[115] 이 식을 유도하여 보아라.

$\cos 216°+\sin 666°=2(-\phi/2)=-\phi$ 또는 $\phi=-(\cos 216°+\sin 666°)$

2. 두 개의 서로 다른 소수 p, q로 소인수분해 된 수 $x=p^m q^n$의 모든 약수의 총 개수는 $(m+1)(n+1)$ 임을 밝혀보아라.

3. 피타고라스와 오일러의 만남이 어떤 새로운을 창조하는가를 살펴보자. 이 둘의 만남은 언제나 수학의 새로운 사실들을 창조한다고 말하더라도 결코

115) 김태화(2009), 305~315쪽.

과언이 아니다. 이것의 한 예를 설명하기 위하여 오일러의 수론에 관한 한 업적으로 눈을 돌리자. 1760년경 오일러는 주어진 양의 정수 n에 대하여, n 이하의 양의 정수 가운데 n과 서로소인 양의 정수의 개수를 구하는 문제를 풀었다. 이 개수를 오늘날 종종 $\phi(n)$으로 표기하고 오일러의 ϕ-함수라 부른다. 예를 들면, n=42이면 42보다 작으면서 서로소인 양의 정수는 1, 5, 11, 13, 17, 19, 23, 25, 29, 31, 37, 41로 12개뿐이다. 따라서 $\phi(42)=12$이다. 일반적으로 $n=p_1^{a_1}p_2^{a_2}\cdots p_k^{a_k}$ ($p_1, p_2, \cdots, p_k$는 서로 다른 소수)로 주어졌다면, 다음 등식이 성립함을 밝혀보아라.[116]

$$\phi(n) = n(1-1/p_1)(1-1/p_2)\cdots(1-1/p_k)$$

4. 앞의 문제를 이용하여 $\phi(666)=216$임을 밝혀보아라. 만약 오일러의 ϕ-함수를 오일러 마스크라고 생각하면, 등식 $\phi(666)=216$의 의미는 오일러 마스크를 쓴 모든 짐승은 인간으로 탈바꿈한다는 것이다. 그러면 인간들이 오일러 마스크를 쓰면 어떤 모습인가?

5. $\phi(666)=216$을 적용하면 $\cos 216° = \cos[\phi(666)]°$로 나타낼 수 있다. 이것은 피타고라스와 오일러의 만남으로 새롭게 창조된 한 관계식이다. 이제 우리는 황금비 ϕ와 짐승의 수 666만의 관계식을 다음처럼 두 가지 방법으로 더욱 아름답게 표현할 수 있겠다.

$$-\phi = \cos[\phi(666)]° + \sin 666° \text{ 또는 } \phi = -(\cos[\phi(666)]° + \sin 666°)$$

이젠 어떤가? 이 새로운 수식 표현에 대한 의미를 생각해보아라.

6. 주석 114에 있는 성질 이외에도 사인과 코사인 그래프의 차이점과 공통점을 말하여보아라.

116) 김태화(2009), 313~315쪽, 문제 6.6.1 ~ 6.6.3의 풀이.

2.7 『국가론』의 스토리텔링

— 고대 그리스 철학자와 함께하는 바른 정치 —

나와 친구는 고대 그리스 시대로 되돌아갔다. 친구의 이름은 진塵, '먼지'였다. 누구나 흔히 보는 먼지에도 우리가 알아야 할 것이 많이 있다. 그들이 단단히 결속하고 한 곳에 뭉쳐서 만들어 놓은 땅이 인간들의 삶의 터전이 되기도 했다. 요사이는 날씨예보에서 추가된 예보가 하나 더 있다. 대기의 오염을 나타내는 (초) 미세먼지 경고이다. 마스크를 쓰고 지내는 빈도도 더 높아지고 있지만 그래도 먼지 자체는 고마운 존재다. 문제는 그 속에 함께 포함된 중금속 등 이 물질들이 문제일 뿐, 먼지 그 자체는 흙일뿐이다. 그런데 이러한 현상들을 자세히 관찰해보면 자연을 훼손하고 오염시키는 인간의 편리성에 대한 경고의 메시지일 터, 모두가 자연보호의 심각성에 대하여 각성해야 할 일이다. '천지', 즉 하늘과 땅 사이에 인간이 존재하여 양 대립세계를 다 망치고 있다. 그래서 자연은 자신을 보호하려는 본능적인 순리에 의하여, 대자연은, 신학자들은 신의 분노 또는 계시로 생각하지만, 인간에게는 재앙과 같은 돌이킬 수 없는 앙갚음을 준비하기도 한다. 미리미리 경고 차원에서 자연이 전해주는 작은 메시지들에 귀를 기울이고 경계를 놓지 말아야 할 것이다. 인간사교육도 마찬가지가 아닌가. 처음부터 크게 벌을 주려고 하지는 않는다. 여러 차례 주의도 주고 경고도 한다. 그래도 그러한 경고의 메시지들을 무시하고 계속 고집을 부린다면 마지막에는 처벌을 내릴 수밖에 없지 않던가!

나와 진이는 그리스의 아테네에 자리를 잡은 플라톤의 최초의 교육기관, 오늘날의 학원에 해당하는 '아카데미이아(Akademeia)'를 찾아가기 위하여 텔레파시 비행접시를 탔다. 그것은 친구가 연구해온 공상적 인공지능으로 만들어진 최첨단기능이 탑재된 우주선과 같은 모형이다. 그 비행접시를 타면 어떤 곳이든지 생각만 하면 시공간 순간이동이 된다. 친구는 영혼만 있으니 텔레파시 비행접시를 탈 수 있지만 난 그렇지 않다.

"걱정하지 마!"

친구 진이는 뭔가를 찾았다는 듯이 내 텔레파시를 자극했다. 그리고 오래전에 함께 읽었던 이상의 초기소설 「지도의 암실」에 있는 유체이탈(幽體離脫) 비법을 떠올렸다. 진이는 나의 텔레파시를 받아 그가 고안해 낸 영혼 이탈비법에 응용시켰다. 그러자 내 영혼도 친구가 개발한 텔레파시 비행접시에 탈 수가 있었다.

우리가 철학자 플라톤옹을 찾아간 이유는 그가 기원전 380~360년경 중기쯤에 쓴 것으로 '서양철학의 최고봉'으로 추정되는 『국가론』(총 10권의 대화체로 구성되어 있다)에 대한 궁금한 점을 직접 그에게 물어보려는 데 있었다. 친구 진이와 난 『국가론』의 기본적인 내용을 대충은 숙지했으나 플라톤은 피타고라스 학파의 영향을 어느 정도 받았다고 생각했다. 그가 쓴 『국가론』의 기본 틀의 구조가 피타고라스 3쌍 중 가장 기본이 되는 '3-4-5'와 서로 연관되어 있었기 때문이다. 플라톤 역시 피타고라스 학파에서 몸담았던 1년 남짓 짧은 기간 동안 배운 수에 대한 지식을 그대로 그가 중기에 집필했던 『국가론』에 접목한 것이 아니라 응용시켰다. 이러한 응용은 학문적인 견지에서 보면 매우 발전되고, 실용적이다. 오늘날의 컴퓨터공학처럼 순수를 뛰어넘는 응용의 힘을 보여준 사례이기에 우리는 그리스의 철학자 플라톤 선생님께 경의를 표했지만 부족한 우리에겐 너무나 궁금한 점이 많았다.

특히, 피타고라스 3쌍 '3-4-5'에 피타고라스의 정리를 적용하면 '$3^2+4^2=5^2$'이고, 앞의 세 수가 이루는 직각삼각형의 면적은 6이다. 플라톤은 이것으로부터 2승의 지수(指數)를 한 차원 더 높이고 외적인 수 '3-4-5'와 내적인 수 '6' 사이에는 $3^3+4^3+5^3=6^3$'이 성립한다고 말했다. 피타고라스의 정리로 표현된 것이 2차원적이라면 이것은 3차원적 표현이다. 어떻게 이러한 생각을 하게 되었을까? 하는 기초적인 궁금증에서부터 심도 있게 파헤친 이해하기 매우 힘든 부분들도 여전히 미스터리로 남아 있기에 직접 그를 찾아가 의견을 들어볼 용기를 냈다. 추론컨대, 플라톤의 생각은 피타고라스 학파의 순수한 수학적 지식을 철학에 접목하고 응용시킨 하나의 예로 매우 값진 보물이라고 진이와 난 결론을 내렸다. 그래서 친구와 함께 그 뿌리를 찾아가 보는 일도 매우 재미있는 여행이라 생각했다.

친구와 내가 아테네의 서쪽 교외 아카데모스(Akademos)의 숲에 세워진 아카데미이아를 찾아갔을 때는 벌써 날이 저물어가고 있었다. 플라톤의 출생과 사망일은 정확하지 않다. 어떤 학자는 기원전 428 또는 427년에 출생했다고 하고 또 다른 학자는 기원전 424 또는 423년에 태어났다고 하니 말이다. 어찌 되었든 그의 나이가 마흔 서너 살쯤 되는 해인 기원전 387년경에 영웅 아카데모스에게 바쳐진 원시림 근처에 아카데미이아(오늘날의 학원에 해당한다)를 설립했다고 전해진다. 친구의 도움으로 난 텔레파시 비행접시로 그곳으로 순간이동을 했다. 아카데미이아의 문 현판에는 이렇게 적혀있었다.

기하학을 모르는 자는 이 문 안에 들어오지 말라.

플라톤의 아카데미이아에서 가르치는 주요과목은 오직 4가지의 과목, 산수, 천문학, 기하학과 그리고 음악이었다. 그는 이들 교과목만 학습할 가치가 있다고 생각했다. 이 4가지 과목에 대한 지식도 난 어느 정도 친구와 공유하고 있었고, 문 위의 현판에 적힌 일화도 이미 알고 있었기에 부담감이 적었지만, 친구는 순간 멈칫했다. 친구의 갑작스러운 몸짓에 난 기하학은 누구나 알 수 있는 것이라고 말했다. '기하(幾何)'라는 단어에는 영어의 'How' 또는 'What'이 동시적으로 잠재해 있으니 그것만 알면 괜찮다고 말했다. 친구는 신춘문에 소설을 쓴다고 인문학적으로 이 두 단어의 사용을 많이 사용해봤다. 우리는 별다른 걱정을 하지 않고 아카데미이아로 걸어 들어갔다. 우리가 오는 것을 미리 통지를 받았다는 뜻이 어깨가 떡 벌어진 강한 체구를 지닌 백발노인이 우리 앞에 나타났다. 친구와 난 그가 플라톤임을 금방 알아차렸다.

“3 4 5”

플라톤이 우리를 향하여 크게 소리를 질렀다. 그가 그의 아카데미이아에서 친구와 나를 맞이하는 첫인사가 ‘수’의 대화체 문답식으로 시작되었다.

“피타고라스 삼각형, 직각삼각형.”

수학자인 나는 곧바로 대답했다. 그렇게 말하자 플라톤은 다시 말을 이었다.

“기본을 삼각형에 두고 +1씩 증가하면 한층 더 높이 오를 수 있네.”

라고 물었을 때, 친구 진이는 곧바로

“단계는 ‘정의’라는 이데아를 찾아갑니다.”

라고 답을 했다. 그러자 플라톤은 이마에 곤두선 긴장을 풀고 우리를 아카데미이아 안으로 안내했다. 따뜻한 찻잔 그릇에서 김이 모락모락 일어나고 있었다. 우리를 안내했던 플라톤은 어디론가 급히 나갔고, 이름을 알 수 없는 진한 허브향이 코를 자극했다. 주위는 갑자기 침묵의 소리로 가득 채워져 있는 듯 무거운 정적이 우리 주위를 감돌고 있었다.

플라톤의 『국가론』에서는 ‘3’은 바로 국가를 구성하는 세 가지의 밑바탕에 해당하는 구성요소를 말한다. 그것은 국가의 구성을 위해 꼭 필요한 ‘통치자’(왕), ‘수호자’(군대), 그리고 ‘생산계급’(농민, 수공업자, 상인 등)을 말한다. 그들에게는 각각 하나의 덕목이 요구되었다. 통치자가 올바른 정치를 하려면 지혜가 필요했고, 수호자들에겐 자신의 국가를 다른 국가의 침략으로부터 수호하는 데는 그들의 기개와 용기가 요구되었다. 그리고 노동과 생산을 수행하는 사람들에게는 본능을 자제하는 절제가 요구되었다. 또한, 이들 모두에게는 이러한 것을 바르게 사용하는 정의(올바름)가 공통으로 요구되었다. 그래서 플라톤이 ‘플러스 1의 증가'라고 표현한 것은 바로 '정의'였다. '3'에 해당하는 세 계급, '통치자/수호자/생산자'가 올바른 한 국가를 건설하는데 요구되는 공통덕목이 '정의'라는 순수한 이데아였다. 이렇게 하여 국가는 4가지 덕의 규범을 갖출 수 있었다. '3'에서부터 '+1'의 단계를 높여감으로 '4'를 얻었다. 이 4는 바로 엠페도클레스의 4원소, 즉 '불, 공기, 물, 흙'을 상징하기도 하며, '봄, 여름, 가을, 겨울'의 4계절을 표상하기도 한다. 수학적으로는 다음처럼 '3'을 상징하는 도형, 삼각형(△)의 변과 꼭짓점을 각각 '플러스 1' 증가시킨 사각형(□)을 의미하기도 했다.

도형	삼각형(△) → 사각형(□)
변의 수	3 (+1) → 4
꼭짓점의 수	3 (+1) → 4

이처럼 +1의 논리는 철학적 관점에서 수많은 비유를 탄생시킬 수 있다. 더욱이 두 수 3과 4는 집을 짓는데, 기초로 사용되는 주춧돌이다. '피타고라스의 정리'라는 도구를 사용하면 곧바로 '$3^2+4^2=5^2$라는 관계식으로부터 새로운 하나의 수 5를 얻는다. 이렇게 탄생한 수 5는 마지막 국가라는 직각삼각형의 집을 완성한다. 이제 연속하는 세 수 '3-4-5'로 둘러싸인 직각삼각형은 그 이면에 면적을 나타내는 수 6을 품고 있다. 신적인 주기의 수로 인간의 눈에 잘 띄지는 않지만, 직각삼각형 전체를 상징한다. 창세기에서 신이 6일 만에 이 세상을 모두 만들고, 그다음 날인 7일째 하루는 휴식을 취하였다고 하지 않았던가? 피타고라스 학파는 6이 자기 자신을 제외한 진약수들의 합(6=1+2+3)이라는 의미로 최초의 완전수라고 불렀다. 우주 만물의 탄생에는 신적인 완전한 주기가 따른다는 플라톤의 주장에는 피타고라스 학파의 수비학적인 수 분류에 대한 인식이 그대로 『국가론』속에 잠재되어 있다. 친구 진이와 나는 이러한 『국가론』에 대한 고찰에서 제8권에서 스승인 소크라테스의 입을 빌려 쇠퇴하고 패망하는 국가의 통치를 언급하면서, 유별나게 플라톤이 고민했던 수, 즉 인간탄생주기를

나타내는 수 216(피타고라스 학파는 영혼의 환생 주기로 생각했다)에 대한 고찰은 절대로 가볍게 넘겨버릴 것이 아니었다. 그래서 오늘 이렇게 친구와 난 과거 그리스 시대로 되돌아와서 그 누구도 모르는 숨겨진 플라톤의 베일을 좀 벗겨보려고 그의 아카데미아에 나타났다. 아니다. 우리가 그를 뵙고자 이곳을 찾아왔다.

아카데미아의 방을 아무리 둘러보아도 인적이 없는 고요한 정적이 감돌고 있었다. 플라톤이 찻잔의 받침대로 사용했던 나무판자 위에는 그가 그동안 집필해 왔던 누렇게 색이 바랜 파피루스 두루마리가 어지럽게 이리저리 흩어져 있었다. 이 광경은 일찍이 정치는 접고 오로지 교육과 책들만 집필하고자 했던 그의 흔적들이다. 다시 그가 그의 방으로 되돌아왔다. 마흔 서너 살부터 백발노용이 될 때까지 아카데미아를 운영하고 있었으니, 위인다운 자태가 떡 벌어진 양어깨와 강한 골격으로부터 풍겨 나왔다.

"자네들이 날 찾아온 이유가 무엇인가?"

"위대하신 선생님이 집필하신 책 『국가론』의 원본을 한 번만 보고 싶습니다."

"그게 어디 있더라. 그런데 책 열 권을 다 보자는 것은 아니지?"

"제8권만 보면 됩니다."

선생님은 산더미처럼 쌓아놓은 파피루스 뭉치들을 육중한 몸으로 이리저리 옮기고 있다. 제법 시간이 흘렀다. 우리를 향해 고개를 갸우뚱하면서 분명히 '여기 어딘가 있었는데'라고 혼잣말을 내뱉었다. 친구도 나를 보고 고개를 갸우뚱했다. 직감적으로 너무 오랫동안 내버려 둔 결과 누군가가 몰래 (한 번 읽어보려고?) 가져갔다가 도로 돌려놓지 않았나 보다. 아니면, 너무 많은 파피루스 뭉치들 때문에 기억이 가물가물하여 정말 못 찾고 있을지도 모른다고 생각했다.

"미안하네. 그걸 못 찾겠네. 다른 권은 다 있는데 8권만 속 빠졌군. 도대체 8권의 어떤 문맥이 문제가 되었기에 그 먼 동방에서 이렇게 나를 찾아왔는고?"

“예, 그럼.”

친구는 자기의 주특기인 문학적인 표현으로 입술을 틀면서 말했다.

“수학을 공부하는 저 친구랑 제8권의 신적인 탄생 주기의 수 6 다음에 언급하고 있는 인간의 탄생 주기에 대한 수 216에 대한 번역에서 서로 이해가 안 되는 부분이 있었어요. 번역과정에서 선생님이 쓴 원서를 번역자들이 의역과 설명을 곁들어 놓았는데 모두 서로 같지 않아요. 그래서 어느 것이 선생님의 진짜 생각인지를 알고 싶었어요.”

“음. 그 부분이라면 기억이 나네. 내가 써 놓고도 다시 읽으면서 좀 이상하다고 느꼈어. 여러 번 고쳤지만 내 맘에 통 안 들었어. 도대체 어떤 언어로 표현해야 할지를 몰랐네. 자네들은 오늘날의 현대식 기호학(언어학)의 체계를 배웠으니 잘 표현할 수 있었겠지만. 난 정말 힘들었네. 피타고라스 영감님께 조언을 받으러 찾아갔지만 수에 먹칠하는 사이비라고 내 작품에는 전혀 무관심했고, 읽어 보려는 시늉도 안 했네. 말하자면 문전박대를 당했지.”

플라톤 선생님은 ‘기호학’이란 용어를 우리에게 사용했다. 이것은 그 당시에는 전혀 사용하지 않은 용어이다. 그렇다면 육체만 죽어 사라지지만 남아 있는 영혼만은 그의 의지에 따라 지속해서 발전과 진보를 했나 보다. 그렇다면 영혼의 발전은 영원히 사라지지 않는다는 것인가? 이건 새로운 미스터리이다.

“그랬군요. 결국, 모호하게 당시의 언어로 표현했으니 모든 번역자가 다르게 해석할 수밖에 없었겠네요. 선생님은 분명히 무엇을 표현하려고 했지만 딱 맞는 기호를 못 찾았다는 말씀으로 이젠 이해가 됩니다.”

친구의 맞장구에 난 슬그머니 토를 달았다.

“제가 보았던 그 부분의 내용은 분명히 이집트인과 바빌로니아인들도 많이 사용했지만, 오늘날 피타고라스 삼각형이라 부르는 세 변이 ‘3-4-5’로 형성된 직각삼각형에 관한 결과를 선생님은 한 차원 높게 확장한 것으로 이해했습니다.”

"방금 했던 말이 무슨 뜻인가? 차원은 무엇이고 높다는 뜻은 뭣이 높다는 말인가?"

고대 피타고라스 학파가 했던 수비학적인 내용만 조금 탐구했던 선생님에게는 현대적 공간개념에서 사용하는 '차원'이란 수학 용어 그 자체가 받아들이기가 무척 힘들었다는 것을 곧장 깨달았다. 나는 바닥에 떨어져 있던 파피루스를 하나 집으려고 자세를 낮추자 플라톤 선생님은 눈치를 채고 곧장 책상 위에 있던 색이 바랜 파피루스 한 장을 내게 건네주었다. 난 그 위에 반사적으로 먼저 $3^2+4^2=5^2$라고 쓰고, 그 바로 밑에 $3^3+4^3+5^3=6^3$ 라고 써 놓았다.

$3^2+4^2=5^2$

$3^3+4^3+5^3=6^3$

"보세요, 위에는 제곱수로 아래는 입방수로, 한 개의 결과를 얻기 위해 사용된 수의 개수가 처음 것은 3과 4 둘이고 나중 것은 3, 4와 5, 세 개로 하나 더 많아졌지요? 이러한 행위를 공간 좌표계에서 수행하면 피타고라스 삼각형은 평면 위에 그려지고 반면에 입방수로 표현된 것은 한 차원 높은 공간 속의 어떤 도형으로 그려진다는 뜻이지요."

"지수 2보다는 지수 3이 한 차원 더 높다는 말이군."

"예, 그렇습니다. 선생님은 『티마이오스』라는 대화편에서 피타고라스가 우주의 근원적인 물질을 수라는 일차적인 것으로 고찰했다면 선생님은 오늘날 플라톤 입체라고 부르는 다섯 가지 정다면체를 우주의 물질들과 하나씩 하나씩 대응시켜 설명하셨지요. 그런데 피타고라스가 "만물=수"라고 함에 있어 신적인 수 1을 그 시작으로 했던 것과 유사하게 제일 먼저 선생님은 정삼각형(△)이란 2차원적인 면으로 시작했습니다. 선보다 면이 더 확장된 개념이잖아요."

"난 그저 연로하신 이오니아의 피타고라스 선생님이 자기를 따르는 제자들에게 말씀하셨지. 우주를 구성하고 있는 모든 천체의 사이클은 신적인 수로 완전하다. 반면에 인간들은 태어나지만 명이 다하면 비록 육체는 사라지지만 영혼은 다시금 다른 육체를 빌려서 환생한다고 했어. 그러면서 그가 내게 알려주었던 영혼의 환생 사이클 주기가 216(=6^3, 영혼 입방체)년이라고 말했던 것으로 알고 있네. 그걸로 선생님의 지고한 수의 사랑에 내가 장난을 좀 쳤을 뿐, 그 이상도 그 이하도 더는 아니란 말일세."

친구와 난 순간 놀랐다. 피타고라스 문하에서 수학을 잠시 배웠다고는 하지만, 장난치고는 그 수 '3-4-5'를 갖고 지수를 한 단계 높여가고 하나의 감추어진 수 6과 결부시켜 새로운 수, 즉 인간 영혼의 환생 주기의 숫자로 알려진 $216=6^3$이라는 6의 입방(cubic) 수를 찾아낸 아름다운 등식 '$3^3+4^3+5^3=6^3$'을 발견한 것은 피타고라스의 정리인 '$3^2+4^2=5^2$'보다는 수에 대한 1차원 확장된 논리식이라고 생각했다. 비록 피타고라스 학파의 영향을 받았기에 가능하다고 생각은 했지만, 그가 지수를 한 단계 높여가고 '3-4-5'라는 피타고라스 삼각형 속에 감추어져 있는 면적($(3\times4)/2=6$)을 뜻하는 첫 번째 완전수 '6'(=1+2+3)과의 관계를 연속적인 수들로 나타냈을 뿐 아니라 수 216은 피타고라스 학파가 인간 영혼이 환생하는 주기의 수라고 했던 것에 대하여 그는 하나의 새롭고 조화로운 수의 비밀을 발견했다.

무엇보다 피타고라스의 삼각형 '3-4-5'를 국가와 비유하여 앞에서 설명했던 것을 여기서 회상해 보면, 한 국가를 형상하는 최소의 기본단위가 '왕-수호자-생산자'를 상징하는 수 3이고, 이 세 계급이 각각 지켜야 할 세 가지 기본 덕목(지혜–용기–절제)에 공통요소인 '올바름(정의)'의 덕을 하나 더 추가(+1)하여 3+1=4라는 숫자를 창조했다고 말했다. 이제 두 개의 수 3과 4를 축으로 하여 탄생시킨 직각삼각형의 빗변 5를 국가를 통치하는 다섯 가지의 정치유형에 일치시켜 논리를 전개했던 그의 책 『국가론』의 제8, 9권의 이야기가 불현듯 머릿속을 스쳐 갔다 (2.6절 2)의 마지막에 설명했던 것을 참고하여라).

플라톤은 수호자 계급 중에서 올바른 성품에 철학적 지성을 갖춘 사람이 왕이 되어 국가를 통치해야 한다는 철인정치를 다섯 가지 정치유형 중에서 최고의 올바른 정치라고 주장했다. 이러한 생각은 아마도 기원전 431~404년에 있었던 아테나이(고대 그리스의 아테네)와 스파르트테(스파르타) 사이의 펠로폰네소스 전쟁(BC431~BC404)에서 아테나이가 패하면서 스파르타가 세운 '30인 참주'들의 폭정으로 참주 정치에 분노를 느꼈었고, 이어서 이들을 축출하고 세운 민주제 지지자들에 의해 스승인 소크라테스가 기원전 399년에 정치적 희생양으로 사형을 당하는 것을 목격한 젊은 28세의 플라톤은 큰 충격을 받고 민주정치에 대한 반감을 품었다. 그 후 정계 진출의 꿈을 버리고 오직 철학을 통해 사회의 병폐를 극복할 결심을 굳혔다. 그래서 철학자가 통치자가 되든지 통치자가 철학자가 되기 전에는 사회가 올바르게 정화될 수 없다는 확신을 품고 철인정치를 주장했다. 강력한 도덕적 규범과 헌법이 없던 플라톤 시대에서는 그것이 최고의 선택이었으리라! 오늘날 헌법이라는 규범이 보완된 민주정치와 비교하면 이 선택은 탁상공론에 불과하다고 여겨지겠지만, 그러한 다섯 가지 정치 분류와 착상 자체는 정말 새롭고 탁월했다. 응용의 측면에서 볼 때, 이러한 착상은 피타고라스의 생각을 한 단계 더 발전시킨 것으로 그동안 친구와 나를 무척 놀라게 했다. 그런데 플라톤 선생님은 바람에 흩어진 긴 백발을 손으로 빗어 내리면서 피타고라스의 생각에 그저 장난을 좀 쳤다고 말하니 그 얼마나 겸손한 대답인가. 친구는 플라톤의 학당으로 오기 전에 『국가론』의 내용을 여러 번 정독했고 나와 수학적인 토론도 심도 있게 거쳤다. 그랬지만 여전히 의혹이 있는 부분인 '인간의 수'에 이어 등장하는 모호한 표현에 대해 여러 다른 주석들이 첨가된 번역서들의 내용을 참고하여 친구는 우회적으로 콕 찔러 물었다.

"선생님께서는 국가를 번성케 하려면 정방형으로 국가의 네 경계의 땅(국토)이 똑같이 유지해야 한다고 말씀하시고 장방형이 되면 결국에는 작은 변이 점점 쇠퇴하여 땅을 다른 나라에 빼앗기게 된다고 말씀하셨습니다. 이것은 어째서 그렇습니까?"

"아, 그 부분 말이군, 내가 힘들게 국가의 번영과 쇠퇴를 인구의 증가와 감소에 있음을 주목하고 말했던 것 같네. 자네가 잘 이해를 하고 있군. 말로 하는 행위는 진리가 될 수 없네. 정치야말로 제대로 말로 하는 말장난이 아니던가? 그래서 정치는 통치자가 바뀔 때마다 언제든지 자기의 집권이익을 지켜내기 위하여 수단과 방법을 가리지 않고 본보기가 필요하단 말이야, 다시 말해 희생양이 꼭 필요한 거야. 이러한 행위는 내가 책에서 이미 말한 정의가 부재한 정치형태가 아닌가? 그래서 나 역시, 정치적으로는 누구에게도 죄가 없는 나의 스승 소크라테스 옹이 처형당하는 현장을 목격했다네. 그래서 내가 고심을 하고 수학적 언어를 사용했던 거야. 정치인들은 내가 말한 그 이면을 파악할 수 없도록 말이야. 그렇게 정방형이니 장방형이니 하고 진의를 엄폐해 놓았지. 수학자인 자네 친구가 볼 때는 비논리적인 노인네가 횡설수설 지껄여 놓은 것으로 보겠지만, 이처럼 수학적 도형을 갖고 와서 은유적으로 서술하면 아무래도 무관심할 테니 말이네. 그 글을 보고 자네처럼 이해하고 이렇게 질문한 사람은 여태 아무도 없었네."

친구는 평소 존경해 왔던 노옹(플라톤 선생님)의 칭찬에 기분이 들떴다. 연이은 질문도 비수처럼 또다시 그에게 꽂혔다.

"선생님은 수학자인 이 친구가 그러던데 선과 면의 차이점은 선은 면적이 없지만, 면은 그 면적을 갖고 있다고 했어요. 선생님은 이러한 관점에서 만물의 기본인 흙(땅, 국토), 인간의 생활 터전인 의식주를 지탱해주는 땅의 구성인자 흙을 신적인 완전한 주기를 갖는 6개의 정방형(정사각형)의 면으로 구성된 입체(정육면체)에 비유했어요. 이것은 오늘날 선생님 이름이 붙여진 다섯 가지 플라톤 입체 중에서 가장 안정된 입체이지요. 그래서 이 입체의 '가로-세로-깊이'의 세 방향으로 똑같은 길이인 신적인 주기의 수 6으로 하나의 인간의 집을 짓고 있다는 의미로, 6×6×6=216을 '인간의 수'라고 말하지 않았나요? 아마도 인간의 영혼이 216년마다 환생한다는 피타고라스의 이야기보다는 이게 더 설득력이 있는 것 같아요. 아닌가요?"

"자네는 냉철한 지혜를 가졌군. 나도 현자 티마이오스의 입을 빌려 통상적인 다섯 개의 입체, 자네가 오늘날 내 이름을 붙여 플라톤 입체라고 했던가?"

"예, 그렇게 부르고 있습니다."

친구 진이와 플라톤 선생님의 질의응답을 보면서 나는 그리스의 현인 티마이오스(Timaios)의 입을 빌려 우주 창조에 이어 입체들을 네 가지 몸(불-공기-물-흙)에 배정했던 부분의 내용에 대해 내가 오래전에 읽어보았던 플라톤의 역서에 있는 다음 인용 부분을 머릿속에 떠올려 보았다.

> 먼저 흙에는 입방체를 배정하기로 해요. 흙은 네 가지 부류 중에서 가장 덜 움직이고 네 가지 물체 중에서 가장 조형성이 높은데, 이런 것들은 가장 안정된 면(面)들을 가진 도형의 특징이니까요. 또한, 우리가 처음에 가정한 삼각형들 가운데 이등변삼각형의 면이 본성상 부등변삼각형의 면보다 더 안정되어 있어요. 또한, 이 두 가지 삼각형들로 구성된 평면도형들 가운데 등변사각형이 본성상 부분들에서나 전체적으로나 등변삼각형보다 더 안정된 면을 갖고 있습니다.
>
> 따라서 이 도형을 흙에 배정하면 우리 설명이 그럴듯해지겠지요. 한편 우리는 나머지 도형들 가운데 가장 덜 움직이는 것을 물에, 가장 잘 움직이는 것을 불에, 그 중간 것을 공기에 배정할 것입니다. 또한 가장 작은 물체를 불에, 가장 큰 물체를 물에, 그 중간 것을 공기에 배정하는가 하면, 가장 모난 것을 불에, 두 번째로 모난 것을 공기에 세 번째로 모난 것을 물에 배정할 것입니다. 이 모든 도형 중에서 면이 가장 적은 것이 가장 잘 움직일 수밖에 없는데, 가장 적은 수의 같은 부분들로 구성되어 있기 때문이지요. 두 번째 것이 이런 점들에서는 두 번째이고, 세 번째 것이 이런 점들에서 세 번째입니다. 그렇다면 그럴듯할뿐더러 올바르기도 한 우리 설명에 따라 우리가 구성한 입체도형들 가운데 피라미드형을 불의 요소 또는 씨라고 합시다. 우리가 구성한 도형들 가운데 두 번째 것은 공기의 요소 또는 씨이고, 세 번째 것은 물의 요소 또는 씨라고 말하기로 해요.117)

위인용에서 언급했던 내용에 따라 4원소(불–공기–물–흙)와 플라톤 입체에 관한 도표를 만들어 선생님에게 보여주었다.

4 원소	플라톤 입체	면의 모양	면의 수	모서리 수	꼭짓점 수	무게↔움직임 부피↔움직임
불	정 4면체	△	4	6	4	1(가볍다, 작다↔빠르다)
공기	정 8면체	△	8	12	6	2 (다음 순서)
물	정 20면체	△	20	30	12	3 (그다음순서)
흙	정 6면체	ㅁ	6	12	8	4(무겁다, 크다↔느리다)

"이것 참 잘 요약했군. 그러고 보니 훨씬 쉽게 파악되네."

"이렇게 세월이 흘렀네요. 컴퓨터에서 곧장 만들었어요."

"컴퓨터라고?"

선생님은 처음 듣는 단어인지라 꽤 놀라는 표정을 지었지만, 친구는 별 대수롭지 않은 듯 무시해 버렸다.

"선생님, 현실에서 바른 정치가 가능하나요?"

선생님은 친구의 엉뚱한 질문에 쓴웃음을 지으며 단호하게 대답했다. 그것은 마치 자신이 일찍 정치입문을 포기했던 이유라고 악센트를 두는 듯 무거운 몸짓을 치켜세웠다.

"바른 정치란 없다. 과거에도 없었고 지금도 앞으로도 없단다. 그저 꿈같은

---

117) Plato, 『플라톤의 다섯 대화편』, 천병희 옮김(2016), 372~374쪽.

희망일 뿐이지. 정치에 발을 멀리하는 것이 나처럼 자신을 지키는 일이지. 세상은 서로 잡아먹고 먹히는 것이지. 잡아먹는 자만이 살아남네. 먹히면 모든 게 끝장이지. 그러한 세상에서 살아남으려면 내가 좋아하는 것에 삶의 목표를 세우고 자네 수학자라 했나? 자네처럼 자기만의 진리를 쫓는 일에 전념하는 것이 더 낫지 싶네. 그렇다고 모두 다 피할 필요는 없지. 그저 물이 흐르듯, 흙이 존재해 있듯, 공기가 코와 입으로 들락날락하듯이 정치엔 너무 개입하지 말고 여생을 살아가게나. 불이 확 타오르듯이 행동하지 말고, 여유를 갖고 천천히 자신의 삶을 조절하면서 앞으로 나아가게."

"고맙습니다. 잘 들었습니다."

친구와 나는 동시에 응답했다. 우리가 작별을 고하고 텔레파시 비행접시가 있는 곳으로 막 떠나려고 할 때, 플라톤 선생님은 얼굴에 미소를 짓고 있었다. 마치 그것은 자기 제자들을 대하듯 진지하게 자신의 속마음을 우리에게 털어내겠다는 암시였다.

"지금 고백건대, 내가 집필했던 『국가론』의 제8권을 못 찾은 게 아니네. 골치 아픈 내용인지라 그냥 오래전에 없애버렸다. 이젠 그런 남들의 번역에 너무 집착지 말고 자네들의 새로운 의견이 난 더 좋네. 그걸로 내 대답을 대신에 해주게."

"선생님의 마지막 조언과 더불어 베일에 싸인 진심을 말씀해 주셔서 감사합니다." 진이는 대답했다.

"잘 가게! 그럼, Adieu ~"

진이와 나는 동시에 "예"라고 대답했다. 그랬다. 벌써 여명이 어둠의 그림자를 찾고 있었다. 『국가론』의 비밀을 파헤쳐보고자 고대 그리스로 시간여행을 서둘렀던 수유의 기억이 등진 채로 차츰 멀어져가는 플라톤 옹의 뒷모습을 멍하니 붙잡고 있다.

친구는 플라톤 선생님이 마지막에 내 뱉은 'Adieu~'가 '영원한 작별'을 고하는 메아리가 되어 다시 궈전을 울릴 때, 우리가 타고 온 텔레파시 비행접시가 있는 보이는 곳으로 내 팔을 잡아끈다. 그것은 친구가 '3-4-5'의 피타고라스의 삼각형의 세 변을 휘어지게 구부려 만든 우측 그림처럼 생긴 비행접시이다. 다시금 우리는 그것을 타고 처음 출발했던 자리로 되돌아갔다.

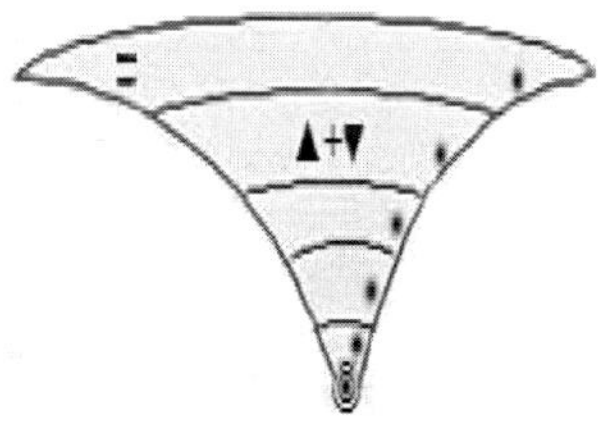

스스로 배우는 코너 2.7

1. 고대 자연 철학자인 플라톤은 우주를 구성하는 엠페도클레스의 4원소(불, 공기, 물, 흙)를 다음처럼 입체에 결부시켜 생각했다.

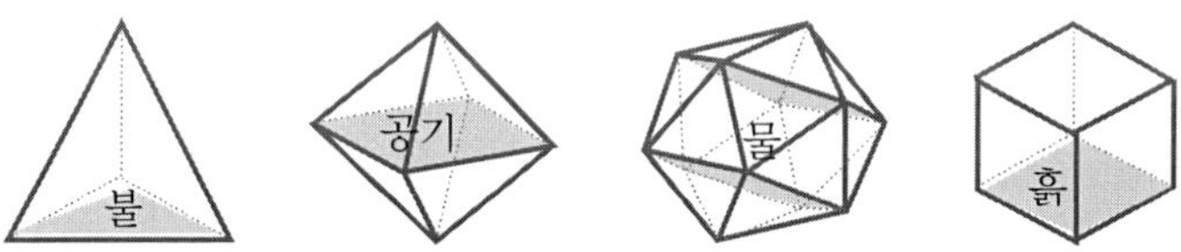

그의 수제자인 아리스토텔레스는 스승의 생각을 계승하여 4원소들을 무게에 따라 가벼운 것에서부터 무거운 것으로 '불 → 공기 → 물 → 흙'의 순으로 배열했다. 그런 후 그는 각 원소에 두 가지의 속성을 부여하여 서로 다른 두 원소 사이의 천이 과정을 주목했다.

이제 그 관계를 표로 나타내어보면 다음과 같다.

4 원소	이중 성질	천이과정
불	차다 · 습하다	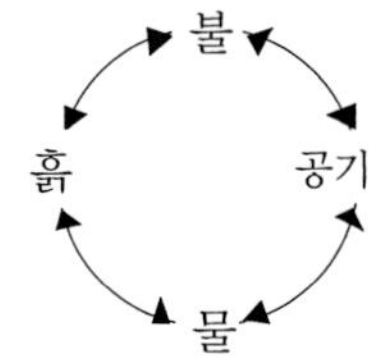
공기	습하다 · 뜨겁다	
물	건조하다 · 뜨겁다	
흙	건조하다 · 차다	

왜? 두 원소 사이의 천이 과정이 위의 그림에 있는 화살표 방향으로 변화되는지를 인터넷 또는 필자의 책118)을 찾아 읽어보고 그 이유를 밝혀보아라. 더욱 아리스토텔레스가 위의 표처럼 부여한 무게에 대한 이중성을 다른 속성으로 바꿀 수는 없는가? 그렇게 바꾸었을 때는 표의 천이 과정이 어떻게 되는지를 말하여보아라.

2. 플라톤이 『국가론』에서 이데아(영원하고 불변하는 사물의 본질적인 원형)의 본질과 기능을 이해하는 절차로, 마음이 네 단계('무지' → '의견' → '이성'(지식) → '지성')의 단계로 성장한다고 말했다. 해당 부분을 찾아 자세히 요약 • 발표한 후 서로 토론하여라.

2.8 「티마이오스Timaios」

플라톤의 대화편 중에 「티마이오스Timaios」(또는 Benjamin Jowett의 영어번역은 「티메이우스Timaeous」)에는 음악의 음계 또는 화음과 연관된 부분과 우주 창조 과정을 수학 도형(오늘날 플라톤 입체라고 말한다)으로 설명하는 부분이 등장한다. 먼저 음악의 음계와 화음에 연관된 부분을 살펴보자. 일관성에 비추어 2.6절 『국가론』에서

118) 김태화(2009), 57~58쪽

언급했던 벤저민 조웻(Benjamin Jowett)의 영어번역[119]과 『플라톤의 다섯 대화편』[120]을 번역했던 천병희의 한글 번역을 함께 인용한다.

1) 음악의 음계와 화음

플라톤의 「티마이오스」에는 오늘날 '플라톤 람다' 또는 플라톤의 테트라크티스라고 불린 1, 2, 3, 4, 9, 8, 27이란 7개의 수가 음악의 화음과 연관되는 내용을 설명하는 대목이 다음처럼 등장한다.

> And he proceeded to divide after this manner: —First of all, he took away one part of the whole (1), and then he separated a second part which was double the first (2), and then he took away a third part which was half as much again as the second and three times as much as the first (3), and then he took a fourth part which was twice as much as the second (4), and a fifth part which was three times the third (9), and a sixth part which was eight times the first (8), and a seventh part which was twenty-seven times the first (27). After this he filled up the double intervals (i.e. between 1, 2, 4, 8) and the triple (i.e. between 1, 3, 9, 27) cutting off yet other portions from the mixture and placing them in the intervals, so that in each interval there were two kinds of means, the one exceeding and exceeded by equal parts of its extremes (as for example 1, 4/3, 2, in which the mean 4/3 is one-third of 1 more than 1, and one-third of 2 less than 2), the other being that kind of mean which exceeds and is exceeded by an equal number (e.g.
>
> - over 1, 4/3, 3/2, - over 2, 8/3, 3, - over 4, 16/3, 6, - over 8: and
>
> - over 1, 3/2, 2, - over 3, 9/2, 6, - over 9, 27/2, 18, - over 27.
>
> Where there were intervals of 3/2 and of 4/3 and of 9/8, made by the

119) Plato, *Timaeous*, Translated by Benjamin Jowett.

120) Plato, 『플라톤의 다섯 대화편』, 천병희 옮김(2016).

connecting terms in the former intervals, he filled up all the intervals of 4/3 with the interval of 9/8, leaving a fraction over; and the interval which this fraction expressed was in the ratio of 256 to 243 (e.g.

243:256::81/64:4/3::243/128:2::81/32:8/3::243/64:4::81/16:16/3::242/32:8.

And thus the whole mixture out of which he cut these portions was all exhausted by him.121)

그분은 혼합물을 다음과 같이 나누기 시작했습니다. 먼저 전체에서 한 부분을 떼어내고, 다음에는 첫 번째 부분의 2배 되는 부분을, 다시 세 번째로 두 번째 부분의 1.5배이자 첫 번째 부분의 3배를, 네 번째로 두 번째 부분의 2배를, 다섯 번째로 세 번째 부분의 3배를, 여섯 번째로 첫 번째 부분의 8배를, 일곱 번째로 첫 번째 부분의 27배를 떼어냈습니다. 그러고 나서 그분은 2배인 것들의 간격과 3배인 것들의 간격을 다음과 같은 방법으로 메웠습니다. 본래의 혼합물에서 부분들을 더 떼어내 간격들을 메우며 간격마다 두 개의 중간 것이 자리 잡게 하되, 하나의 중간 것은 양 끝수들의 분수만큼 한 끝수보다는 많고 다른 끝수보다는 적게 하고, 다른 중간 것은 같은 수만큼 한 끝수보다는 많고 다른 끝수보다는 적게 했습니다. 이런 연결 항들은 원래의 간격들 안에 3:2, 4:3, 9:8의 간격을 만들었습니다. 이어서 그분은 모든 4:3 간격을 9:8 간격으로 메우며 번번이 작은 부분을 남겼는데, 남은 부분의 간격은 256:243의 수적 비율을 갖게 되었습니다. 그리고 그 단계에서 그분이 이런 부분들을 잘라낸 혼합물은 완전히 소모되었습니다.122)

앞 번역에서 '전체에서 떼어낸 한 부분'('he took away one part of the whole')을 $2^0=3^0=1$라 두면, 그다음에 언급한 수들을 차례로 써보면 플라톤 람다의 전체 수(1 2 3 4 9 8 27)이 얻어진다. 이것을 2의 거듭제곱으로 구성된 짝수군 ($2=2^1$ $4=2^2$ $8=2^3$)과 3의 거듭제곱으로 구성된 홀수군 ($3=3^1$ $9=3^2$ $27=3^3$)으로 배열하면 1을 기준으로 좌우 두 개의 가지가 람다(Λ)모양으로 뻗어가고 있음을

121) Plato, *Timaeous*, Translated by Benjamin Jowett. p. 15.

122) 천병희 옮김(2016), 335~336쪽.

관찰할 수 있다.

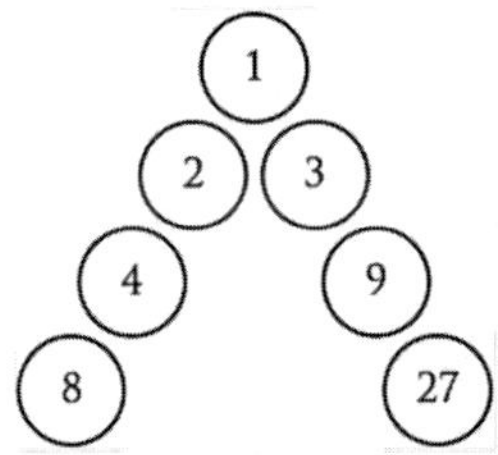

그림 2.3 플라톤 람다(Λ)

이제 앞 인용 중 두 종류의 평균(조화평균, 산술평균)에 대한 부분을 살펴보자.

> in each interval there were two kinds of means, one exceeding and exceeded by equal parts of its extremes, the other being that kind of mean which exceeds and is exceeded by an equal number.
>
> 하나의 중간 것은 양 끝수들의 분수만큼 한 끝수보다는 많고 다른 끝수보다는 적게 하고, 다른 중간 것은 같은 수만큼 한 끝수보다는 많고 다른 끝수보다는 적게 했습니다.

앞 인용은 수학적으로 조화평균[123](one)과 산술평균[124](the other)을 차례로 묘사하고 있다. 영어번역을 중심으로 먼저 조화평균을 살펴보자. 양 끝수를 $a, b(a < b)$라 하자. 그리고, ax, bx(equal parts of its extremes)는 양 끝수 a, b의 증가(exceeding), 감소(exceeded)가 되는 값이다. 그러므로 조화평균(one)은 수식 $a + ax = one = b - bx$라는 것이다, 여기서 x($0<x<1$)은 일정한 비(한글 번역의 '분수'에 해당한다)를 나타낸다. 먼저 미지의 값 x을 구하면 $x = (b - a)/(a + b)$이다.

---

123) 0이 아닌 두 수 a와 b의 조화평균(harmonic mean)은 두 수의 역수 $1/a$과 $1/b$의 산술평균 $(1/a+1/b)/2=(a+b)/(2ab)$의 역수로 정의되므로 $(2ab)/(a+b)$가 된다. 여기서는 $a=6$, $b=12$이므로 조화평균은 8이다.

124) 두 수 a와 b의 산술평균(arithmetic mean)은 $(a+b)/2$이다. 여기서는 $a=6$, $b=12$이므로 산술평균은 9가 된다.

이 값을 주어진 식($a+ax$ 또는 $b-bx$)에 대입하면 조화평균(one)의 식이 다음처럼 곧바로 얻어진다.

$$a+ax=a+a\left(\frac{b-a}{a+b}\right)=\frac{a(a+b)+a(b-a)}{a+b}=\frac{2ab}{a+b}$$

반면에 주어진 두 수 a, b의 산술평균(the other)은 끝점 a, b의 중점으로 $(a+b)/2$이다. 영어번역의 어떤 똑같은 수(an equal number)는 $(a+b)/2-a=(b-a)/2$이다. 예컨대, 끝수들이 a=6과 b=12일 때 조화평균은 2ab/(a+b)=8이고 산술평균은 (a+b) /2=9이다. 분명히, 조화평균 8은 6의 1/3(=2)만큼 한 끝수인 6보다 많고, 12의 1/3(=4)만큼 다른 끝수인 12보다는 적다. 반면에 산술평균 9는 같은 수 3만큼 6보다는 많고 12보다는 적다는 것을 알 수 있다. 이제 그다음 인용 중 다음 부분을 살펴보자.

> Where there were intervals of 3/2 and of 4/3 and of 9/8, made by the connecting terms in the former intervals,
>
> 이런 연결 항들은 원래의 간격들 안에 3:2, 4:3, 9:8의 간격을 만들었습니다.

그림 2.3의 플라톤 람다의 두 가지, 즉 2배 간격의 '(1 2 4 8)'과 3배 간격의 '(1 3 9 27)'의 각 가지(the former intervals)의 작은 구간들 [1, 2], [2, 4], [4, 8]과 [1, 3], [3, 9], [9, 27]의 각 구간 속에 조화평균, 산술평균을 포함해 차례로 계속하여 항들을 채워서 나열해보면(connecting terms) 다음과 같다.

$$1,\ \frac{4}{3},\frac{3}{2},2,\frac{8}{3},3,4,\frac{16}{3},6,8 \qquad 1,\frac{3}{2},2,3,\frac{9}{2},6,9,\frac{27}{2},18,27$$

이 플라톤 람다의 두 가지가 만들어 낸 수열에서 이웃하는 두 항의 비를 써 보면 다음과 같다.

$$\frac{4}{3}, \frac{9}{8}, \frac{4}{3}, \frac{4}{3}, \frac{9}{8}, \frac{4}{3}, \frac{4}{3}, \frac{9}{8}, \frac{4}{3} \quad \frac{3}{2}, \frac{4}{3}, \frac{3}{2}, \frac{3}{2}, \frac{4}{3}, \frac{3}{2}, \frac{3}{2}, \frac{4}{3}, \frac{3}{2}$$

이 두 수열에 나타난 비는 모두 3/2, 4/3, 9/8이다(Where there were intervals of 3/2 and of 4/3 and of 9/8). 그리고 2배 간격의 '(1 2 4 8)'의 첫 작은 구간 [1, 2]를 단순 음정[125)]이라 한다. 이 음정의 양 끝수인 1과 2의 산술평균과 조화평균에 해당하는 값은 각각 3/2 와 4/3이다. [1, 2]의 부분 음정 [4/3, 3/2]의 비, 즉 음계의 완전 4도(4/3, F음)와 완전 5도(3/2, G음) 사이의 음정에 대한 비가 (3/2)÷(4/3) =9/8이다. 플라톤의 『티마이오스』 대화편에서 등장하는 음악의 음정과 관련된 부분은 피타고라스의 음계를 말한다. 왜냐하면 플라톤이 1년쯤 피타고라스 학파에 머물렀다는 전래傳來와 이곳에서 언급된 비('3/2 and of 4/3 and of 9/8, the ratio of 256 to 243')[126)]들이 모두 피타고라스 음계와 일치하기 때문이다. 그 당시 피타고라스와 그의 학파는 실험(예를 들면, 고대 그리스의 하프 등)을 통하여 주어진 현의 길이를 1/2 (또는 2/3)로 줄이면[127)] 원래의 음에서 완전 8도 (또는 완전 5도) 높은음이 나타난다는 것을 발견했고 이 음이 원래의 소리(음)와 아름다운 하모니를 형성하기에 피타고라스 음계의 공리로 사용하였다.

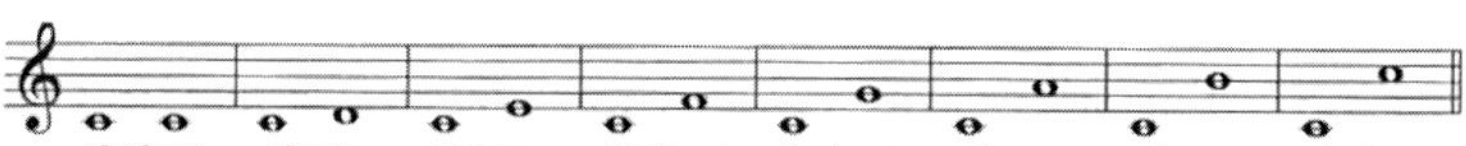

【피타고라스 음계의 공리】

1. 주어진 현의 길이를 1/2배 (진동수를 2배)하면, 완전 8도 높은음이다.
2. 주어진 현의 길이를 2/3배 (진동수를 3/2배)하면, 완전 5도 높은음이다.

---

125) 수학에서는 구간(interval)이라고 말하지만, 음악에서는 음정이라고 부른다.

126) 비 A:B(the ratio of A to B)를 분수로 A/B로 표기한다. 그러므로 9:8의 분수 꼴은 9/8이다. 영어 표현 'the ratio of 256 to 243'은 비 256:243이고 분수 꼴은 256/243이다.

127) 현의 길이는 현의 진동수에 반비례한다. 그러므로 '현의 길이를 1/2 (또는 2/3)로 줄이면' 현의 진동수는 2 (또는 3/2)로 커진다.

위의 공리에 있는 현의 진동수를 이용하여 피타고라스 음계의 완전 8도 (C–D–E–F–G–A–B–C)를 찾아보자. 처음의 C와 마지막 C는 한 옥타브[128] 차이가 난다. 그래서 옥타브 구분을 위해서 처음의 기본 C를 C_4 (Middle C)로 표기하고 한 옥타브 높은음을 C_5, 이렇게 밑 첨자를 사용하여 옥타브의 구분을 표기하기로 한다.

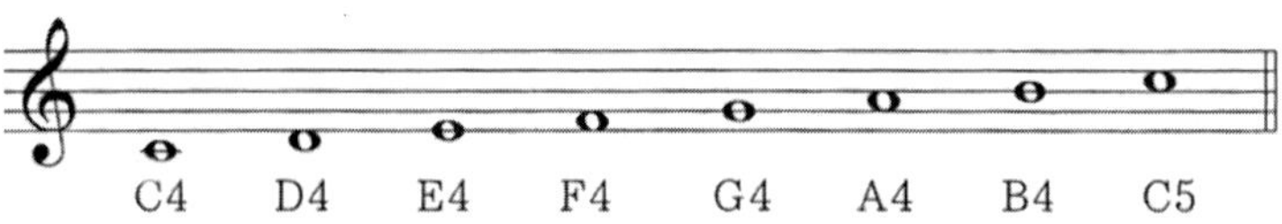

기본 옥타브를 밑 첨자 4로 쓰는 것은 다음 피아노 건반(88 Key)의 C_1~ C_7에서 C_4가 그 한가운데(middle) 위치한 것에 유래한다.

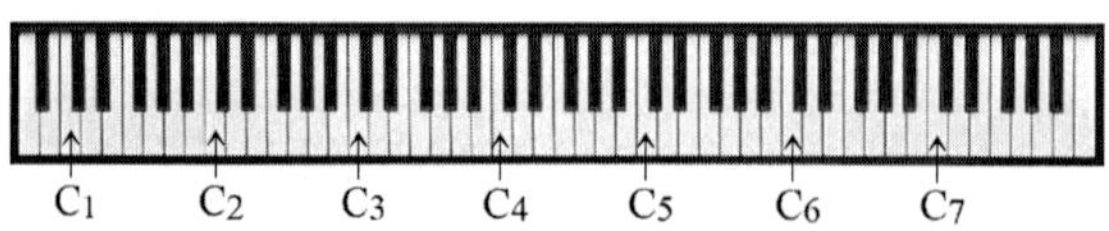

먼저 기준 음 'C_4'의 진동수를 1로 잡으면, 완전 5도 음인 'G_4'의 진동수는 3/2이다. 이 음('G_4')을 다시 완전 5도 높인 $(3/2)^2$ =9/4는 한 옥타브 높은음 'D_5'이다. 이음을 기본 옥타브로 완전 8도(1옥타브) 내린 것이 'D_4'이고 현의 진동수는 9/8[=(9/4)÷2]이다. 이제 'D_4'의 진동수를 완전 5도 높이면 'A_4'이고 진동수는 27/16[$=(9/8)\times(3/2)=3^3/2^4$]이다. 또다시 '$A_4$'의 진동수를 완전 5도 높이면 '$E_5$'이므로 이 음을 1옥타브 내린 것이 '$E_4$'이고 진동수는 81/64[$=(27/16)\times(3/2)\times(1/2)=3^4/2^6$]이다. 이 음의 진동수를 완전 5도 높이면 'B_4'이고, 진동수는 243/128[$=(81/64)\times(3/2)=3^5/2^7$]이다. 마지막 '$F_4$'의 진동수를 구하기 위하여 같은 방법으로 'B_4'를 완전 5도 높이면 '$F_5^{\#}$'가 되기 때문에 곧바로 구할 수 없다. 다른 방법으로 구해보자. 즉, C_5(진동수는 2이다)에서 완전 5도 내리면 'F_4'가 되고 진동수는 4/3[$=2\times(2/3)$]이다. 그러므로

128) 8번째를 뜻하는 'Octave'는 라틴어 'Octavius'에서 유래했다. 음악에는 8도가 한 옥타브이다.

피타고라스의 완전8도 음계에 대한 현의 진동수를 비로 나타내면 다음 표와 같다.

완전 8도 음계	C4	D4	E4	F4	G4	A4	B4	C5
현의 진동수	1	9/8	81/64	4/3	3/2	27/16	243/128	2

위의 표에서 두음 E4, F4와 B4, C5의 음높이 차이[129]의 비가 256/243이다.[130] 이제 마지막으로 다음 인용 부분을 살펴보자.

> he filled up all the intervals of 4/3 with the interval of 9/8, leaving a fraction over; and the interval which this fraction expressed was in the ratio of 256 to 243.
>
> 이어서 그분은 모든 4:3 간격을 9:8 간격으로 메우며 번번이 작은 부분을 남겼는데, 남은 부분의 간격은 256:243의 수적 비율을 갖게 되었습니다.

위의 인용에서 말하는 내용은 앞 표의 음계 중 두 음 E, F 사이의 진동수의 비 256/243(=$2^8/3^5$=(4/3)÷(81/64), 'the ratio of 256 to 243')이 남는다고 말하고 있다. 즉, 81/64=$(9/8)^2$와 나눗셈을 곱셈으로 바꾸어 표현하면 다음과 같다.

$$\frac{4}{3}=\left(\frac{9}{8}\right)^2\times\frac{256}{243}$$

다음 그림 2.4는 피아노 건반(흰건반 7개와 검은 건반 5개)과 함께 단순 음정 [1, 2]

129) 오선지의 아래에서 위로 올라갈수록 현의 진동수는 커지고, 반면에 현의 길이는 짧아진다. 두 음 X_1, X_2의 현의 진동수를 각각 f_1, f_2, $f_1 < f_2$ (또는 현의 길이를 각각 a_1, a_2, $a_1 > a_2$)라 할 때, 이 두 음높이 차이의 비는 $f_2 : f_1 \Leftrightarrow f_2 \div f_1 \Leftrightarrow f_2/f_1$ (또는 $a_2 : a_1 \Leftrightarrow a_2 \div a_1 \Leftrightarrow a_2/a_1$)이다. 두음의 음높이의 차이를 나눗셈으로 계산하는 이유는 예를 들면, 두 음 C4, G4(C4를 완전 5도 높인 음)과 C5, G5(C5를 완전 5도 높인 음)의 음높이 차이의 비는 서로 똑같아야 한다. C4, G4와 C5, G5의 진동수는 1, 3/2과 2, 3이므로 진동수가 높은음을 낮은음으로 서로 나눌 때 (3/2)÷1= 3÷2가 성립한다.

130) 두음 E4, F4의 음높이 차이의 비는 4/3÷(81/64)=4/3×(64/81)=256/243이고, 두 음 B4, C5의 음높이 차이의 비도 2÷(243/128)=2×(128/243)=256/243이다. 이 비 256/243을 음정의 반음(semi-tone)이라 부른다.

내에 부분 음정 [4/3, 3/2]을 동시에 표시하여 나타낸 것이다.

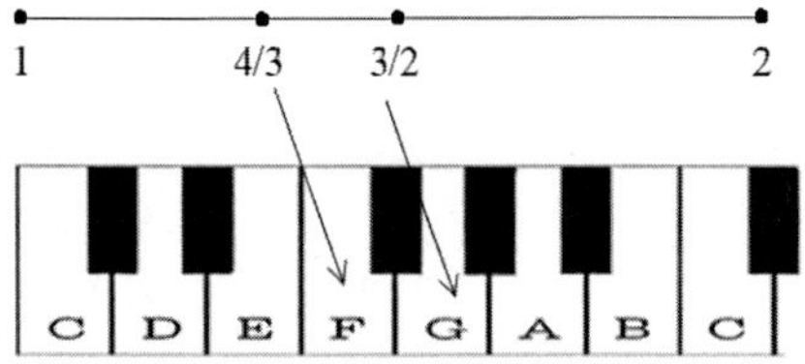

그림 2.4

앞 피아노 건반에서 산술평균을 표시하는 점 3/2은 음 'G'를 나타낸다. 이 음은 단순 음정의 중간 음으로 이것을 완전 5도 높이면 $(3/2)^2=9/4$(D5)가 되어 한 옥타브의 길이인 2를 초과함을 알 수 있다. 그래서 이 음(D5)을 한 옥타브 낮춘 음(D4, 이 음의 진동수의 비는 (9/4)/2=9/8이다)이 처음 음과 비교적 하모니를 잘 이루기에 음악의 음계에서 온음(whole tone)으로 사용되었다. 더욱, 이 소리(9/8, 온음)는 바로 앞에서 음정 [1, 2] 내에 있는 산술평균(3/2, 완전 5도) 대 조화평균(4/3, 완전 4도)의 비, 즉 (3/2):(4/3)(분수로 표현하면 (3/2)÷(4/3)=9/8)이다.

이제 작은 구간 [1, 2]을 6배로 증가시킨 구간 [6, 12] 내에 조화평균(구간길이의 ⅓)과 산술평균(구간길이의 ½)을 점으로 찍어 표시해 보면 다음과 같다.

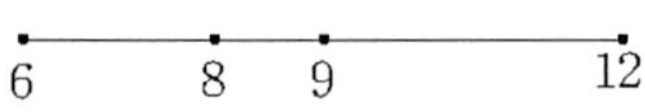

앞의 네 수의 나열로부터 곧바로 2:1(6과 12), 3:2(6과 9, 8과 12), 4:3(6과 8, 9와 12), 9:8(8과 9)의 비들을 관찰할 수 있다. 이러한 관찰을 피타고라스와 그의 학파가 수를 '부족수/완전수/과잉수'로 삼분했던 사실과 결합하여 더 자세하게 부연해 보자. 음악의 현(弦, chord)의 진동수가 이루는 비는 2와 3의 거듭제곱의 비인 $2^n/3^m$ 또는 $3^n/2^m$로 주어져 있음을 볼 때, 피타고라스 음계와 밀접한 관계가 있다. 피타고라스 음계는 피타고라스와 그의 학파가 수를 수비학적으로 분류한 것, 즉 2를 여성의 수, 3은 남성의 수로 이름을 붙인 것과 관계가 있다. 첫 번째 완전수

6을 신성한 수로 간주하고 6을 2배, 즉 한 옥타브 높이면 12(=6×2)라는 첫 번째의 과잉수가 탄생한다. 구간 [6, 12]의 중간(산술평균=(6+12)/2=9)에 중용의 수[131] 9가 위치한다. 그리고 6에 2(구간의 길이 6의 ⅓=2)를 더하면 6 이후의 첫 번째 부족수인 8(=6+2)이 탄생한다(이 수가 바로 위에서 두 끝수 6과 12의 조화평균이다). 이렇게 탄생한 수들을 차례로 나열하면 '6, 8, 9, 12'이다. 이 네 개의 수 사이에는 음악의 옥타브를 나타내는 현의 진동수 비인 2:1, 완전 5도는 3:2, 완전 4도는 4:3의 비율로 나타난다. 12와 6의 현의 진동수비 2:1을 한 옥타브로 생각한다면, 그사이에 이웃하는 8과 6, 12와 9는 4:3의 비(완전 4도)이고, 반면에 하나씩 건너뛴 9와 6, 12와 8은 3:2의 비(완전 5도)를 형성한다.

<table>
<tr><th rowspan="2">수
(↑)</th><th rowspan="2">피타고라스 학파</th><th rowspan="2">수학
(평균)</th><th colspan="4">음악(현의 진동수 비)</th></tr>
<tr><th>1옥타브</th><th>완전 4도</th><th>완전 5도</th><th>온음</th></tr>
<tr><td>12</td><td>과잉수: 12〈
1+2+3+4+6=16</td><td></td><td rowspan="4">2:1</td><td rowspan="2">4:3</td><td>3:2</td><td></td></tr>
<tr><td>9</td><td>중용의 수
잉태의 수</td><td>6과 12의
산술평균</td><td></td><td rowspan="2">9:8</td></tr>
<tr><td>8</td><td>부족수: 8〉1+2+4=7</td><td>6과 12의
조화평균</td><td rowspan="2">4:3</td><td></td></tr>
<tr><td>6</td><td>완전수: 6= 1+2+3</td><td></td><td>3:2</td><td></td></tr>
</table>

이것은 앞에서 관찰했던 피타고라스와 그의 학파의 수비학적인 수의 분류(완전수/부족수/중용의 수/과잉수)에 따른 네 수 '6, 8, 9, 12'를 음악의 진동수와 관련지어 요약한 것이다. 그리고 표 2.9에 들어 있는 비 '2:1, 3:2, 4:3'은 플라톤 람다의 전체 수(1, 2, …, 27)의 첫 네 개의 수 '1, 2, 3, 4'속에도 차례로 그러한 비가 잠재해 있다.

131) 1.4절의 에니어그램에서 9(=3+6)는 능동적인 수 6과 수동적인 수 3을 함께 공유하고 있다는 의미에서 '중용의 수'이다.

— 피타고라스 콤마

불행하게도 피타고라스 음계의 공리는 오늘날 피타고라스 콤마(Pythagorean comma)라는 이론적 결함을 갖고 있다. 이것은 기준 음 C(앞으로 C4로 표기하고, 1옥타브 높은 도는 C5, …,7옥타브 높은 도는 C11로 표기하자)를 완전 5도씩 12회 계속하여 높여가면 다음처럼 7옥타브 높은 도(C11)와 이명동음인 $B^{\#}_{10}$이 얻어진다.

$$C_4 \rightarrow G_4 \rightarrow D_5 \rightarrow A_5 \rightarrow E_6 \rightarrow B_6 \rightarrow F^{\#}_7 \rightarrow$$
$$\rightarrow C^{\#}_8 \rightarrow G^{\#}_8 \rightarrow D^{\#}_9 \rightarrow A^{\#}_9 \rightarrow E^{\#}_{10} \rightarrow B^{\#}_{10}$$

C4를 나타내는 진동수의 비는 1이고 C4보다 7옥타브 높은 C11(B_{10} 와 이명동음)을 나타내는 진동수의 비는 $(3/2)^{12}$이다. 피타고라스 음계의 공리에 의해 $(3/2)^{12}$을 7옥타브 내린 C4의 진동수의 비 $(3/2)^{12} \div 2^7 = 3^{12}/2^{19}$ $=531441/524288 =1.0136432648 > 1$임을 알 수 있다. 이러한 피타고라스 콤마는 F4와 이명동음인 $E^{\#}_4$을 완전 5도씩 높여가면서 구할 때 나타난다. 이를 구하기 위하여 B4를 나타내는 진동수의 비 243/128을 기준으로 완전 5도 높이면(243/128에 3/2를 곱하면), 1옥타브 높은 $F^{\#}_5$가 되고, 이 음을 거꾸로 1옥타브 낮춘(1/2을 곱하면) $F^{\#}_4$의 진동수의 비는 $\frac{243}{128}\times\frac{3}{2}\times\frac{1}{2} = \frac{729}{512}$이다. 이어서 $F^{\#}_4$를 완전 5도 높이면 1옥타브 높은 $C^{\#_5}$가 되고, 이 음을 거꾸로 1옥타브 내린 $C^{\#_4}$의 진동수의 비는 $\frac{729}{512}\times\frac{3}{2}\times\frac{1}{2}= \frac{2187}{2048}$이다. 다시 $C^{\#_4}$를 완전 5도 높인 $G^{\#}_4$의 진동수의 비는 $\frac{2187}{2048}\times\frac{3}{2}=\frac{6561}{4096}$이고, 계속하여 $G^{\#}_4$를 완전 5도 높이면 1옥타브 높은 $D^{\#}_5$가 되기에 이 음을 거꾸로 1옥타브 내린 $D^{\#}_4$의 현의 진동수의 비는 $\frac{6561}{4096}\times\frac{3}{2}\times\frac{1}{2} = \frac{19683}{16384}$이고, 다시 이 음을 완전 5도 높인 $A^{\#}_4$의 현의 진동수의 비는 $\frac{19683}{16384}\times\frac{3}{2} = \frac{59049}{32768}$이다. 마지막으로 $A^{\#}_4$을 완전 5도 높이면 1옥타브

높은 $E_5^\#$(F5)가 되고, 거꾸로 1옥타브 내린 $E_4^\#$(F4)의 현의 진동수의 비는 $\frac{59049}{32768}$ $\times \frac{3}{2} \times \frac{1}{2} = \frac{177147}{131072}$ 이다. $\frac{177147}{131072} = 1.351524353\cdots > 1.\dot{3} = \frac{4}{3}$ 이므로 이 값은 피타고라스의 완전 8도 음계 중 F4의 진동수의 비 4/3와 일치하지 않는다.

피아노 건반 위에 조표(반음 올림표sharp, ♯)와 반음 내림표flat, ♭)을 사용하여 이명동음을 나타내면 다음 그림과 같다.

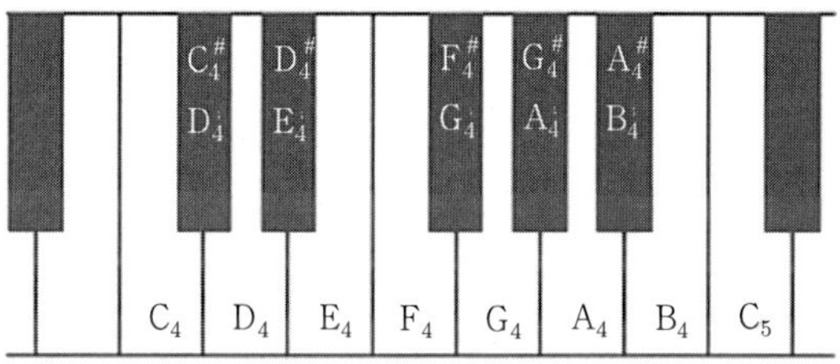

앞에서 살펴보았던 피타고라스 음계의 공리하에서 한 옥타브를 12개의 음으로 채운 '12도 음계'의 진동수의 비를 다음 표처럼 요약해두자.

12도 음계	1	$\frac{2187}{2048}$	$\frac{9}{8}$	$\frac{19683}{16384}$	$\frac{81}{64}$	$\frac{4}{3}$	$\frac{729}{512}$	$\frac{3}{2}$	$\frac{6561}{4096}$	$\frac{27}{16}$	$\frac{59049}{32768}$	$\frac{243}{128}$	2
진동수의 비	C_4	$C_4^\#$	D_4	$D_4^\#$	E_4	F_4	$F_4^\#$	G_4	$G_4^\#$	A_4	$A_4^\#$	B_4	C_5

피타고라스 음계의 공리가 유발하는 피타고라스 콤마의 문제를 해결하기 위하여 제시된 것이 바흐의 평균율[132]이다. 평균율에서는 한 옥타브 사이에 있는 12개의 음을 기하평균을 이용하여 똑같이 나눈다. 평균율에 관한 자세한 내용은 앞에서 소개했던 참고문헌 『수학 IN 음악 』, 『수학의 산책』 또는 인터넷 검색 등을 이용하여 살펴보기를 권한다.

---

132) 평균율은 주어진 현의 길이를 1/2배 하면 원래 음보다 완전 8도 높은음이 되고, $1/r^7$ 배 하면 원래 음보다 완전 5도 높은음이 된다. 여기서 $r = \sqrt[12]{2}$ 이다.

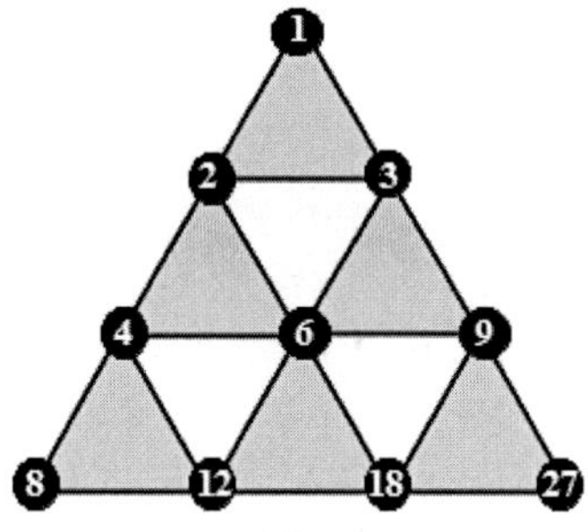

그림 2.5

그림 2.3의 플라톤 람다(또는 플라톤의 테트라크티스)를 그림 2.5처럼 두 종류의 삼각형(흰색, 회색 음영)들로 변형시켜 그려보자. 그림 2.5는 플라톤 람다의 좌측 가지로부터 한 개의 수 2를 선택하여 우측 가지에 있는 한 수 3에 곱하면 한가운데 중심에는 2×3=6(완전수), 즉 성스러운 곳이 나타나고, 그리고 두 가지의 끝수 8, 27 사이에 좌우 가지를 찾아가서 똑같은 방법을 적용하면 4×3=12, 2×9=18이 놓인다. 플라톤 람다의 좌우측 두 가지에 있는 모든 수(1-2-3-4-9-8-27)는 부족수이고, 8과 27 사이에 놓인 두 수 12와 18은 과잉수이다. 그러므로 플라톤 람다의 전체 구조는 중앙에 있는 완전수 6을 중심으로 7개의 부족수와 2개의 과잉수로 '△'와 같은 꼴을 취하고 있다. 더욱, 그림 2.5의 작은 6개의 삼각형과 3개의 역삼각형을 구성하고 있는 세 수를 관찰해보면, 그 배열에는 하나의 패턴이 있다. 즉, 이웃하는 두 수의 비가 '3/2, 2, 3'으로 되어있다. 대각선(/)에 있는 세 수열 (1 2 4 8), (3 6 12), (9 18)는 이웃하는 두 수의 비가 모두 2인 반면에 대칭 대각선(₩)에 있는 세 수열 (1 3 9 27), (2 6 18), (4 12)는 이웃하는 두 수의 비가 모두 3이다. 마지막 수평으로 된 3개의 행(—)에 있는 수열 (2 3), (4 6 9), (8 12 18 27)는 이웃하는 두 수의 비가 모두 3/2(이 비는 피타고라스 음계의 완전 5도)이다.

끝으로 플라톤 람다의 마지막 하단(그림 2.5)에 나타나 있는 네 개의 수 '8, 12, 18, 27'에 대한 수비학적인 수의 분류(부족수, 과잉수)와 현의 진동수의 비로 구분하여 다음 표처럼 요약한다.

<table>
<tr><td rowspan="2">수
↑</td><td rowspan="2">피타고라스 학파의
수비학적 분류</td><td colspan="5">음악(현의 진동수의 비)</td></tr>
<tr><td colspan="5">완전 5도 꼴($3^n: 2^n$)</td></tr>
<tr><td>27</td><td>부족수:
1+3+9=13〈27</td><td rowspan="2">3:2</td><td></td><td rowspan="4">$3^3:2^3$</td><td rowspan="3">$3^2:2^2$</td><td></td></tr>
<tr><td>18</td><td>두 번째 과잉수:
1+2+3+6+9=21〉18</td><td rowspan="2">3:2</td><td rowspan="3">$3^2:2^2$</td></tr>
<tr><td>12</td><td>첫 번째 과잉수:
1+2+3+3+6=16〉12</td><td rowspan="2">3:2</td></tr>
<tr><td>8</td><td>6 이후의 첫 번째 부
족수: 1+2+4=7〈8</td><td></td><td></td></tr>
</table>

2) 도형과 플라톤 입체

플라톤의 대화편인 「티마이오스」에서 플라톤이 우리가 많이 사용하는 두 종류의 삼각자에 관한 이야기가 다음처럼 기술되어 있다.

> Now of the two triangles, the isosceles has one form only ; the scalene or unequal-sided has an infinite number. Of the infinite forms we must select the most beautiful, if we are to proceed in due order, ···*omitted*···Now, the one which we maintain to be the most beautiful of all the many triangles (and we need not speak of the others) is that of which the double forms a third triangle which is equilateral; ···*omitted*···Then let us choose two triangles, out of which fire and the other elements have been constructed, one isosceles, the other having the square of the longer side equal to three times the square of the lesser side.[133)]
>
> 두 가지 기본 삼각형 중에서 이등변 직각삼각형은 한 종류뿐이지만, 부등변 직각삼각형은 종류가 무수히 많아요. 따라서 우리가 정한 원칙에 맞게 출발하려면 무수히 많은 것들 중에서 가장 아름다운 것을 골라야 한다. (중략) 우리는 수많은 부등변 직각삼각형 중에서 한 가지를 다른 것들보다 월등히

133) Plato, *Timaeous*, Translated by Benjamin Jowett. p.30.

아름다운 삼각형이라 주장하는데, 그 둘이 합쳐지면 등변삼각형이 됩니다. (중략) 그러니까 불과 다른 원소들의 몸을 구성하는 삼각형은 두 가지인데, 그중 하나는 이등변 직각삼각형이고, 다른 하나는 더 긴 변의 제곱이 언제나 더 짧은 변의 제곱의 3배인 부등변 직각삼각형입니다.[134]

초등학교에서 작도에 자주 사용했던 두 종류의 삼각자는 정사각형(□)과 정삼각형(△)에서 다음처럼 얻어진다.

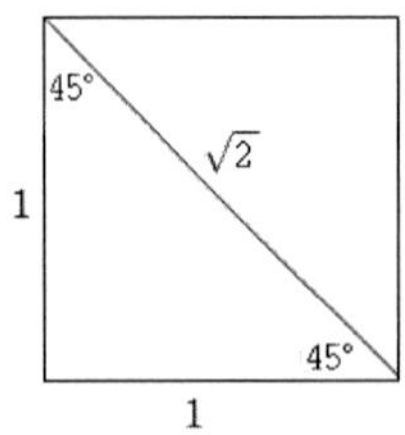

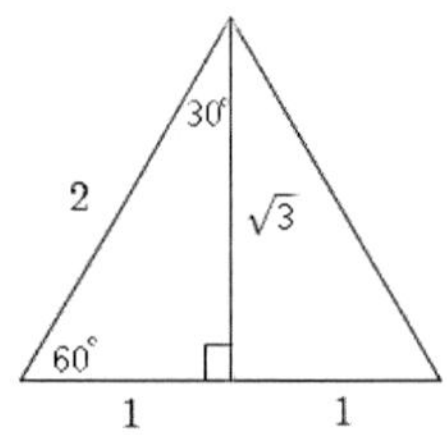

이제 플라톤의 입체와 관련된 부분을 인용해본다. 먼저 정4면체(tetrahedron)에 관한 내용이다.

The first will be the simplest and smallest construction, and its element is that triangle which has its hypotenuse twice the lesser side. When two such triangles are joined at the diagonal, and this is repeated three times, and the triangles rest their diagonals and shorter sides on the same point as a centre, a single equilateral triangle is formed out of six triangles; and four equilateral triangles, if put together, make out of every three plane angles one solid angle, being that which is nearest to the most obtuse of plane angles; and out of the combination of these four angles arises the first solid form which distributes into equal and similar parts the whole circle in which it is inscribed.[135]

134) 천병희 옮김(2016), 368~369쪽.

135) Plato, *Timaeous*, Translated by Benjamin Jowett. p.31.

먼저 가장 단순하고 가장 작은 도형의 구조부터 논하기로 합시다. 그것의 기본요소는 빗변이 더 짧은 변보다 두 배나 긴 삼각형입니다. 이런 삼각형 한 쌍이 빗변을 따라 합쳐지되 이런 과정을 세 번 반복하고, 빗변들과 더 짧은 변들이 중심이 되는 같은 점에서 맞물리면, 여섯 개의 기본 삼각형에서 하나의 등변삼각형이 생깁니다. 그리고 이런 등변삼각형 넷이 합쳐지면 세 개의 평면각이 만나서 하나의 입체각을 이루는데, 그것은 최대 둔각 바로 다음 각입니다. 그리고 이러한 입체각이 네 개 만들어지면, 자신을 둘러싸고 있는 구체(球體)의 둘레를 동일하고 닮은 부분들로 나누는 최초의 입체 도형이 생깁니다.[136]

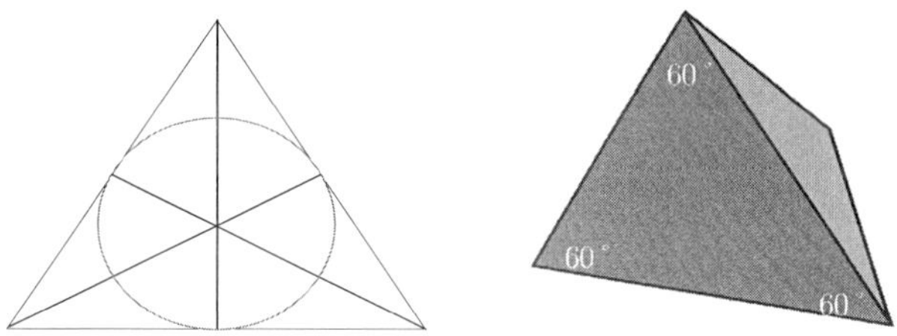

정4면체 (tetrahedron) • 불의 분자

이어서 정8면체(octahedron)를 설명하는 대목이 다음 인용구처럼 등장한다.

The second species of solid is formed out of the same triangles, which unite as eight equilateral triangles and form one solid angle out of four plane angles, and out of six such angles the second body is completed.[137]

두 번째 입체 도형도 똑같은 기본 삼각형들로 구성된다. 그러나 이들 삼각형은 이번에는 여덟 개의 등변삼각형을 만들며, 하나의 입체각을 만들기 위해 네 개의 평면각을 이용하지요. 그리고 이런 입체각이 6개 만들어지면 두 번째 입체 도형이 완성됩니다.[138]

136) 천병희 옮김(2016), 370쪽.

137) Plato, *Timaeous*, Translated by Benjamin Jowett. p.31.

138) 천병희 옮김(2016), 370~371쪽.

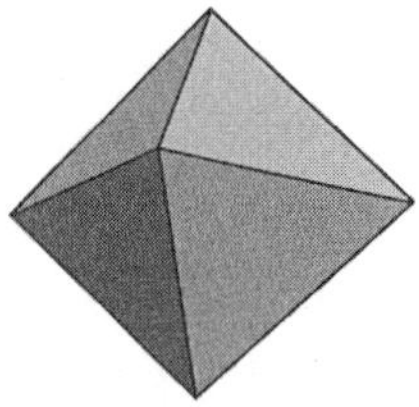 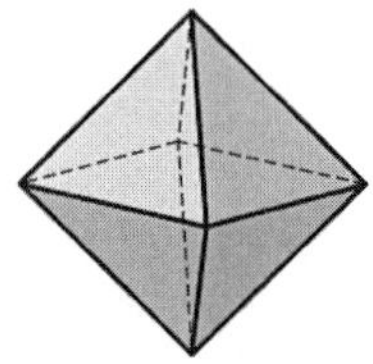

정8면체(octahedron)) • 공기의 분자

계속하여 세 번째로 정20면체(Icosahedron)를 설명하는 부분을 인용한다. 곱바로 이어서 정6면체(cube)와 정12면체(dodecahedron)를 설명하는 것을 차례로 인용한다.

> And the third body is made up of 120 triangular elements, forming twelve solid angles, each of them included in five plane equilateral triangles, having altogether twenty bases, each of which is an equilateral triangle.139)
>
> 세 번째 입체 도형은 120개의 기본 삼각형으로 구성되고 12개의 입체각을 갖는데, 각각의 입체각은 5개의 등변삼각형의 평면으로 둘러싸여 있어요. 그리고 이 입체 도형은 그 하나하나가 등변삼각형인 20개의 면(面)을 갖지요.140)

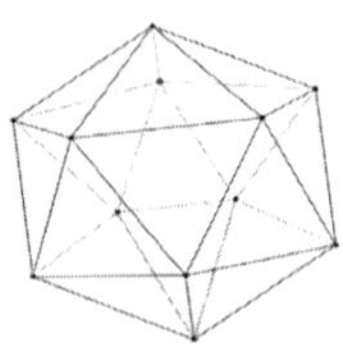 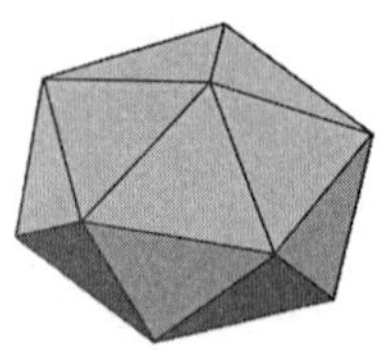

정20면체(Icosahedron) • 물의 분자

> The one element (that is, the triangle which has its hypotenuse twice the lesser side) having generated these figures, generated no more; but the isosceles triangle produced the fourth elementary figure, which is

139) Plato, *Timaeous*, Translated by Benjamin Jowett. p.31.
140) 천병희 옮김(2016), 371쪽.

compounded of four such triangles, joining their right angles in a centre, and forming one equilateral quadrangle. Six of these united form eight solid angles, each of which is made by the combination of three plane right angles; the figure of the body thus composed is a cube, having six plane quadrangular equilateral bases.[141]

두 가지 기본 삼각형 가운데 하나는 일단 이런 도형들을 만든 다음 활동을 중지했지만, 이등변삼각형은 네 번째 물체를 만들기 시작했지요. 그것은 넷씩 결합하여 그 직각들이 중심점에서 만나게 함으로써 하나의 정사각형을 만들어냈습니다. 그런 정사각형 여섯 개가 결합해 여덟 개의 입체각을 만들어냈는데, 그 각각은 세 개의 평면 직각으로 이루어져 있지요. 그래서 생긴 물체의 형태가 입방체인데, 그 면들은 6개의 정사각형 평면입니다.[142]

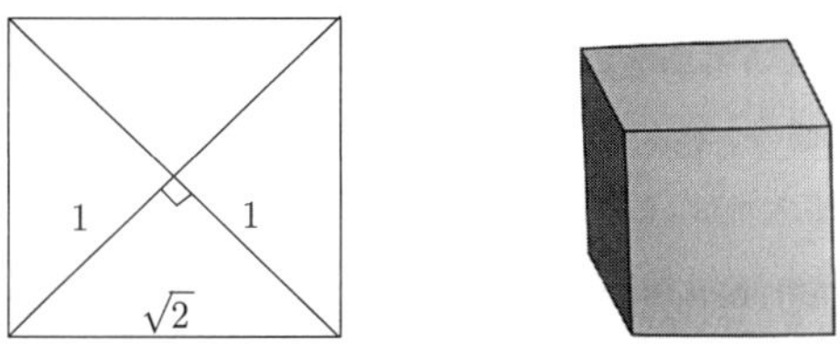

정6면체(cube) • 흙의 분자

There was yet a fifth combination which God used in the delineation of the universe.[143]

아직도 다섯 번째 구조물이 남아 있었는데, 신은 우주를 다채롭게 장식하는 데에 그것을 사용했어요.[144]

141) Plato, *Timaeous*, Translated by Benjamin Jowett. p.31.

142) 천병희 옮김(2016), 371~372쪽.

143) Plato, *Timaeous*, Translated by Benjamin Jowett. p.31.

144) 천병희 옮김(2016), 372쪽.

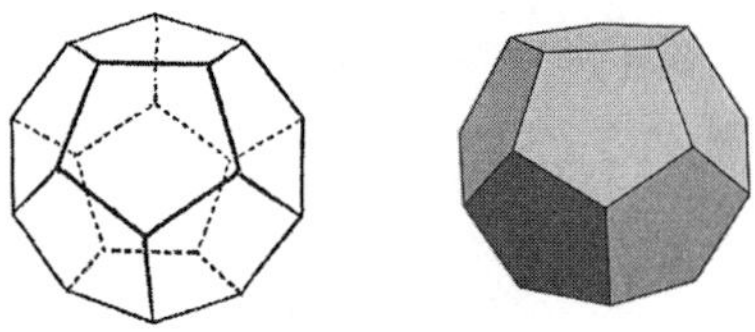

정12면체(dodecahedron) • 우주

스스로 배우는 코너 2.8

1. 음악의 '화음'에 관한 다음 인용은 미카엘 슈나이더의 책에서 발췌한 것이다.

> 고대 음계의 디자인에는 서로 '반대' 되는 음 사이에 제3의 음을 조화롭게 끼워 넣어 결합하는 '중재'의 과학이 포함되었다. 음악에서 화음, 곧 조화(harmony: '딱 들어맞는'이란 뜻의 그리스어 Harmonia에서 유래했다)는 우주의 다른 곳에서와 마찬가지로, 반대되는 것들을 제3의 요소에 화해시켜 모두를 새로운 하나로 만드는 데서 나온다. 옛사람들은 음악 이론에 사회적 조화와 불협화의 원리가 담겨있다고 보았다. (중략) 그리스 신화에서 여신 하르모니아는 서로 반대되는 신들로부터 태어난다. 어머니는 사랑의 여신 아프로디테이고, 아버지는 전쟁의 신인 아레스이기 때문이다. 조화는 그들 사이의 균형이다. 음악을 통해 고대철학자들은 신들과 여신들 사이의 관계를 들을 수 있었다. (중략) 가장 유명한 음악 우주의 음계는 오늘날 서양문명에서 사용되고 있는 것인데, 이것은 기원전 500년경에 피타고라스가 개발하고 가르친 음계에서 유래하였다. 피타고라스 자신은 음악의 신비를 이집트와 칼데아, 인도에서 배운 것이 분명하지만, 그 원리들을 사원 밖으로 가르친 사람은 그가 최초였다. 피타고라스 학파는 조화로운 우주의 관계를 '천구의 음악'이라고 불렀으며, 음악은 자연에서 발견되는 수학적 관계에 기초하고 있고, 간단한 정수비로 나타낼 수 있다고 가르쳤다.[145]

145) Michael Schneider(1994), 이충호 옮김(2002), 236~237쪽.

현(줄)의 길이와 음높이가 서로 반비례한다는 사실은 피타고라스에 의하여 밝혀졌지만, 진동수의 개념과 현의 길이와의 관계(진동수는 현의 길이에 반비례한다)는 사실은 후대에 알려졌다고 한다. 수학과 음악을 다루고 있는 손쉽게 읽어볼 수 있는 관련 도서인 『수학의 산책』[146] 또는 『실용음악 이론』[147] 또는 『수학 IN 음악』[148] 등을 찾아 읽어보고 피타고라스 음계의 공리[149]에 따른 현의 길이 또는 진동수의 관계를 요약하여 발표한 후 서로 토론하여보아라.

2. 2.6절의 1)에서 필자가 번역했던 다음 부분을 회상해보자.

> 여기에 있어서 먼저 평방과 입방으로 증가하여 서로 닮고 또한 닮지 않은 세 개의 구간들과 네 개의 항들을 생성하며, 수들을 증가시키고 감소시키면 모든 항은 약분도 되고 서로가 일치도 하네. 이러한 것들의 기본수[150] 3이 1/3과 더불어 4에 더해지고[151], 5와 결합하여 세제곱[152]이 되었을 때, 두 개의 조화를 이루네.

위의 내용을 이 절에서 살펴보았던 음악의 음계와 비교하여 살펴보자. 그곳에서 단순 음정 [1, 2](1에서 한 옥타브의 길이로 된 구간)를 생각했고 여기서 두 개의

146) 이규봉 외 지음, 『수학의 산책』, 경문사, 2003, 153~171쪽.

147) 이지영 지음, 『꼭 알아야 하는 실용음악 이론』, 기초/메이저 편, 가득뮤직, 2015.

148) 신현용 외3, 『수학 IN 음악』, 교우사, 2014

149) 주어진 현의 길이를 1/2 배 하면 원래 음보다 완전 8도 높은음이 되고, 2/3 배 하면 완전 5도 높은음이 된다.

150) 'these'는 앞 문장의 '3개의 구간과 4개의 항'에 등장하는 두 수 '3'과 '4'를 말한다. 왜냐하면, 바로 앞에 표현된 'The base'는 기본 또는 수학에서는 도형의 밑변을 나타내기 때문이다. 피타고라스 삼각형의 밑변에 해당하는 수는 '3' 또는 '4'일 것이고 이 두수가 동시에 기본수이다.

151) '3 with a third added (to) 4'는 난해하여 다의적으로 해석된 부분 중의 하나이다. '(3 with a third) added (to) 4'로 구분지어 생각하면 '3 with a third'는 '3(1/3)=1'이고 '1 added (to) 4'는 '1+4=5'를 뜻하게 된다.

152) '5와 결합'하는 방법은 덧셈과 곱셈의 연산에 따라 10과 25로 각각 주어진다. $(10)^3=1000$이요 $(25)^3=15625$이다. 벤저민 쥬엣은 바로 앞에 있는 주석의 해석을 뜬금없이 20로 했다. 그리하여 $(20)^3=8000$이라고 하고 이 수가 도날드슨 Donaldson 박사의 연구에 근거하여 그 당시 스파르타시의 인구수라고 말하고 있다.

조화, 즉 산술평균 3/2(완전 5도 음계) 와 조화평균 4/3(완전 4도 음계)을 포함해 그린 그림 2.4에서는 세 개의 부분 구간 [1, 4/3], [4/3, 3/2], [3/2, 2]로 세분할 수 있고, 동시에 그림 2.4에 나타난 수들 사이의 비율들은 2와 1의 비인 '2:1'(한 옥타브), 4/3과 1 또는 2와 3/2의 비인 '4:3'(완전 4도), 3/2과 1 또는 2와 4/3의 비인 '3:2'(완전 5도) 그리고 '3/2'과 '4/3'의 비인 '9:8'(조화롭고 완전한 온음)인 네 개의 음계의 항들이 탄생한다. 그런데 피타고라스 삼각형의 높이와 밑변에 해당하는 두 수 4, 3이 이루는 비는 4:3이다. 이 비가 기본수가 되어 1, 4/3, 2로 된 음계에 다섯 개의 음계인 '$9/8=3^2/2^3$, $81/64=3^4/2^6$, 3/2, $(27)/(16)=3^3/2^4$, $(243)/(128)=3^5/2^7$'가 추가되면 피타고라스의 완전 8도 음계가 곧바로 얻어지고, 현의 진동수가 완전 5도를 만드는 비 3/2에 세제곱을 하면 $(3/2)^3=27/8$(이 두 수의 곱이 $27\times8=216=6^3$이 '인간의 수'가 된다)가 되어 두 개의 조화(화음과 불협화음)를 이룬다고 생각할 수 있다. 유사하게 2.6절의 1)에 있는 필자의 나머지 번역 부분도 계속하여 음악의 사이클과 관련지어 설명해보고 서로 토론하여보아라.

3. 그림 2.5의 플라톤 람다의 두 가지가 다음 그림 2.6처럼 계속하여 뻗어간다고 생각하자. 다음 그림 2.6에서 맨 위에 있는 수 ❶을 기준으로 확장된 플라톤 람다의 좌우 두 가지 위에 있는 모든 수(2^n, 3^n, $n \geq 1$)들은 부족수인 반면에 $n=2$인 경우 2^2와 3^2사이에 있는 첫 번째 완전수 6을 기준으로 그다음 행부터 양측으로 뻗어가는 두 가지 사이에 있는 모든 수 $2^{n-k}3^k$ ($n \geq 3, 1 \leq k \leq n-1$)은 과잉수가 됨을 밝혀보아라.

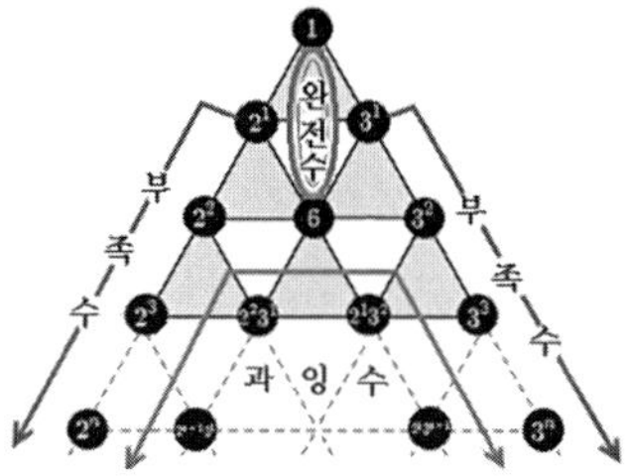

그림 2.6

4. 음악과 수학의 관계를 가장 멋지게 표현했던 제임스 조지프 실베스터153)가 남겼던 다음 격언을 떠올려 보자.

> May not music be described as the mathematics of the sense, mathematics as music of the reason? The musician feels mathematics, the mathematician thinks music: music the dream, mathematics the working life.
>
> 음악은 감각의 수학으로 설명될 수 없을지라도 수학은 이성의 음악이 아닐까? 음악가는 수학을 느끼고 수학자는 음악을 생각한다. 음악은 꿈이요, 수학은 생활이다.

수학을 '이성의 음악'으로 표현했던 실베스터의 격언은 1.7절에서 살펴보았던 피타고라스와 그의 학파가 외쳤던 '만물=수'를 뒷받침하는 말은 아닐까? 실베스터가 마지막 톤으로 읊조렸던 "음악은 꿈이요, 수학은 생활이다."라고 말한 것은 수학이 얼마나 현실적인 학문인가를 내비치고 있다. 또 다른 수학과 음악에 관한 책, 예를 들면 미국의 음악평론가인 에드워드 루스스타인(Edward Ruthstein, 1952~)의 저서 『수학과 음악』154)을 찾아 읽어보고 그 내용을 요약한 후 발표하고 서로 토론하여 보아라.

---

153) James Joseph Sylvester(1814~1897)는 영국의 수학자이다.

154) Edward Ruthstein, *Emblem Of Mind—The Inner Life of Music and Mathematics*, Times Books/University of Chicago Pree, 1995. 장석훈 옮김, 『수학과 음악』, 경문수학산책 22, 경문사, 2002.

2.9 「뱀장어 스튜」

소설 「뱀장어 스튜」는 2002년에 권지예[155] 작가의 단편으로, 작가는 이 작품을 통해 2002년에 제26회 이상문학상 대상을 받았다. 무엇보다 필자는 이상문학상 선고위원회에서 선정이유로 밝혔던 "뫼비우스 띠처럼 진행되고 있는 표현기법"이라는 어구에 주목했다.

> 특히 이 작품의 비범한 점은 사랑 이야기와 존재 이야기가 뫼비우스 띠처럼 진행되고 있는 표현기법이 뛰어나다는 데에 심사위원들은 공감했다.[156]

이 작품은 서사구조의 변화가 다양하고, 시점변화가 여러 번 이루어지는 등 구조상의 독특한 특징을 가지고 있어 이 작품 속에서 그러한 '뫼비우스 띠'의 흔적을 한 번 찾아보고자 시도했다.

1) 뫼비우스 띠를 찾아서

이 소설은 피카소 전집의 마지막 페이지에 나오는 작품인 <뱀장어 스튜(La matelote d'anguilles)>의 그림을 모티브로 '자끌린의 스튜 요리법'이란 특별한 부제가 붙어 있다는 사실에 착안하여 작가가 서로 대립적으로 작중인물을 설정한다. 피카소의 마지막 여자인 자끌린이 난봉꾼인 피카소를 위하여 뱀장어 스튜 요리를 요리법(recipe)에 따라 끓이고 있는 과정이 이 소설에서는 남편을 떠나 집을 나갔던 여자인 '나'(소설의 화자)가 오랜만에 집으로 돌아왔을 때, 여자의

---

155) 1960년 경상북도 경주에서 출생했으며, 이화여자대학교에서 영문학 학사, 파리 제7대학교 대학원에서 문학 박사 학위. 유학 중 '라쁠륨'에 '두 개의 꼭두각시 인형', '상자 속의 푸른 칼'로 등단. 2002년 '뱀장어 스튜'로 이상문학상 대상 수상.

156) 권지예 외, 『이상문학상 수상 작품집 26』, ㈜문학사상사, 2002, 6쪽.

남편이 요리법 대신 타이머를 설정하여 전통적인 삼계탕을 끓이고 있는 것으로 대비된다. 피카소의 복잡한 여성 편력이 이 소설 속에서는 화자인 '나'로 바뀌고 이해심 있는 자끌린의 역할을 그 여인의 남편이 그 역할을 감당하고 있다는 점에서 피카소의 작품세계가 사실적인 청색시대와 분홍색 시대를 거쳐 1907년 조르주 브라크를 만나면서 <아비뇽의 아가씨들>을 제작하기 시작하고 서서히 그와 함께

입체주의(cubism) → 분석적 입체주의(1909~) →
종합적 입체주의(1912~) → 초현실주의

로 변화무쌍하게 종합적 큐비즘을 넓혀갔지만 정작 피카소 전집의 마지막 페이지를 장식하고 있는 마지막 한 점의 그림인 <뱀장어 스튜>는 초심으로 돌아온 것처럼 너무나 사실적으로 그려져 있다는 것이다.[157] 다음 그림 2.7의 뫼비우스 띠의 꼬인 위치에는 피카소의 마지막 여자인 자끌린이 요리법에 따라 피카소를 위해 뱀장어 스튜를 끓이고 있는 애정이 소설 속 여자의 남편이 집을 나갔다가 돌아온 아내를 위해 삼계탕을 끓이고 있는 것과 대립적으로 공존해 있다.

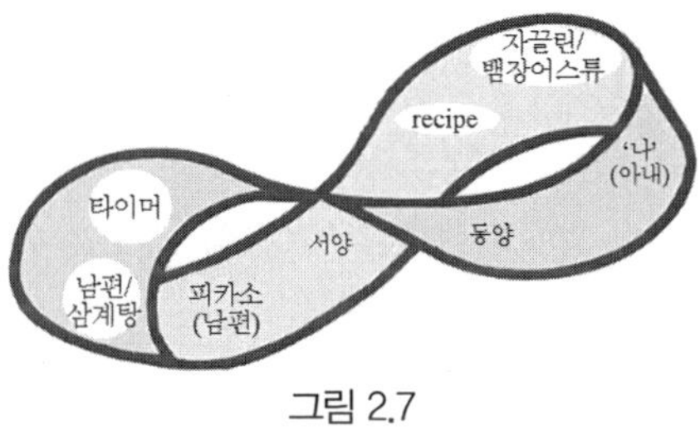

그림 2.7

그리고 뫼비우스 띠의 안과 밖은 구분이 없지만 한 번 꼬여 안으로 들어가는 뫼비우스 띠 위에는 요리법에 따라 뱀장어 스튜를 끓이고 있는 자끌린의 남편인

157) 김원일 지음, 『피카소』, 이룸, 2004.

피카소가 있다고 가정하면 밖의 반대쪽 띠 위에는 타이머를 맞춰놓고 삼계탕을 끓이고 있는 남자의 아내인 '나'(소설의 화자)가 대립적으로 배치되어 있다. 마치 서양과 동양의 대립을 보듯이 모든 게 대칭적으로 뒤바뀌어 있다.

2) 스토리의 분석

소설에는 주인공인 여성 '나' 외에 두 남자(남편, 남자)가 등장한다. 두 남자 사이에서 나름의 삶의 의미를 찾아가는 과정에서 주인공인 여성('나')의 이미지가 다양한 소재(예를 들면 바퀴벌레, 동물원 우리를 탈출한 암컷 원숭이 등)에 비유되고 있는 소설이라 할 수 있다. 작품의 제목 '뱀장어 스튜'의 주재료인 뱀장어는 여주인공을 상징한다. 요리되기 전에 난교하듯 얽혀있는 뱀장어의 모습과 스튜 냄비의 밑바닥에서 전해오는 뜨거운 열과 같은 삶을 견디고 지내야 하는 시련 등이 뱀장어 스튜의 요리과정 속에 녹아 있다.

소설에서 주인공 여자 '나'는 젊은 시절 한 남자를 사랑했고, 그녀는 구속되기를 원하지만 남자는 여자를 구속하기는커녕 자기 자신조차 구속하길 거부한다. 여러 여자를 만나고 떠나는 것을 자연스럽게 받아들이는 남자를 보며, 주인공 '나'는 남자의 아이를 가졌지만 말하지 못하고 남자를 떠나게 되고 아이는 가족들에 의해 강제로 입양하게 된다. 이 사건을 계기로 여자는 아픈 상처를 몸에 안고 삶을 살아간다. 결국, 삶을 포기하고 자살을 선택했으나 그마저 실패로 끝났다. 그 후, 그녀의 아픈 상처를 보듬어줄 수 있다고 생각했던 지금의 남편을 만나게 되었지만, 여자는 여전히 처음 남자를 잊지 못한다. 남편도 그녀의 상처를 보듬어주지 못하고, 서로 원활한 감정의 소통을 이루지 못하게 되자 결국 여자는 다시 다른 남자를 찾게 되지만, 그 남자 역시 그녀를 구속해줄 수 있는 사람이 아니다. 방황 속에서 만났던 남자가 첫 남자처럼 똑같이 여러 여자를 만나고 떠나보내는 모습을 보면서 자기의 방황을 끝내고 순환 회귀를 그리듯이 여자는 제자리로 현재의 남편에게로 되돌아간다.

소설은 주인공 여자가 끊임없이 삶의 굴레에서 벗어나고자 하는 모습을 그려내고 있다. 그 모습을 뱀장어 스튜 요리에 비유하며 자신의 모습이 요리되기 위해 신문지 위에 난교하듯 널브러진 뱀장어의 모습과 유사하다고 생각한다. 여자는 남편과 남자 사이의 삶인 뫼비우스 공간을 무한 반복하듯 방황한다. 어느 곳에도 그녀가 원하는 출구, 즉 상처받은 구속의 굴레에서 벗어날 방도를 찾을 수가 없다. 어렴풋이 이 뫼비우스의 공간 위에 떨어진 자신을 구해줄 수 있는 유일한 출구는 '죽음'이라고 생각하며, 자신을 죽음으로 몰아가려 했지만, 그마저도 뜻대로 되지 않는다. 그래서 여자는 항상 살의를 지니고 있다. 작중에는 여자와 대비되는 여러 가지 장치가 내재하여 있다. 뱀장어, 바퀴벌레, 동물원의 우리를 탈출한 암컷 원숭이. 이 모두는 뫼비우스의 공간에 갇힌 주인공 여자 자신을 상징하며, 모두가 탈출하고자 노력한다. 뫼비우스의 공간은 반환점은 있으나 탈출구는 없다. 즉 무한한 하나의 평면 위를 계속 움직이고 있는 여자는 언젠가 죽음을 통해서만 벗어날 수 있다는 것을 알고 있으며, 그래서 그녀는 항상 살의를 지니고 있다.

스스로 배우는 코너 2.9

1. 파블로 피카소의 생애와 예술작품들을 찾아보아라. 특히, 그가 생애에 그렸던 여인들의 작품을 찾아보아라. 그리고 마지막으로 그렸다는 <뱀장어 스튜>를 직접 한번 살펴보고 이 소설의 모티브가 된 대상을 찾아서 서로 토론하여라.

2. 초현실주의 예술가인 피카소와 장 콕토(Jean Cocteau, 1889~1963)의 관계를 조사해 보고 그들의 예술작품에서 투시되는 초현실주의파의 공통점을 찾아 서로 토론하여라.

3. 작가 권지예의 다른 소설작품 중에서도 「뱀장어 스튜」와 유사하게 뫼비우스 띠를 그려내는 부분이 있는지를 조사하여 보아라. 만약 그러한 작품이 있다면 그 이유를 밝힌 후 서로 토론하여 보아라.

| 제3장 |

ETC 속의 수학 지식 쌓기

"The most beautiful thing we can experience is the mysterious. It is the source of all true art and science."

우리가 경험할 수 있는 가장 아름다운 것은 신비이다.
신비는 모든 참된 예술과 과학의 원천이다.[1)]

– Albert Einstein –

3.1 우주 수학의 원전 : 천부경[2)]

우리나라에서 가장 오래된 경전은 천부경天符經[3)]이다. 이 경전은 그 후에 발견된 삼일신고三一神誥, 참전계경參佺戒經과 더불어 우리 민족의 3대 고기古記이

1) Eli Maor(1987), 전대호 옮김(1977), 321쪽.

2) 이 절의 내용 중 일부분을 발췌・재편집하여 사단법인 대한사랑의 "2022년 바른역사관 정립을 위한 학술논문 공모"에 「수리 철학적으로 바라보는 천부경 — 수의 분석을 중심으로」라는 제목으로 응모・선정되었음을 밝혀둔다.

3) 한자어 '天符經'의 '符'자를 살펴보면, 통으로 된 대나무의 竹(대 죽) + 付(붙을 부), 즉 부신符信 또는 부절符節로 돌, 대나무, 옥 등에 글자나 무늬를 새긴 뒤에 둘로 쪼개어 두 사람이 서로 나눠 가졌다가 나중에 다시 맞추어 봄으로써 참(같은 하나)임을 확인하는 증표이다. 천부경에서는 양극성(1/2로 쪼개진 대나무 두 쪽의 부신)을 나란히 붙여 하나(천부경의 수 '一')임을 확인하는 것으로, 서로 붙여 짝임을 맞추는 행위가 바로 조화작용이기에, 하늘(天)의 양극성(1/2로 쪼개진 서로 다른 2쪽)에 조화造化의 '+1'이 작용하여 '2+1=3'이지만, 실체는 전체로써 하나(1)임을 뜻한다. 마지막 '경經'은 진리를 뜻한다. 그러므로 '天符經'의 뜻은 하늘도 서로 다른 양극성이 결합하여 하나, 즉 삼원조화三元造化라는 것이다. 간단히 표기하면 '3≡1'이다.

다.[4] 우주의 언어인 수로 설명해 놓은 이 천부경을 누가 썼으며, 어떻게 우리에게 전해졌을까?

— 천부경의 유래[5]

녹도문자

천부경은 원래 9천 년 전 환국桓國 시대부터 구전되어 오다가 6천 년 전 신시배달국神市倍達國.[6] 때에 우리 민족 최초의 문자인 녹도鹿圖문자(사슴 발자국 모양을 본 딴 문자)로 기록되었다고 전해진다.

> 桓雄大聖尊 天降後 命神誌赫德 以鹿圖文記之[7]
>
> 환웅대성존께서 천강한 후 신지 혁덕에게 명하여 녹도문으로써 그것을 썼다.[8]

이것이 다시 4천 4백 년 전 단군조선 때에 이르러 전서篆書(원시 한문)[9]로 옮겨졌다. 전서로 된 천부경을 신라의 대학자 고운 최치원 선생이 한자로 번역하여 오늘에 이르게 되었다. 여기서 한자로 번역된 천부경 81글자의 전문을 한글 토를 첨부하여,

---

4) 이 3대 고기를 천부 삼경이라 하고, 그 전하는 경의 성격에 따라 차례로 조화경造化經, 교화경敎化經, 치화경治化經이라 부른다.

5) 이승헌, 『단학』, 한문화, 1992(초판), 2011(개정3판). 이 단락의 서두는 『단학』 책에 있는 '천부경의 철학'(48~57쪽) 편의 글을 참고했음을 밝혀둔다.

6) 한국 고대사인 상고사를 다루고 있는 『환단고기桓檀古記』에는 환인桓因 7대가 나라를 다스렸던 환국시대桓國時代, 환웅桓雄 18대의 통치기인 신시배달국神市倍達國, 단군 47대의 역사를 단군조선시대檀君朝鮮時代라 부르고 있으며. 단군조선은 다시 북부여北夫餘를 거쳐 고구려로 이어졌다고 기록하고 있다. 또한, 우리 겨레는 시간상으로는 1만 년 전으로, 공간적으로는 중국 전체와 서역, 몽골, 바이칼호 지역과 동남아까지 이르는 광대한 지역을 아우르며 당시 동아시아를 주도했다고 기록하고 있다 이승헌, 『단학』, '단학의 연원' 편(19~24쪽)을 참고하여 인용했음). 『환단고기』는 크게 환인 7대와 환웅 18대의 역사를 다룬 「삼성기三聖記」, 단군 47대의 치적과 주요 사건을 다룬 「단군세기檀君世記」, 그리고 북부여의 연대기를 다룬 「북부여기北夫餘記」와 환인 7대부터 고려 시대까지를 기록하고 있는 「태백일사太白逸史」로 구성되어 있다.

7) 환인 7대부터 고려 시대까지를 기록하고 있는 이맥李陌의 「태백일사太白逸史」의 '소도경전 본훈蘇塗經典 本訓' 편에 기록되어 있다.

8) 김은수 역주, 『주해 환단고기(註解 桓檀古記)』, 가나출판사, 1985.

9) '전자체篆字體', 한자의 한 서체로 주로 도장에 이름을 새길 때 사용했다.

편의상 한글 편집 순으로, 우에서 좌, 위에서 아래로, 다음과 같이 배열하였다.

天符經(천부경)

一(일)	始(시)	無(무)	始(시)	一(일)	析(석)	三(삼)	極(극)	無(무)
盡(진)	本(본)	天(천)	一(일)	一(일)	地(지)	一(일)	二(이)	人(인)
一(일)	三(삼)	一(일)	積(적)	十(십)	鉅(거)	無(무)	匱(궤)	化(화)
三(삼)	天(천)	二(이)	三(삼)	地(지)	二(이)	三(삼)	人(인)	二(이)
三(삼)	大(대)	三(삼)	合(합)	六(육)	生(생)	七(칠)	八(팔)	九(구)
運(운)	三(삼)	四(사)	成(성)	環(환)	五(오)	七(칠)	一(일)	妙(묘)
衍(연)	萬(만)	往(왕)	萬(만)	來(래)	用(용)	變(변)	不(부)	動(동)
本(본)	本(본)	心(심)	本(본)	太(태)	陽(양)	昻(앙)	明(명)	人(인)
中(중)	天(천)	地(지)	一(일)	一(일)	終(종)	無(무)	終(종)	一(일)

오늘날 전해진 천부경 81글자는 9개의 행(또는 열)에 9글자씩 띄어쓰기 없이 정사각형 모양으로 배열되어있다. 천부경을 처음 녹도문자로 기록했던 신지혁덕은 예수나 부처님 이전에 사람으로서 우주의 참 이치를 깨친 신성을 밝히신 분이다. 그가 천부경의 약 38%(총 81글자 중의 숫자 31글자)를 숫자로 기술해 놓았다.[10] 검색란에 '천부경'을 치면, 그 유래와 더불어 많은 해설자료가 소개되어있다. 그처럼 다양한 해석이 가능한 이유는 천부경 속에 내재해있는 수 때문이다. 무엇보다 특이한 것은 수 '1'을 뜻하는 한자어 '一일'이 11번 반복되고 있다는 점이다. 천부경은 다른 경전과 달리, 이러한 형이상학적인 우주의 언어인 숫자로 기록되어 있기에 다의적 해석이 가능하다.

10) 천부경에 들어 있는 숫자의 비율이 거의 (31)/(81)=38.27⋯(%), 소수점 이하를 무시하면 대략 38%이다.

— 천부경 속 수 '一일'의 의미는?

그럼 천부경의 '1'은 무엇을 뜻하는가? 이 물음에 대한 대답은 천부경의 수 '1'은 대우주 내에서 하나로 이어지는 행성과 위성의 주기적인 사이클 또는 근원(천부경의 '본本')으로부터 하나로 잇는 모든 현상을 표상한다. 예를 들면, 일정한 주기로 반복되는 하루(一日)에서부터 한 달(一月), 일년(一年)의 '1'은 태양계에 있는 지구와 달의 궤도를 뜻하는 사이클이다. 60년마다 되돌아오는 환갑(또는 회갑), 더 나아가 영혼 불멸성[11]에 근거한 하나의 영혼이 다른 몸을 빌려 일정한 주기로 재탄생해 가는 것도 사이클이다. 한 달의 사이클 중 그 일부분에 해당하는 일주(一週)의 '1', 국내외 일주(一周) 여행의 '1'도 부분에 해당하는 사이클 수이다. 반면에 우주에 살아가는 모든 생명체의 일생(一生)의 '1'은 어떤 하나의 구심점, 예를 들면 우주 만물의 근원(천부경에서는 '본'이라 말한다)에 하나로 이어져 있다. 이것이 가장 큰 사이클이다. 우주관 또는 종교관의 유일(唯一), 질량 또는 에너지 관의 일정(一定)[12] 등의 '1'도 이러한 예에 해당한다. 이외에도 '1'을 나타내는 수많은 단어가 있다. 이런 이유에서 천부경의 '1'은 매직 넘버이고, 그의 마술은 우주의 모든 사이클을 움직일 뿐만 아니라, '1'을 표상하는 다양한 고리를 형성한다. 더 크게는 천문학자 허블이 관측했던 우주의 고른 팽창인 수많은 별의 생성과 은하계의 움직임, 우주론의 근원적인 질문[13]인 우주 생성과 종말(천부경에서는 "시무시"와 "종무종"으로 나타내고 있다)까지도 모두 하나로 이어져 있다고 볼 수 있기 때문이다.

---

11) 그리스의 수학자 피타고라스는 영혼은 216년마다 재탄생한다고 믿었다. 이 수는 천부경의 "천이삼/지이삼/인이삼"의 '이삼'을 구구단으로 셈하면 '천6/지6/인6'이 되며, 이 세수를 곱하면 216이 얻어진다.

12) 우주의 법칙, 예를 들면, 질량 보존법칙과 에너지 보존법칙처럼 그 전체는 언제나 '일정'하다는 의미로서 '하나', 즉 수 '1'로 표기할 수도 있다.

13) 우주론의 네 가지 근원적인 문제는 우주는 어떻게 시작되었는가? 그리고 어떻게 끝날 것인가? 우주는 유한인가 아니면 무한인가? 이다(1장의 주석 17).

— 천부경과 관련된 사료 및 문헌

천부경과 관련된 문헌은 『환단고기』 외에 『삼국유사』, 『단기고사』, 『신단실기』, 『정신철학통편』, 『제왕운기주帝王韻記註』, 『신단민사神壇民史』 등이다. 그러나 천부경 원문 81자가 모두 기록된 문헌은 극히 드물고, 대부분 천부, 천경, 또는 천부경이라는 경전의 이름만 나와 있을 뿐이다. 『환단고기』 외에 천부경 원문이 실려있는 책은 최치원의 사적본事蹟本으로, 최치원의 후손인 최국술이 편찬한 『최문창후전집』(문창후는 최치원의 벼슬이름)의 「고운선생사적」 편에 그 유명한 「난랑비서鸞郎碑序」[14]와 함께 실려있으며, '태백산에 단군 전비篆碑가 있는데, 어렵고 읽기 힘들었다. 고운이 그것을 번역하였다(太白山有檀君篆碑 佶倔難讀 孤雲譯之)'라고 기록하고 있다.[15] 인터넷에서 검색해보면, 『환단고기』의 '태백일사본'과 더불어 천부경 81자의 전문을 전하고 있는 사료는 다음과 같다.[16] (글자 수는 모두 81자로 똑같으며 각각 몇 글자의 차이는 있으나 전체 내용은 같다.)

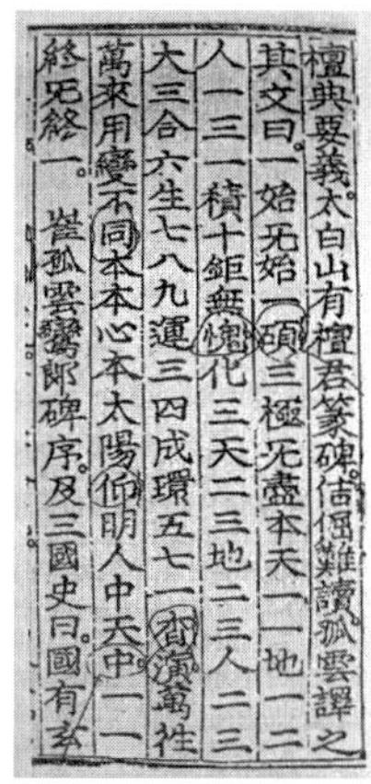
檀典要義。太白山有檀君篆碑。佶倔難讀孤雲譯之
其文曰。一始无始一碩三極无盡本天一一地一二
人一三一積十鉅無櫃化三天二三地二三人二三
大三合六生七八九運三四成環五七一杳演萬往
萬來用變不同本本心本太陽仰明人中天中一一
終无終一。崔孤雲鸞郎碑序。及三國史曰。國有玄

1. 태백일사본(1911년 발굴)
2. 계연수桂延壽가 발견한 묘향산 석벽본
3. 고운 최치원의 문집 고운선생사적孤雲先生事蹟

---

14) "國有玄妙之道 曰風流 說敎之源 備詳仙史 實乃包含 三敎 接化群生 且如入則孝於家 出則忠於國 魯司寇之旨也 處無爲之事 行不言之敎 周柱史之宗也 諸惡莫作 諸善奉行 竺乾太子之化也." 여기서 '仙史'는 '仙家史書', '三敎 '는 '儒/佛/仙(道)', '魯司寇'는 공자, '周柱史'는 노자, '竺乾太子'는 석가를 말한다.

15) 천부경을 지칭하는 '檀典要義' 다음에 전서를 번역했던 고운의 이야기 그다음에 이어서 81자의 전문이 기록되어 있다. '길굴佶屈'은 어렵고 이해하기 힘든 글을 뜻한다.

16) 백운선사 김대현의 주머니 속 이야기 붓으로 풀어가는 [成語文集 囊裏談筆]에서 발췌.

4. 노사 기정진 선생으로부터 전승되어온 노사의 전비문본

5. 최국술崔國述이 편찬한 성균관대학교에 소장된 최문창후전집崔文昌候全集본

6. 농은 민안부 유집遺集본 (2002년 발굴)

비록 인터넷에 공개된 모든 천부경 해석은 수 '1'에 관한 하나의 예에 불과하지만, 그러한 예를 찾아낸 것만으로도 연구자의 임무를 다했다고 본다. 왜냐하면, 실제로 그렇게 딱 알맞은 예를 찾는 일이 절대 쉽지 않기 때문이다. 그러나 하나의 예를 제시할 때 유념해야 할 것은 천부경 전체와 부분이 일관성을 갖고 해석되어야 함이다. 달리 말하면, 전체는 세분된 부분들을 겹으로 쌓아놓은 것과 같다. 천부경의 '1'이 우주관이 되었다가 다시 종교관으로, 또다시 에너지 관점으로 자꾸만 다르게 설명하는 것은 일관성이 없다. '1'은 똑같은데 설명이 자꾸만 바뀌는 것은, 전체의 조화점에 어울리지 않은 해석이다.

그동안 필자는 수학자로서 작가이며 예술가인 이상李箱의 창작품을 40여 년간 연구하였다. 그가 쓴 초기의 시詩 중에는 수학 시로 분류된 것이 있다. 그러한 시 속에는 다양한 수학적 언어들이 잠재해 있다.[17] 이상 연구자들은 그러한 시의 전문을 해석할 때 내가 해석한 것만 맞고 남이 한 것은 틀린다고 생각하지 않는다. 왜냐하면, 다의적 해석을 열어놓고 바라보기 때문이다. 누군가 더 멋진 예를 잡아 그 해석을 읽는 독자에게 색다른 맛을 느끼게 함이 중요하다. 우주의 언어인 수로 씌진 천부경 역시 그렇다.

이 절에서는 수학자의 관점에서 천부경에 들어 있는 숫자들의 패턴, 용어의 정의, 상호관계(동일시), 수를 읽는 방법, 글자배열의 패턴 등을 살펴본 후, 마지막에는 천부경 전문 해석 대신에 일정을 뜻하는 에너지 관과 잘 알려진 사이클(1일, 1월, 1년)로 예를 들어 해석을 시도한다.

---

17) 초기 시 속에는 수학의 용어, 상징기호, 수, 점, 선, 도형, 수식, 연립방정식 등이 뒤섞여 있는 시어들을 쉽게 접할 수 있다.

1) 천부경의 끊어 읽기

천부경을 읽을 때, 어떻게 끊어 읽는가에 따라 다의적 해석이 가능하다. 다양한 악기로 변주곡을 켜는 것 같다. 그러나 연구자의 공통된 통찰은, '천부경'이란 하나의 경전(1)에서 시작하여 총 81글자까지의 수의 변화가 '1'(하나의 경전), '3'(제목), '9'(열 or 행), '81'(전체 글자 수)이다. 즉, '1 → 3 → (3^2) → ($(3^2)^2$)'로 증가해 감을 알 수 있다.[18] 또한, 천부경 속의 숫자를 제외한 한글은 끊어 읽기에 따라 이분법 또는 삼분법으로 볼 수 있다.[19] 그러나 두 상대개념이 나란히 표기되어 있는 것('시무시', '만왕만래', '용변부동', '종무종')은 우주의 법칙과 천지인 조화의 관점에서 삼분법, 즉 사이 또는 중中으로 읽기로 한다. 반면에 '석(미분)/적(적분)'과 '무궤화삼'의 '무궤'는 '궤'가 '있다/없다'로 보고 이분법으로 읽는다. '무시'와 '무종'의 '무'를 수 '0'으로 해석하는 연구자도 있다. 그러나 "무진본"과 "무궤화삼"의 '무'는 수 '0'으로 해석할 수 없기에 일관성에 비추어 '유/무'의 대립으로 읽는 것이 바람직하다.[20]

천부경의 끊어 읽기는 미리 정할 필요가 없다. 천부경의 '1'을 무엇으로 정의하는가에 따라 서로 다르게 끊어 읽도록 천부경 전체를 한 글자씩 일정一定한 간격으로 써두었다. 왜냐하면, '1'을 뜻하는 사이클 주기가 모두 서로 다르기 때문이다. 사이클의 주기에 맞게 끊어서 해석하면 그만이다.

---

18) 이상이 1931년 10월 『조선과 건축』지에 일문 시로 발표한 「삼차각설계도」의 「선에 관한 각서 1」에서 우주의 성장을 "(宇宙는 冪에 依하는 冪에 依한다)"라고 표현했다. 이 표현은 수 '3'의 '멱에 의하는 멱에 의한' 것이다.

19) 1장의 주석 3참고.

20) 삼일신고의 '천훈天訓'에 있는 마지막 어구 "무부재무불용無不在無不容", 즉 '부재와 불용이 없다'도 '유/무'의 대립이다.

2) 수의 탄생원리와 두 연산 '적'과 '합'

천부경 81글자 속에는 "일적십거一積十鉅"와 "대삼합육생大三合六生"이 있다. 이 두 글 속에 수학에서 말하는 두 개의 연산, 곱셈('적')과 덧셈('합')이 있다. 여기서 말하는 '적'은 은행에서 통장 입출금의 내용을 기재하는 것처럼, 누적으로 시행한다는 의미다. "일적십거"의 뜻은 다음 두 경우로 나눌 수 있다.

i) '1'이 겹으로 쌓여 십으로 커갔다. 즉, 1+1+…+1=10이다.

ii) '1'이 쌓여 십으로 커갔다. 이 경우에는 '9'번 겹으로 쌓아놓은 (또는 성장을 마친) 상태에서 '1이 한 번 더 쌓여 십', 즉 9+1=10이다.

예를 들면, (겹으로) 쌓여 커가는 과정을 우주의 언어인 수 '1'이 (겹으로) 더해가는 것으로 표현하고 있다. 그러면 "일적십거"라는 '십+'으로 생명체가 성장하고 진화해가는 단위 셈법에서 '1'을 '점(●)'으로 바꾸고 덧셈부호를 모두 지우면, 다음 그림과 같이, 4겹tetrad으로 쌓여있는 테트라크티스tetractys를 엿볼 수 있다.[21]

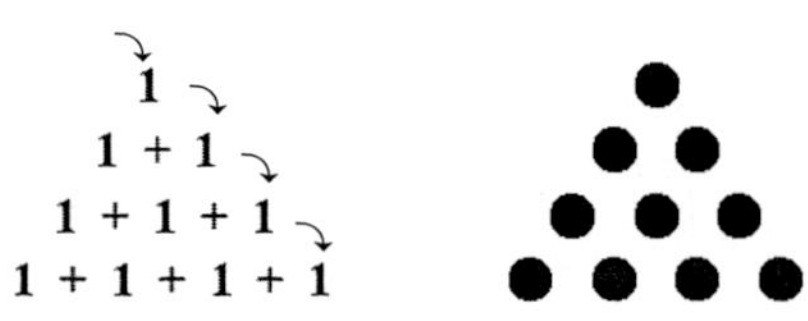

텅 빈 무의 상태에서 시작하여 부분을 하나로 이어주는 근원의 수 '1'이 쌓이고, 그 위에 '1'이 쌓이면 1+1=2이고, 이제 '2'에서 '1'이 다시 쌓이면 2+1=3이며, 마지막 '3'에서 '1'이 또다시 쌓이면 3+1=4가 생성된다. 이 경우에는 4겹

21) "테트라크티스는 열 개의 점 또는 조약돌을 볼링 핀처럼 정삼각형 모양으로 배열한 것이다. 즉, 각 줄에 1개, 2개, 3개, 4개씩 세운 것이다(10=1+2+3+4)." Michael Schneider(1994), 이충호 옮김(2002), 334쪽.

(위 좌측그림에서 '⤵')으로 성장하여 그 과정을 모두 합하면 1+2+3+4=10이라는 것이다.

여기서 왜? 커진다(성장/진화)는 뜻글자의 한자로 '거巨' 대신에 '金+巨=鉅거'를 사용했을까? 한자의 부수 중 '금부金部'는 쇠처럼 단단하고 강함을 나타내므로 '鉅거'는 물질 또는 질료로 형상화되고 커감을 뜻한다. 대우주 속에서 모든 생명체[22]는 성장하고 진화할 때, 물질(쇠와 같은 고체)로 형상화되면서 변해간다. 특히, 사람의 몸이 성장하고 커가는 과정을 떠올려 보면 이해가 쉽다. 끝으로, "대삼합육생" 속에 있는 "합"의 의미는 분명하다. 4)의 ⑦에서 수로 구성된 구절 "대삼합육생칠팔구"를 분석할 때, '대삼합'의 '육'이 어떻게 형성되는지를 자세히 살펴본다.

3) 수의 동일시, 조화원리, 도형과의 관계

천부경 첫 행의 구절 "일시무시"의 '일'은 "종무종일"의 끝 '일'과 서로 대립하는 '1'인 반면에 '일석삼극'의 '일'은 두 곳의 '1'인 "종무종일"과 "일시무시"의 '일'을 하나로 잇는 전체를 표상하는 근원('본')의 '1'이다. 다시 이 '일'은 "석삼극무진본"의 '삼'과 동일시된다('1'≡'3'). 한자어 '일(一)'을 수평으로 세 번 나란히 붙여 써보고, 다시 수직으로 겹으로 쌓아보자. 이 둘을 바라보는 관점이 다음처럼 '一 ≡三'('1'≡'3')이다.

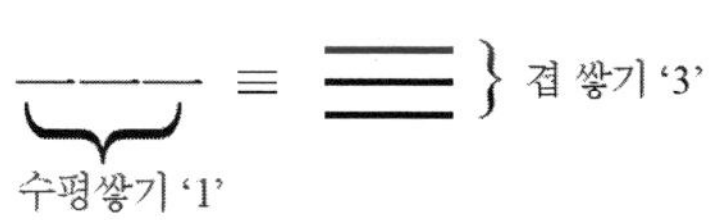

22) '천지인'의 '인'은 우주의 모든 생명체라고 말할 수도 있다. 여기서는 모든 생명체 중에서 대표로 신성의 '본'을 지닌 사람('人')을 중심으로 기술했다고 본다. 왜냐하면, "앙명인중천지일일"의 '앙명인'은 선도수행을 하는 사람이기 때문이다.

"천일일지일이인일삼"에서는 "석삼극"의 '삼'이 '천일/지일/인일'의 세 부분의 '일'로 나누어졌다('3'='1+1+1'). 여기서 '1'≡'3'의 의미는 '일석삼극'의 '일'이 공간(또는 구조)적으로 세 부분 '천일/지일/인일'로 삼분되어 '천지인'으로 조화를 이루고 있다는 것이다. 그런 후, 4행에서는 '천일/지일/인일'의 '일'이 "천이삼지이삼인이삼"으로 대비되어 나타난다. 분명히, 2)에서 살펴보았던 '적'의 셈으로 보면, '천일 → 천이 → 천삼'의 순으로 변한다. 이 경우에 "천일/천이/천삼"에 있는 세 수 '1/2/3'[23]은 하늘의 '단일성 또는 통일성/대립성 또는 양극성(예를 들면, 에너지의 '음/양')/삼의 조화성(에너지를 예로 들면 '음/중/양')'을 뜻한다. '천삼'의 '3'은 삼의 조화('3'≡'1'), 즉 근원('본')에 의하여 하나로 이어져 형상화된 현상(하늘에서 일어나는 대립성과 그 사이 또는 중)으로 삼분법적인 조화(에너지의 예로 '음/중/양')이다.[24] 반면에 "천이삼"의 '3'을 음(−)과 양(+)의 양극성에 기초한 천지인 근원('본')의 조화작용으로 바라보면, 구구단을 외듯이 '이삼'은 '육'이 될 수도 있다. 그 이유를 말하자면, 천지인(3)의 음양에 대한 조합의 총 경우의 가짓수는 $2^3 = 8$이다. 그러나, 다음 그림 3.1에서 보듯이, 네모 음영을 칠한 두 경우(+++, −−−)는 천지인의 음(−)과 양(+)의 조화의 측면에서 보면 배제할 수 있기에, 음(-)과 양(+)의 조화가 일어날 수 있는 경우의 가짓수는 '6=2×3'이다.

---

23) 천부경의 중심 수 '6'의 인자(진약수proper divisors)에도 이 세수가 들어 있다.

24) 앞으로, 셋(p/($p\wedge\neg p$)/$\neg p$)의 삼분법적인 조화를 가끔 '삼원조화三元造化'라 부른다. 예를 들면, 하늘의 '밤낮'은 상대개념이다. 그런데 이 밤(p)과 낮($\neg p$)을 구분 짓는 일출과 일몰은 두 상대개념이 혼합되어있기에 중 또는 사이($p\wedge\neg p$)의 개념이다. 땅에서도 '물'과 '뭍'의 개념은 상대적이다. 그러나 그 경계는 '물'과 '뭍'이 서로 겹쳐있다. 그리고, 사람에게도 '남녀'는 상대개념이다. 이 둘의 기질(양성)을 한 몸에 지닌 중성인 사람도 있다.

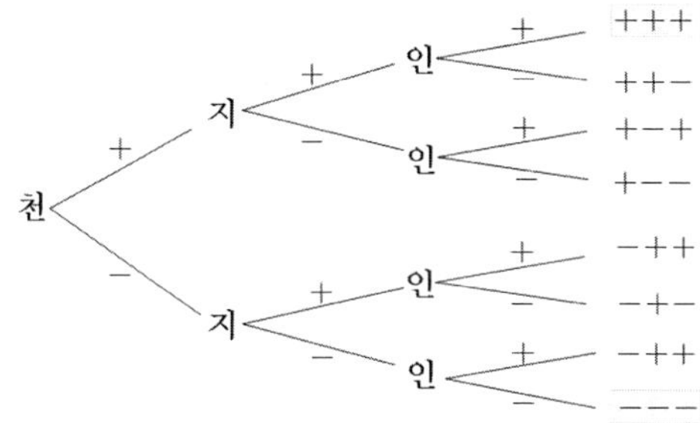

그림 3.1

이제 천부경 속의 수와 수학 도형과의 관계를 살펴보자. 앞에서 '1'≡'3'(또는 '3'≡'1')의 관계로부터 '1'은 전체로서의 하나이다. 고대 바빌로니아인은 BC 2000년경에 원주율 π의 값으로 25/8≒3을 사용했다(1장의 주석 84). '1'의 상징이 원(○)이라면, '3'은 이 원의 면적과 부피를 구할 때 사용되는 원주율을 상징한다. '1'이 전체라면, '3'은 세 부분의 조화이다. 그러므로 천부경의 '1≡3'으로부터, 수 '1'의 표상은 전체와 조화를 나타낸다. 더욱, 수 '3'은 세 개의 각과 변을 갖는 삼각형(⊿)을 상징하지만, 수 '4'는 네 개의 각과 변을 갖는 사각형(□)을 의미한다(⊿+'1개의 각과 변'=□).

한편, '3', '4', '6'과 '10'의 상호작용은 지구를 중심으로 우주 태양계에서 일어나는 우주의 법칙과 질서를 말한다. 왜냐하면, 태양계에 있는 행성인 지구와 지구를 도는 위성인 달로부터 지구의 공전주기[25]와 달의 공전주기[26]에 의하여 형성되는 수가 각각 1년(=12월, 12=3×4=6×2)과 1달(=30일=6×5주)이다. 예로부터 지구인은 밤낮으로 형상화된 '달'과 '태양'을 보면서 이 셋(달–지구–태양)의 상호작용이 만드는 자연현상의 규칙성과 특이성(흔치 않은 뜻밖의 현상으로 예를 들면, 달이 태양

25) 지구가 태양을 중심으로 그리는 궤도로 황도(黃道, 천구에서 태양의 궤도)와 일치한다. 이 궤도를 한 번 도는 데 걸리는 시간을 1년이라 한다.

26) 달이 지구를 중심으로 그리는 궤도이다. 이 궤도를 한 번 도는 데 걸리는 기간을 1달이라 한다.

을 가리는 '일식(日蝕)' 등)을 통찰하면서 살아왔다. 우주의 모든 행성은 중력과 인력 등과 같은 우주에 상호작용하는 '힘' 때문에 타원형의 궤도를 그리면서 운행한다. 그리고, 지구의 자전은 밤(일몰에서 그다음 날 일출 때까지)과 낮(일출에서 일몰 때까지)의 궤도를 창조한다. 이렇게(지구가 360=6×60도 자전) 돌고 도는 밤낮의 시간 궤도를 하루(=24시, 24=6×4)라 한다. 이러한 현상은, 지구를 중심으로 볼 때, 우리에게는 마치 태양이 황도를 따라 돌아가면서 낮의 '시/종'(밤의 '종/시')에 해당하는 '일출'과 '일몰'의 상대개념을 창조하는 것으로 느껴진다.[27] 그러나 시간의 최소 단위를 정하는 것은 '6'과 '10'의 상호작용이다('6×10=60'). 이 수가 시계의 단위(초/분/시)를 60초=1분, 60분=1시간으로 정하는 기준이다. 고대 바빌로니아인이 이러한 60진법을 사용했다.[28] 천부경을 처음 썼다는 신지 혁득은 이러한 자연의 이치를 오늘날처럼 배우지 않고도 고대이집트인들이 별을 관측하면서 태양력[29]을 계산했듯이 이미 다 깨우쳤다고 볼 수 있다. 천부경에 기술된 1에서 10까지의 수는 자연에서 생활하면서 쉽게 깨칠 수 있겠으나, 그 것(1에서 10까지의 수)을 조합한 구절[30]만으로 자연과 인간사(또는 생물체)의 이치나 현상 등을 메타언어로 표현했다는 점에서 이것(천부경)은 매우 위대한 경전이다.

4) 천부경의 수의 분석

① 먼저 아홉 글자로 쌍을 이루고 있는 첫 번째 구절 "天一一地一二人一三천

---

27) 지구의 자전과 공전 때문에 생기는 현상으로 천체의 '겉보기 운동' 또는 '시운동視運動'이라 부른다.

28) "바빌로니아의 설형 문자 숫자는 10과 60의 거듭 제곱수들의 묶음으로 이루어져 있다"(Schneider 1994, 이충호 옮김 2002: 326쪽).

29) John King(1996), 김량국 옮김(2001), 21쪽. "최초의 역사에 정확하게 기록된 해는 기원전 4231년이다. 이 해는 이집트인들이 365일(12개월 × 30일 + 5일의 축제일)로 이루어진 역법을 공포한 해였다." 라고 옮겼다. 김태화(2009), 175쪽.

30) 모두 숫자가 포함되도록 "일시무시/일석삼극무진본/천일일지일이인일삼/일적십거무궤화삼/천이삼지이삼인이삼/대삼합육생칠팔구(운)/(운)삼사성환오칠/일묘연만왕만래용변부동본/본심본태양앙명인중천지일/일종무종일"와 같이 10구절로 나눌 수 있다.

일일지일이인일삼"에 들어 있는 수를 분석해보자.

→ "천일/지일/인일"의 '일(1)'은 "석삼극析三極"[31]의 '삼(3)'에 해당하는 것으로, 공간적으로 "천/지/인"의 세 영역이다.

→ "천일일"의 끝 '일(1)'은 하늘의 수로 창조 순(시간적)으로 첫 번째라는 의미이다. 그러므로 "천일일"의 '일일'은 아인슈타인의 우주 시공간뿐만 아니라 빅뱅 이론을 동시에 말하고 있다. 이러한 관점에서 "천일일/지일이/인일삼"의 끝 '일/이/삼(1/2/3)'은 편의상 대우주의 세 경계('천/지/인')를 창조 순으로 구분하여 써놓은 우주의 질서이다.

→ "천일일지일이인일삼"에 있는 수들만 써보면 '1 1 1 2 1 3'이고, 각 수 사이에 화살표와 덧셈 기호를 교대로 넣어 계단식으로 써보면 다음과 같다.

'천일1'
1 = 1 '지일2'
'천1' +1 → 2 '인일3'
'지1' +1 → 3
'인1'

우주를 시공간으로 볼 때 "천일일"의 '일일'은 하나로 이어진다. 그러므로 "지일이"의 끝 '2'는 '천일/지일'의 '1'을 겹으로 쌓은 수(1+1=2)이고, "인일삼"의 '3'은 "지일이"의 '2'에 '인일'의 '1'을 겹으로 쌓은 수(2+1=3)이다. 이렇게 수를 셈하는 것은 한 번 더('+1') 겹으로 쌓는 행위로 "일적십거"에 따른 '일적'의 셈법이다.

---

31) 일반적으로 '석삼극'을 3태극('무극/태극/황극') 또는 대우주의 관점에서 '천상계/물질계/생명계'로 보고 천부경 전체를 조명하는 연구자도 있다. 필자는 이 절에서 공간을 일반화하는 것처럼, 0차원의 점이 움직여 1차원이 되고, 1차원의 선이 움직여 2차원의 평면으로, 다시 이것이 움직여 3차원의 공간, 또다시 이것이 움직여 4차원, 이렇게 계속하면 무한차원으로 자연스럽게 일반화시킬 수 있듯이, 천부경의 '지地'를 지구라는 행성의 입장에서 출발하여 대우주로 일반화하면 된다고 생각하여 지구라는 행성에 초점을 맞췄다. 마찬가지로 '인人'도 지구에서 살아가는 만물 중 신성을 밝힐 수 있는 인간(만물의 영장)을 중심으로 해석하기로 제한했다.

“천일일”의 끝 ‘1’은 하늘의 수이고, “지일이”의 끝 ‘2’는 땅의 수이다. 그런데 왜 땅의 수가 ‘이二’인가? 한자어 ‘二’를 써가는 순서에 따라 해석하면, 땅은 자신의 수(‘지일’의 ‘一’) 위에 하늘의 수(‘천일’의 ‘一’)가 다음처럼 겹으로 쌓여있다는 것이다.

一 ← “천일”의 ‘一’
一 ← “지일”의 ‘一’

같은 맥락에서 사람의 수(‘인일삼’의 ‘3’)는 ‘천지’의 두 수에 바탕을 두고 겹으로 쌓여 ‘3’이라는 것이다. 마찬가지로 한자어 ‘三’을 써가는 순서에 기초하여 그려보면 다음과 같다.

一 ← “천일”의 ‘一’
一 ← “지일”의 ‘一’
一 ← “인일”의 ‘一’

→ 한자 ‘一, 二, 三’의 녹도문자가 무엇인지는 몰라도 ‘인일삼’의 ‘삼’(천지인의 조화)과 ‘인삼’의 ‘삼’(삼분법적인 조화)은 조화의 관점에서는 서로 같다. 앞에서 구구단으로 ‘천일일’의 ‘일일’은 ‘1’, ‘지일이’의 ‘일이’는 ‘2’, ‘인일삼’의 ‘일삼’은 ‘3’으로 셈할 때, 이 수들이 “천일일/지일이/인일삼”의 끝수 ‘1/2/3’임을 살펴보았다. 이러한 관점에서 “천일일/지일이/인일삼”을 ‘천1/지2/인3’으로 써놓으면, 수 ‘1/2/3’이 “석삼극”의 ‘3’을 서수(하나/둘/셋)로 써 구별하고 있다.

다음 그림처럼, 갑골문자로 써진 천부경에는 수 ‘1, 2, 3, 4’가 나뭇가지를 하나씩 겹으로 쌓아놓은 것처럼 보인다.[32)]

32) 갑골문자甲骨文字로 써진 1~10까지의 수는 그 모양이 ‘1~4’까지는 손가락의 검지~새끼손가락까지를 나타내는 것 같고, ‘5’는 한 손을 펴 합장할 때(손등과 손바닥을 수평으로 나란히 세운) 모습이고,

1 2 3 4 5 6 7 8 9 10

'천일일'의 '일'은 하늘의 근원('무형지천') 수로 이것이 형상화하여 보여주는 것(유형지천)이 빛, 공기, 구름, 바람(태풍, 사이클론, 토네이도 등), 눈, 비, 벼락, 천둥, 서리, 이슬, 무지개, 극광(오로라) 등이다.[33] 같은 맥락에서 '지일이'의 '이'은 땅의 근원('무형지지') 수로 이것이 형상화하여 보여주는 것(유형지지)은 지진, 화산폭발 등의 지각변동과 퇴적작용, 침식과 운반작용(산사태, 눈사태, 붕괴, 빙하의 이동 등), 마그마 활동, 토양의 생성과 변화 작용 등이다. 마찬가지로 '인일삼'의 '삼'은 인간의 근원('무형지인') 수로 이것이 형상화하여 보여주는 것(유형지인)은 착함, 책임감, 용서함, 겸손함, 사랑, 자비, 전쟁, 다툼, 집착, 부딪침 등이다.[34]

고대 "원시 부족들은 종종 '하나, 둘, 많이'라고 수를 헤아렸고, 수메르인 역시 '남자, 여자, 많이'라고 수를 세었다.[35] 고대 원시 부족들과 수메르인들이 수 '삼' 대신에 '많이'라고 헤아렸지만, 천부경의 첫 문구는 '일시무시일석삼극무진본'이라고 표현했다. 분명히 '일'과 함께 '삼'이라는 숫자도 알아차리고 사용하고 있다. 그렇다면 어떻게 수 '삼'을 알아차렸을까? 그 해답은 "일적십

반면에 '10'은 양손을 서로 붙여 합장한 모습 같다.

33) 참전계경參佺戒經의 '경신敬神'에는 "日月星辰風雨雷霆 是有形之天 無物不視 無聲不聽 是無形之天"라 표현하고 있다. 여기서 하늘을 두 가지 양극성 '형상화 된 상태', 즉 사물(物: 해와 달日月), 보이는 것(視: 별星辰), 소리 내는 것(聲: 바람과 비風雨) , 귀로 듣는 것(聽: 우뢰와 천둥雷霆)를 '유형지천有形之天'이라 말하고, 그럴 수 없는 것(무無와불不), 즉 형상화되기 이전의 상태를 '무형지천無形之天'으로 표현하고 있다.

34) 여기서 표현한 '무형지천無形之天, 무형지지無形之地, 무형지인無形之人'은 '천/지/인'의 '무형지본無形之本'이다.

35) 고대 "원시 부족들은 종종 '하나, 둘, 많이'라고 수를 센다. 수메르인은 '남자, 여자, 많이'라고 수를 세었다."(Michael Schneider(1994), 이충호 옮김(2002), 39쪽). '셋'에 해당하는 의미가 '많이'로 헤아리고 있다. 이러한 측면에서 보면, 수 '3'도 함께 뒤섞여 많은 것, 즉 전체를 표상하는 수이다. 우리의 생활 속에도 전체를 표상하는 수 '3'의 풍습(예를 들면, 하루 세끼의 식사, 만세삼창, 가위 바이 보 게임의 삼세판, 제사의 3배, 삼고초려, 맹모삼천, 속담으로는 '서당 개 3년이면 풍월을 읊는다', '3살 버릇 여든까지 간다', 등)이 많이 남아 있다.

거”라는 구절에서 찾을 수 있다. 2)에서 이미 곱셈에 해당하는 ‘적’의 셈법을 자세히 살펴보았지만, 여기서 다시 한번 요약해두자. 앞 갑골문자의 표기를 보더라도 작은 나뭇가지를 하나씩 하나씩 겹으로 쌓는다고 하자. 10개의 나뭇가지를 겹으로 쌓으니, 양 손가락의 개수와 똑같다는 사실을 알았다. 이러한 알아차림이 “일적십거–積+鉅”이다. 이때 ‘10’은 (수를 넘어서) 완성된 형상, 즉 두 손이 합장한 모습()이다. 그러므로, 수 ‘3’은 ‘일적삼거’로 헤아린 수이다 (1+1+1=3=3×1). 이처럼 처음의 ‘1’ 다음 수 ‘2’는 ‘일적이거’이고, 계속하여 ‘9’까지 겹으로 쌓아간(또는 성장한) 후, ‘9’ 다음 한 번 더 ‘1’을 쌓은 수 ‘10’(9+1=10, ‘일적십거’), 즉 완성된 창조로 그 하나임을 알아차렸다고 생각한다. 앞의 여러 추론으로 “천일일/지일이/인일삼”의 마지막에 들어있는 수 ‘1/2/3’의 해석을 요약하면 다음처럼 다의적이다.

❶ ‘천일일’의 ‘일일’은 시공간의 개념으로 하나로 이을 수 있고, ‘1’은 ‘천일’의 ‘1’, ‘2’는 ‘천일/지일’의 ‘1’을 더한 수이고(1+1=2) ‘3’은 ‘천일/지일/인일’의 ‘1’을 더한 수이다(1+1+1=3). (이 세 끝수 ‘1/2/3’을 앞으로 ‘천/지/인’의 (근원) 수라 부른다.)

❷ ‘1’은 하늘 아버지, ‘2’는 ‘땅의 어머니’가 ‘하늘 아버지’와 함께 있는 것으로 ‘1’과 ‘2’는 ‘천지 부모’인 셈이고, ‘3’은 천지 부모가 낳은 첫 자식[36]과 함께 살아가는 최소가족의 단위를 표상하는 수이다(‘2+1=3’).

❸ ‘1, 2, 3’을 하늘에는 천신이 있고 땅에는 물과 뭍을 다스리는 두신인 수신과 토신이 있고 인간에는 삼신[37]이 있다.

② 서로 아홉 글자로 쌍을 이루는 “天一一地一二人一三천일일지일이인일삼”과 “天二三地二三人二三천이삼지이삼인이삼”에 들어있는 수를 함께 읽어

36) 피타고라스와 그의 학파는 홀수는 남성, 짝수는 여성으로 구분했기에 ‘3’은 첫 번째 태어난 사내다. 그런 연유로 고대 자연 철학자들은 ‘3’을 첫 번째 수로 불렀다.

37) 고기古記에서 말하는 ‘환인桓因, 환웅桓雄, 환검桓儉’을 말한다.

보면, 하늘은 '일일이삼', 땅은 '일이이삼', 인간은 '일삼이삼'이다. 먼저 이 수들의 패턴을 주목해보자.

⤑ '천/지/인'의 각 수를 모두 더하면 '7/8/9' 순이다.

⤑ '천/지/인'에 차례로 '1/2/3'이 두 번씩 들어 있다. 서로 다른 세 수만 합하면 모두가 1+2+3=6이다.[38] 바꾸어 말하면, 천부경의 중심 수 '6'에 '천/지/인'의 수 '1/2/3'을 차례로 더한 것, 즉 7=6+1, 8=6+2, 9=6+3이다.

⤑ "천이삼지이삼인이삼"의 '3'은 '무궤화삼'의 '3'이다. 에너지의 관점에서 예를 들어 부연하면, "천이삼"의 '2'는 '음/양'의 대립성이고, 반면에 '천일'의 '1'은 '중'의 성질이므로 "천이삼"의 '3'은 '음/중/양'의 조화이다.

⤑ "천일일지일이인일삼"이 형상화되기 이전의(눈에 보이지 않는) 근원의 세계로, 경계를 구분할 수 없는 무한한 우주 시공간의 세계를 표현("무진본")하고 있다면, 대비되는 쌍의 구절 "천이삼지이삼인이삼"[39]은 눈에 보이는 현상의 세계("무궤화삼"으로, 하나가 셋으로 나눠진 천지인의 보이는 조화 현상), 즉 씨앗이 싹트는 또는 아기가 어머니의 자궁에 착상되는 순간 등을 표현하고 있다. 이 경우, '천/지/인'을 2행에 있는 '천1/지1/인1'과 동일시[40]하면 이 구절의 숫자는 '1, 2, 3'[41]이다. 이 세수는 바로 "천일일지일이인일삼"의 끝수이다.[42]

---

38) 인터넷 천부경 해설 중에서 구름 이경숙님의 풀이다.

39) "천이"의 '2'는 '천1/지1/인1' 중에서 '천1'을 제외한 '지1/인1'의 '1'(1+1=2)로 생각하는 연구자도 있다. 이렇게 보면, "천이삼/지이삼/인이삼"의 '3'은 모두 '천지인' 삼원조화의 '3'으로 볼 수는 있겠지만, 이 경우는 "천이삼"="지이삼"="인이삼"(='천지인')이 되어 서로 다른 아홉 글자로 표현할 이유가 없다. 그러므로 이렇게 보는 관점은 부적절하다.

40) 천부경에서 "천일일지일이인일삼" 이후에 표기된 "천이삼지이삼인이삼"과 "앙명인중천지일"의 '천'과 '지'는, 비록 공간적으로 '천1'과 '지1'로 경계를 짓고 있지만, 그 자체만으로도 전체(하나)이기에 '천'과 '지'로 표기하고 있다.

41) 수 '6'의 진약수이다. 이 세 수를 더하거나 곱해도 '6'이다. 진약수의 합이 자기 자신과 같은 수를 '완전수'라 부른다. 플라톤은 『국가론』국의 8권에서 첫 번째 완전수 '6'을 신적인 탄생 주기를 갖는 수로 생각했다(2.6절 참고).

42) 이어지는 두 수를 구구단으로 외워보면, '천일지이인삼'이다. 이 세 수 '1/2/3'은 '천/지/인'을 우주의 질서(시간) 또는 창조 순으로 정의한다.

여기서 아홉 글자로 쌍을 이루는 "천일일지일이인일삼"과 "천이삼지이삼인이삼"의 대비를 요약하면, 보이지 않는 '천일/지일/인일'의 '일', 즉 하나로 이어주는 근원('본')의 '1'이 '천이/지이/인이'의 눈에 보이는 '2'(대립성 또는 양극성)를 만나서 '천이삼'의 끝 '3'("무궤화삼"의 다함이 없는 조화의 '3')으로 바뀐다. 반면에 "천일일/지일이/인일삼"에서 '천/지/인'에 들어있는 보이지 않은 근원의 두 수에 연산 작용(+/×/−)을 차례로 해보자. 먼저 "천일일"의 '일일'을 더하면 "천이삼"의 '2', 다음 "지일이"의 '일이'를 곱하면 "지이삼"의 '2', 마지막으로 "인일삼"의 큰 수(보이는 조화의 '3')에 작은 수('본'의 작용인 하나로 이어주는 '인일'의 '1')를 빼면 "인이삼"의 '2', 즉 모두 보이는 세계의 양극성으로 나타난다. 이것을 그려보면 다음과 같다.

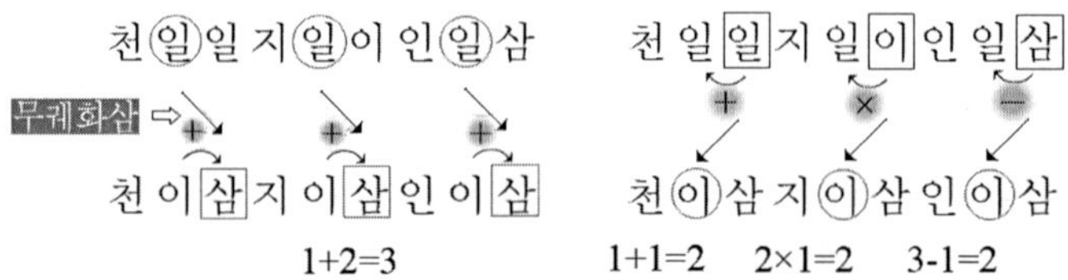

⇢ '천이삼'은 '천이'(하늘의 양극성)에 음양에 따른 천지인 근원('본')의 조화를 겹으로 쌓은 것이다. 이 경우에 "천이삼"의 연속된 두 수 '이삼'은 구구단을 외듯이 '육'(2×3=6)이다(그림 3.1). '천이삼'의 '3'은 조화의 관점에서 '천삼'의 '3'과 같지만, "천이삼"은 '천이'(근원의 대립성)와 '천삼'(삼분법적인 조화성)을 결합하여 함께 써놓은 것이다. 같은 이유로 "지이삼"과 "인이삼"의 '이삼'도 '육'이다. 이처럼 '이삼'을 구구단을 외듯이 '육'으로 보면, "천이삼지이삼인이삼"은 '천6지6인6'[43]이다. 플라톤은 그의 저서 『국가론』에서 이 세 수의 곱, '216'을 인간의 수라고 언급했다(2.6절).[44] 수 '6'의 진약수 '1, 2, 3'의

43) 반야심경의 '6근/6경/6식'과 대비된다. '6근根'는 '안眼이耳비鼻설舌신身의意', '6경境'은 '색色성聲향香미味촉觸법法', '6식識'은 '안계眼界~의식계意識界'이다.

44) 플라톤은 『국가론』의 8권에서, 피타고라스 3쌍 '3, 4, 5'의 입방근을 모두 더하면 216, 즉 $3^3 + 4^3 + 5^3$

덧셈과 곱셈으로 자신의 수를 표현해 보면 다음 세 가지가 가능하다.

$$\begin{array}{c} 3+3 \\ \| \\ 1+2+3 = 6 = 2+2+2 \end{array}$$

⇢ 일반적으로, "천이삼"의 연속된 두 수 '이삼'에 대한 '합'의 셈은 '오'이고 '적'의 셈은 '6'이기에 '이삼'은 '5'와 '6'의 조합을 뜻한다. 예를 들면, 하늘에는 오운五運 육기六氣, 땅에는 오대양 육대주, 사람에게는 오장육부이다.

⇢ 양의 특성은 밝고 비우는 것이라면, 음은 어둡고 채우는 것이다. 인간의 오장(폐, 간, 심, 비, 신)과 심포는 항상 채워져 있어야 좋기에 음이고, 반면에, 육부(위, 소장, 대장, 담, 방광, 삼초)는 (가능한) 비어있을수록 좋기에 양이다. 또한, 사람의 몸속에 있는 장부의 에너지는 '간/담', '비/위', '폐/대장', '심/소장', '신/방광', '심포/삼초'의 짝으로 '음/양'이 조화롭게 이루고 있다.[45] 분명히, 비우는 에너지는 하늘의 에너지이고, 채우는 것은 땅의 에너지이다. 그러므로 하늘은 양(⚊)이고 땅은 음(⚋)이다. 태호太昊 복희씨가 처음으로 사용했던 주역의 괘에 쓰는 두 부호를 사용했다. 왜냐하면, '천일일'과 '지일일'의 마지막 '一'을 "일적십거"에 근거하여 겹으로 쌓으면, 다음 두 가지 방법이 가능하다. 위로 쌓으면 '二'이 되고 나란히 옆으로 두면 '一 一'이다. 전자는 '지일이'의 한자어 '二'이고, 후자는 주역의 괘에 사용되는 음의 부호 '⚋'이다. 더욱, 양의 성질은 쉽게 흩어지므로 자유롭다. 반면에 음의 성질은 채우고 저장해야 하기에 자유롭지 못하다. 수술의 꽃가루는 바람에 흩어지므로 양이다. 반면에 음인 암술은 씨앗을 맺어야 하기에 꽃대에 항상 붙어 있다. 같은 이치에서 남자가 양이고 여자는 음이다.[46]

$=6^3$임을 표현하고 있다.

45) 몸속에서 음의 장기(간, 비, 폐, 심, 신)는 위쪽에 있는 반면에, 서로 짝을 이루고 있는 양의 장기(담, 위, 대장, 소장, 방광)는 음의 장기 바로 아래에 있어 서로 조화롭다. 왜냐하면, 채워져 있는 음의 지기는 땅으로 내려오고, 비어있는 양의기운은 하늘로 올라가는 성질이 있기 때문이다.

자연계의 모든 생명체는 이러한 음양의 양극성과 천지인의 조화성의 결합으로 성장하고 커간다. 이러한 의미를 천부경에서는 "천이삼지이삼인이삼"라고 기술했다.

③ 이제 천부경에 11번 나타나는 수 '1'을 살펴보자.

기하학자 미카엘 슈나이더(Michael Schneider)는 1984년에 출판한 그의 책47)에서 모나드Monad '1'을 '단일성' 또는 '통일성', 즉 '전체로서의 하나'라고 생각했다.48) 천부경의 '1'은 '전체로서의 하나'로 이어줄 때는 '본本'으로 정의하고 있다. 반면에 서로 대립하는 두 부분의 하나는 '일일'(one, the other)로 나란히 세 번 표기하고 있다. 예를 들면, 2행의 "천일일"과 8, 9행의 핵심 구절인 "앙명인중천지일일종무종"에 '일일'로 나타난다. 마지막 하나는 천부경 81글자를 우주 내의 행성과 위성의 (자취인) 타원궤도 위에 올려놓거나 우주의 2차원 모형인 뫼비우스 띠(또는 클라인 병) 위에 올려놓으면 마지막 '종무종일일시무시'로 나란히 이어진다(그림 3.2).

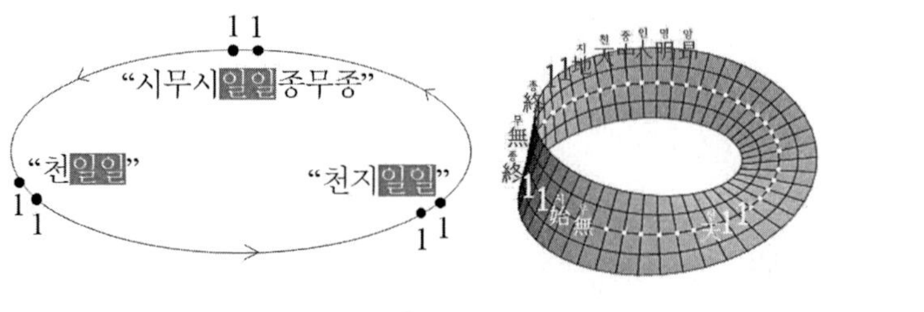

그림 3.2

46) 양(━)은 하늘, 남자, 단단함, 움직임 등을 상징하며, 음(╍)은 땅, 여자, 부드러움, 고요함 등을 상징한다. 우리의 언어도 한자(뜻글자)는 음이고 한글(소리글자)은 양이다.

47) Michael Schneider(1994), 이충호 옮김, 『자연, 예술, 과학의 수학적 원형』, 경문사, 2002.

48) Michael Schneider(1994), 이충호 옮김(2002), 이 책(번역서)의 차례에서 1부터 10까지의 수를 "1 전체로서의 하나, 2 탱고를 추려면 둘이 필요하지, 3 부분의 조화, 4 어머니 물질, 5 재생, 6 구조-작용-질서, 7 매혹적인 처녀, 8 주기적인 재생, 9 지평선, 10 수를 넘어서"(vii쪽)라고 이름 짓고 있다.

‘일일’로 이어지면서 표현된 세 곳은 서로 다른 두 대립개념(또는 양극성)이다. 이 둘의 양극성을 하나로 이어주는 것은, 전체를 하나로 이어주는 가름할 수 없는 절대적인 ‘힘’(immeasuable power)의 작용(⑦에서 언급하는 중심수 ‘6’의 ‘공간–힘–시간’ 또는 ‘구조–작용–질서’의 가운데 있는 ‘힘’의 ‘작용’), 즉 우주를 움직이는 근원(‘본’)의 조화작용이다. 그림 3.2에서 세 번 나타나는 ‘일일’은 모두 하나로 붙여보라는 것이다. 실제로, 한자어 ‘一’을 두 개 나란히 쓰고 이어붙이면 하나의 긴 선으로 나타난다. 부분으로 하나인 두 양극성(“일일”, one, the other, 서로 대립하는 것)을 잇고 나면 ‘전체로서의 하나’이다. 이렇게 3번 나타나는 “일일”을 하나로 잇고 나면 11개의 ‘1’이 8개로 줄어든다. 그런데 “앙명인중천지일일종무종”의 ‘일일’은 근원(‘本’)의 조화작용(신적인 ‘힘’ 또는 ‘하나(‘1’)님’의 작용)으로 보기엔 좀 부적절한 면이 있다. 이 구절에서 “앙명인중천지일”의 ‘일’은 오직 신성을 밝혀 복본(復本, 근원으로 되돌아감)을 하려는 ‘앙명인’[49]의 수행을 뜻한다(④에서 보다 자세히 설명). 반면에 “일종무종”의 ‘1’은 근원으로 되돌 와 하나가 된 근원(‘본’)의 통일성이다. 이렇게 보면 천부경 전문에서 하나로 이어주는 근원의 조화성을 나타내는 ‘1’은 모두 9번 나타난다고 볼 수 있다. 이제 9개의 ‘1’로 된 수 ‘111,111,111’(‘천3/지3/인3’의 ‘3=1+1+1’에 나타나는 ‘111’이다)의 아름다운 대순환을 한 번 그려보자.

```
                1 1 1 1 1 1 1 1 1      111,111,111×10^0
              1 1 1 1 1 1 1 1 1 0      111,111,111×10^1
            1 1 1 1 1 1 1 1 1 0 0      111,111,111×10^2
          1 1 1 1 1 1 1 1 1 0 0 0      111,111,111×10^3
        1 1 1 1 1 1 1 1 1 0 0 0 0      111,111,111×10^4
      1 1 1 1 1 1 1 1 1 0 0 0 0 0      111,111,111×10^5
    1 1 1 1 1 1 1 1 1 0 0 0 0 0 0      111,111,111×10^6
  1 1 1 1 1 1 1 1 1 0 0 0 0 0 0 0      111,111,111×10^7
1 1 1 1 1 1 1 1 1 0 0 0 0 0 0 0 0      111,111,111×10^8
---------------------------------
+)1 2 3 4 5 6 7 8 9 8 7 6 5 4 3 2 1
```

앞 그림은 ‘111,111,111×111,111,111=12,345,678,987,654,321’을 도해한 것

49) 아침 태양이 솟아오를 때마다 단전호흡 등으로 선도수행을 하는 사람 또는 참선 등의 선도수행으로 신성을 밝히려는 수행자를 뜻한다.

이다(문제 2.2.2). 천지인의 세수가 하나로 이어진 수 '111111111'이 대순환(억(10^8))만 번의 순환)을 하고 나면 마지막에는'111111111×10^8'로 변한다. 앞의 그림은 이처럼 '111111111'에서 출발하여 아홉 단계로 변해가는 과정을 그려본 것이다. 9개의 행으로 된 모든 단계의 자릿수끼리 차례로 더하면 '12345678987654321'이란 숫자가 나타난다. 이 수들은 천부경의 81글자를 대각선 방향으로 헤아려 본 수와 같다.

- → "일석삼극"의 '일'은 그림 3.2의 "종무종일일시무시"의 '일일'(서로 대립하는 두 부분의 일)을 하나로 이어준 것으로 전체(예를 들면, 대우주에 있는 전체 에너지 등)를 표상하는 '1'의 조화작용(이러한 '1'님을 '하나님'이라 부른다)이다.
- → "천일일지일이인일삼"의 '일'은 ①에서 이미 살펴보았다.
- → "일적십거"의 '일'은 아홉 번의 성장을 끝낸 후 '한 번 더(+1)' 이어져 겹으로 쌓는다는 뜻이다. 이것은 각 부분에 대한 '일'의 근원('본')의 작용이다.
- → "일묘연만왕만래용변부동본"의 '1'(첫 시작의 '일')은 오묘하게 변화해 가는 현상을 하나로 이어주는 근원(마지막 '본')의 '1'이 갖는 속성이다.
- → "천지일일"의 '일일'은 끊어 읽기에 따라 두 경우로 나누어 생각할 수 있다. 그 첫 번째 경우로, 8, 9행의 구절 "본심본태양/앙명인중천지일/일종무종일"(또는 "본심본태양앙명/인중천지일/일종무종일")로 끊어 읽으면, 이 둘의 '일일'은 앞에서 말했듯이 미묘한 차이로 구별된다. 이 구절을 떠올릴 때마다 필자는 에너지 수련을 받았을 때 자주 접했던 '천지기운 내 기운, 내 기운 천지기운, 천지마음 내 마음, 내 마음 천지마음'[50]이란 활구活句를 떠올리게 한다. 왜냐하면, '본심', 즉 '1'의 본성은 '마음'이고, '본태양', 그

50) 이승헌, 『단학』, 1992(초판), 2011(개정3판)의 198쪽 "그때 홀연히 내 마음속에서 '나는 누구인가?'라는 물음이 떠올랐고 동시에 '나는 천지기운이다'라는 말이 흘러나왔습니다. 대자유와 환희심이 내 입에서 오도송으로 흘러나왔습니다. '천지기운 내 기운, 내 기운 천지기운, 천지 마음 내 마음, 내 마음 천지마음.'

마음은 '태양'과 같다. 여기서 말한 태양의 마음이 '천지마음'이요, '천지기운'이다.[51] 여명 속에서 밝게 솟아오르는('앙명') 태양을 보고 선도수행을 하는 수행자의 중심(마음, '앙명인중')에 '천지 마음'과 일체가 되어('천지일') 대삼합('내 마음'+'천지 마음')을 이루고 있다는 것이다. 그러므로 "앙명인중천지일"의 '1'은 수행자가 복본(復本, 근원으로 돌아감)을 이루고자 하는 수행이므로 그다음 "일종무종"의 '1'과는 미묘한 차이가 있다. 왜냐하면, 수행하여 복본을 이룩한 자와 그렇지 못한자가 있는 반면에 "일종무종"의 '일'은 근원의 '1'로써 복본을 성취한 자뿐만 아니라, 모든 수행자를 뜻하기 때문이다(마찬가지로, "본심본태양앙명/인중천지일/일종무종"로 끊어 읽더라도, "인중천지일"의 '1'은 "일종무종"의 '1'의 한 부분이라는 차이점이 있다). 두 번째 경우로 "본심본태양/앙명인중천지일일/종무종"(또는"본심본태양앙명/인중천지일일/종무종")로 끊어 읽으면, "천지일일"의 '일일'을 각각 '천일'과 '지일'의'일'로 볼 수 있다. "앙명인"은 선도 차원에서 이른 아침 솟아오르는 태양을 맞이하면서 단전호흡(오늘날 명문 호흡)을 수행하는 사람이다. 그러면 "앙명인중"의 '중'은 무엇인가? 프라 루카파촐리[52]에게 신성한 비례(황금비)의 개념을 배운 레오나르도 다 빈치는 인체의 비례를 그린 소묘素描인 <비트루비우스[53]적 인간>을 통해 "자연이 낸 인체의 중심은 배꼽이다."라고 말했지만, 에너지氣 수련에서는 배꼽에서 대략 5cm가량 떨어져 있는(하)단전이 중심이다. "앙명인중천지일일"의 '일일'은 하늘에서 백회로 내려오는 하나의 선을 뜻하는

---

51) 이승헌, 『오늘부터 수승화강』, 한문화, 2021(1쇄), 44쪽: "기생심 심생기氣生心 心生氣, 에너지가 마음을 만들고, 마음이 에너지를 만든다." 이러한 관점에서 바라보면, '심心'과 '기氣'는 서로 떼어놓을 수 없기에 '천지기운'과 '천지마음'도 마찬가지로 서로서로 같은 의미를 생성한다.

52) 프라 루카 파촐리(Fra Luca Pacioli, 1446/7-1517)는 레오나르도 다 빈치(Leonardo da Vinci, 1452-1519)의 수학 선생으로 복식 부기법의 발명, 저서로 1509년에 출판한 『신성한 비례De Divina Proportione』가 있다. '신성한 비례'는 황금비의 다른 이름이다.

53) 비트루비우스(Vitruvius, BC 081~015)는 로마의 건축가로 BC 25년경에 '건축십서'를 썼고, 그곳에서 오늘날의 건축의 3대 요소(기능-구조-미)에 해당하는 것으로 '편리commodity-견실함 또는 튼튼함firmness-아름다움beauty'을 말했다.

'일'(천선줄, '천≡천일'의 '일')과 땅으로부터 올라오는 또 하나의 선을 상징하는 '일'(지선줄, '지≡지일'의 '일')이 "앙명인"의 중심인 하단전('인일'의 '일')에서 하나로 이어진다는 것(천부경의 "대삼합")으로 해석할 수도 있다. 이렇게 해석해도 '천지일일'의 '일일'은 서로 구별된다. 오직 '앙명인'만이 '전체로서의 하나'로 이어져 복본하지만, 그렇지 못한 경우는 천선줄인 '천일'과 지선줄인 '지일'로 서로 양립한다.

⇢ "종무종일"의 '일'은 "일시무시"의 "일"로 이어진다. 이 두 부분(양극성)을 하나로 이어주는 것은, 전체의 근원('본')이 작용하는 보이지 않는 '힘'이다. 이 힘의 작용으로 우주 내의 모든 행성과 위성은 하나로 일정한 주기로 돌아가면서 법칙을 창조한다(그림 3.3).

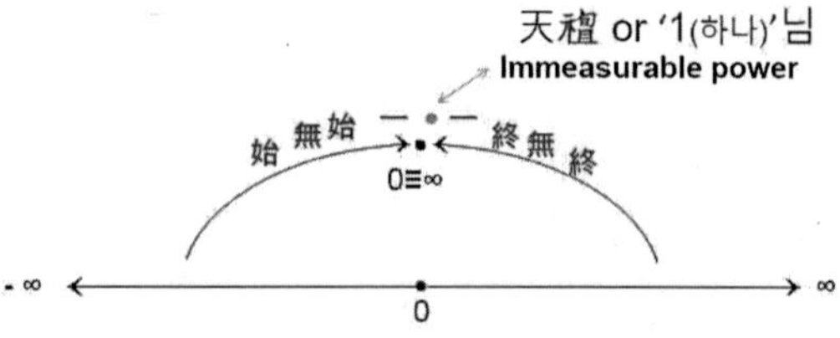

그림 3.3

앞 그림의 내용을 부연해보자. 다섯 글자로 쌍을 이루고 있는 '일시무시일'과 '일종무종일'에서 수 '일'을 제거한 '시무시'와 '종무종'은 '시/무시', '종/무종'이란 상대개념을 이어주는 중간 또는 사이의 개념이다. '시/무시'의 상대개념은 근원의 수 '일'이 전체이며 창조자로서 형상화가 시작됐지만, 그 근원('본')은 '형상화되기 이전의 상태'로 그대로 있다. 천부경에는 '무'가 네 번('무시', '무진', '무궤', '무종') 나타난다. 모두 '유무'의 상대개념이다. 그러므로 '무시'는 '시작이 없다 또는 그대로 있다'라는 뜻이다. 반면에, '종/무종'의 상대개념은 성장과 진화의 관점에서 이미 형상화된 것(유형지본)은 성장을 마친 후 그 명이 다했지만('종'), 형상화되기 이전의 근원(무형지본)은 끝남이 없고('무종') 그것은 '새로운 시작'(10≡1+0=1)을 한다는 것이다('무종일시'). 이처럼 '종무종일'의 '일'과 '일시무시'의 '일'을 함께 겹쳐 써보면 '종무종일시무시'이다. 이 글 속에는 겹쳐진 수 '일'을 중심으로 우측 그림처럼 대칭적인 구조가 잠재해 있다. '종무종일시무시'의 '일(1)'은 누구인가? 전체이며 조화를 상징하는 형상화되기 이전, 근원의 자리에 계신 하나님('1님')이다. 하나님의 창조력, 그 신성의 숨결(창조력)로 마지막 '종무종일'의 '일'은 그림 3.3처럼 처음 '일시무시'의 '일'에 하나로 이어진다. 마치 무한한 에너지를 가진 한 줄기 빛이 태양의 형상화되기 이전의 근원(흑점)에서 나와 우주라는 큰 고리를 순환한 후 본래의 자리인 근원에 회귀하는 모습이다. 엄밀히 말하면, 양 끝이 없는 하나의 선이 양방향으로 무한히 뻗어나간다고 생각하자. 그 마지막 양 끝을 우리는 볼 수는 없지만, 그러한 자리를 우리는 무한(∞)이라 말한다. 바로 그 자리에 하나님이 있어 '일시무시'의 '일'과 '종무종일'의 '일'을 잇는다.[54] 아마도 이 근원의 자리는 알 수 없는 형이상학적인 곳이다. 이렇게 근원의 자리로 되돌아간 '종무종일'의 '일'은 다시 첫 '일시무시'의 '일'로 하나로 이어져 조화로운 전체의 하나로 '새로운 시작'을 하고 윤회한다.[55]

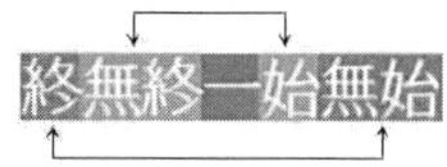

앞의 분석처럼, 천부경의 수 '1'은 다양한 꼴로 변형되어 나타나고 있다. 보이지 않은 통일성, 즉, 하나로 이어주는 근원을 표현할 때는 '본本'으로 4번("무진본", "용변부동본", "본심", "본태양") 표기했다. 그리고, 하늘('天'), 땅('地'), 생물체('人') 전체를 하나로 나타낼 때는 "천일", "지일", "인일"로 표기했다. '1'의 또 다른 모습은 수학의 극한개념처럼 소멸하거나(0) 멈춤이 없는 무한(∞)을 뜻하는 '무無'로 4번('무시', '무진', '무궤', '무종') 기술되어 있다. 마지막 '1'의 탈바꿈은 숫자로 3번 나타내고 있다. 말하자면, 형상화된 삼원조화(예를 들면, '천/지/인')의 수 '3'('1'≡'3'),

---

54) 수학의 위상적 측면에서는 양 끝이 없는 하나의 선에 무한을 표상하는 한 점(∞)을 더해주면 형상화된 원과 동일시할 수 있다. 이것을 수학의 전문용어로 '한 점 콤팩트화(one point compactification)'라고 한다.

55) 이러한 관점은 다윈의 진화론, 불교의 윤회론, 영혼 불멸성 등과 결부된다.

천부경의 중심에서 하나로 '작용'하고 이어주는 절대적인 '힘' 또는 '법칙'을 표상하는 수 '6', 눈에 보이지 않는 성장의 마지막 단계, 즉 완성을 표상하고, '새로운 시작'을 뜻하는 완성수 '10'(10≡1+0=1)이다.

④ 천부경의 수 '2'는 "천지인"의 두 대립(one, the other)하는 양극성을 나타내고 있다.

---> 첫 번째 '2'는 "지일이"의 '2'이다. 이 '2'는 "천일"의 '1'과 "지일"의 '1'을 더한 것으로 "천지" 역시 대립하는 양극성이다.

---> 나머지 세 개의 '2'는 아홉 글자로 쌍을 이루고 있는 "천이삼지이삼인이삼"의 '2', 이것은 ②에서 이미 살펴보았듯이 대립성 또는 양극성을 뜻한다.

⑤ 여덟 번 나타나는 수 '3'은 형상화된 삼원조화로 다음처럼 조화의 관점에서 모두 똑같다.

---> "일석삼극"의 '3'은 '천일/지일/인일'의 세 개의 '일'(천지인의 조화)로 나누어짐을 말한다.

---> "천일일지일이인일삼"의 '3'은 시공간의 개념으로 볼 때, 마찬가지로 천지인의 조화('천1/지1/인1'의 세 개의 '1'을 더한 것)이다.

---> "무궤화삼"의 '3'은 삼분법($p/(p\wedge\neg p)/\neg p$)적인 조화이다. 예를 들면, 에너지적인 관점에서는 '음/중/양'이다. 즉 '음양'의 양극성에 대한 사이의 개념으로 '중'이다.

---> "천이삼지이삼인이삼"의 '3'은 "무궤화삼"의 '3'이다. 하늘을 예로 들면, "천이삼"의 '2'(하늘의 대립성 또는 양극성)+"천일"의 '1'[56])을 더한 수이다.

---> "대삼합"의 '3'은 "천일/지일/인일"의 '일(1)'을 합한 것(3=1+1+1)으로 '천지

56) 천부경의 "무진본"과 "용변부동본"에 있는 '본'의 성질로, 하늘의 양극성 또는 대립성을 하나로 이어주는 '중' 또는 '사이'의 개념이다.

인'의 조화이다.

→ "운삼사성"의 '3'은 '천지인'에 대한 삼분법적인 조화로, "천이삼지이삼인이삼"의 '3'을 말한다. 또는, '운삼'의 '3'을 '태양, 지구, 달' 또는 이 셋의 작용으로 나타나는 세 법칙[57]의 조화('운삼')로 생각할 수도 있다. 이 셋의 조화가 보여주는 현상이 바로 천지 만물에서 나타나는 4계절('사성')이다.

⑥ 수 '5'는 "삼사성환오칠일"에 딱 한 번 나타난다. 미카엘 슈나이더의 책에는 수 '5'를 자기 닮음의 '재생'(프랙털 현상)으로 설명한다.[58]

밤하늘의 별을 상징하는 펜타그램(pentagram, 피타고라스 학파의 상징인 별 모양의 오각형), 군 계급제도의 오성장군, 오각형을 잡아 늘이거나 찌부러뜨린 잎 모양, 5개로 된 손가락과 발가락, 오각형의 구조를 띤 손바닥의 모양, 인체의 다섯 갈래(머리를 기준으로 양팔과 두 다리를 좌우로 펼치고 서 있는 모습), 동물의 오각형 형태를 지닌 발자국 모양, 먹을 수 있는 과일 씨앗의 오각형 배열, 제5 원소(정12면체) 등 많은 것(정오각형 구조가 지닌 황금비와 황금나선, 피보나치 수의 다양한 패턴 등)을 소개하고 있다.[59] 필자는 천문 관측자료를 보고 하루 중 밤낮의 길이가 최대로 편차가 날 때(동지: 하지)의 비를 살펴보니 거의 5:7.5에서 최대 5:8까지 편차가 있음을 살펴보았다(6절에 있는 천부경 전문 해석의 예 2).

⑦ "대삼합육생칠팔구大三合六生七八九"에 들어있는 세 개의 수 '3–6–9'의 마디를 살펴보자.

먼저 미카엘 슈나이더의 책에 소개된 다음 내용을 인용해보자.

---

57) 지구의 자전과 공전, 달의 공전이 창조하는 법칙으로 차례로 '1일=24시', '1년=12월', '1월=30일'이다.

58) Michael Schneider(1994), 이충호 옮김(2002), 174쪽. "상징 기하학에서 펜타드의 본질적인 원리는 생명과 자기 닮음의 성질로 표현되는 '재생'이다." 미카엘 슈나이더는 수 '5'를 자기 닮음의 '재생', 즉 바꾸어 말하면, 소용돌이나 나선형처럼 프랙털 현상으로 해석하고 있다.

59) Michael Schneider(1994), 이충호 옮김(2002), 96~177쪽.

수학적 철학자들(수는 3에서 탄생하여 9에서 끝난다고 본)에 따르면, 6은 진짜 수 중 네 번째 수이다. (중략) 육각형에는 효율적인 구조, 작용, 질서가 나타난다는 메시지가 담겨있다. 그러나 이 세 개의 별개의 단어는 통일성을 나타낸다. 그 이름들이 나타내는 속성은 항상 분리되어있지 않고 통합되어 있으며, 보르메오 고리(Borromean rings)처럼 모두 동시에 존재하거나 아무것도 존재하지 않든지 해야 한다. 우리는 핵사드의 원리를 '구조-작용-질서'와 '공간-힘-시간'으로 부를 것이다. 과학자들은 시간과 공간을 분리하는 것은 옳지 않다는 사실을 인식하고 있으며, 둘을 합해 시공간이라 부른다. 그러나 거기에는 반드시 포함시켜야 할 제3의 요소인 힘이 있다. 전체적인 사건은 모두 이 세 측면이 교차하는 곳에서 나타난다. 핵사드는 그것들의 틀을 나타낸다.[60]

앞 인용 첫 문장의 작은 글씨체로 써진 "수는 3에서 탄생하여 9에서 끝난다"라는 고대 자연 철학자의 관점을 다음처럼 그려보자.

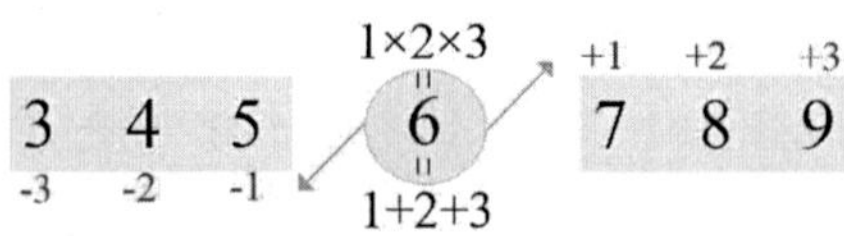

4번째 수 6(천부경의 중심수)을 기점으로 앞/뒤로 세 개의 수를 두 그룹으로 나누어 보면 앞의 그림과 같다. 수 6은 '천/지/인'의 근원 수 '1/2/3'의 합과 곱으로 표현되기에 고대 자연 철학자들은 이 수를 '부분들의 완성'이라고 불렀다. 우측의 세 수('7 8 9')는 중심 수 6에 근원의 수 '1/2/3'을 차례로 더하면 생성되고, 반대로 좌측의 세 수('5 4 3')는 차례로 빼면 얻어진다(즉, 3+4+5=12이고, 7+8+9=24=2(3+4+5)이다). 이러한 관점에서 살펴보면 '5'(=6−1)와 '7'(6+1)은 하늘, '4'(=6−2)와 '8'(=6+2)은 땅, '3'(=6−3)과 '9'(=6+3)는 사람(또는 생명체)의 현상을 차례로 나타낸다(예시는 ⑧참고). 그리고 천부경의 중심 수 '6'은 각 성장의 단계를 연속적으로 이어주는 근원('본')의 '구조(우주)-작용(무게 및 그 밖의 측정기준)-질서(시간)'[61]이고, '공간-힘-시간'이

60) Michael Schneider(1994), 이충호 옮김(2002), 179쪽.

다.[62] 우주의 모든 천체를 조화롭게 잡아당기고 있는 보이지 않는 '힘'의 작용(이것이 천체를 돌리고 궤도의 법칙을 생성한다)이 우주의 질서를 유지維持한다. 그러므로 천부경의 중심에 있는 '6'은 우주에 작용하는 근원(전체를 하나로 이어주는 '1'의 '본')의 '힘'의 작용이 생성하는 우주 법칙의 수이며, '천/지/인' 근원의 세 수를 합한 것으로, 전체를 하나로 이어주는 '1' 또는 '본'의 변형된 한 모습(천부경의 "용변부동본")이다.

--→ 첫 번째 '3'은 "대삼합"의 '3=3^1'으로 천지인의 조화로 형상화를 시작하는 모습이다. 식물이 싹이 트거나 아기가 자궁 속에 성장을 위한 터를 잡는 순간이다. 마지막 '9=3^2'는 성장을 끝낸 상태로 식물이 열매를 맺거나, 동물은 성장을 끝내고 두 양극성, 예를 들면 천지 부모가 '십十'("일적십거"의 '십')하여 창조를 할 수 있는 상태이다.

--→ "대삼합육생"은 '대삼합'('천+지+인')이 '6'을 생성한다. 무엇에 "대삼합"(천지인)이 작용하여 육이 되었을까? "천이삼지이삼인이삼"에서 '천/이/삼'의 '천≡천1'(동일시)할 수 있기에 '1/2/3'의 세 수가 나타난다. 이 세 수는 천부경의 중심 수 '6'의 진약수로 "천일일/지일이/인일삼"의 끝수(천지인의 근원수)들이다. 이 세 수(1, 2, 3)를 더하거나 곱해도 '6'이 된다. '지이삼'과 '인이삼'도 유사한 방법으로 '6'이 된다.

--→ "대삼합"[63]을 '천이삼/지이삼/인이삼'에 있는 '천지인'으로 생각하면,

---

61) Michael Schneider(1994), 이충호 옮김(2002), 208쪽. "구조(우주): 12인치=1 피트, 36인치=1야드, 6피트=1패덤(fathom은 양팔을 펼쳐서 포옹하는 것을 뜻하는 색슨 어 faetm에서 유래했다), 660피트=1펄롱(furlong은 'furrow length(고랑길이)'를 가르키는데, 1에이커에 고랑을 판 거리를 직선으로 펼친 길이에 해당한다), 360도=원주각, 60분=1도, 60초=1분. 작용(무게 및 그 밖의 측정기준):12=1다스, 12다스=1그로스(gross), (원래) 12온스=1파운드. 질서(시간): 60초=1분, 60분=1시간, 24시간=1일, 30일=1달, 12달=1년, 360(+5)일=1년."

62) 필자의 견해는 '공간-힘-시간'과 '구조-작용-질서'는 같은 의미를 표현한다고 생각한다. 왜냐하면, 우주의 시공간을 움직이는 것은, 바로 중력, 인력, 등과 같은 '힘'의 '조화작용'이다. '구조'는 세 곳의 '공간'으로 나눠지고("석삼극"), '질서'는 창조되는 순서, 즉 '시간'으로 볼 수 있기 때문이다.

63) "대삼합"은 "천이삼지이삼인이삼"에서 '천3+지3', '지3+인3', '천3+인3'의 세 가지 경우로 볼 수도

'천이/지이/인이'에 들어있는 세 개의 '2'(양극성 또는 대립성)의 합(2+2+2=6=2×3)을 뜻하고, 이것이 구구단으로 외듯이 '이삼'은 육(6)이다.

⑧ "생칠팔구"에 들어있는 수 '7/8/9'를 살펴보자.

⟶ 미카엘 슈나이더 박사의 수 분류와 결합해보면, '7'(=6+1, 하늘의 수 '1')은 '매혹적인 처녀', '8'(6+2, 땅의 수 '2')은 '주기적 재생', '9'(6+3, 인간의 수 '3')는 '지평선'의 수이다. 바꾸어 말하면, '7/8/9'는 "천11/지12/인13"의 마지막 '1/2/3'을 천부경의 중심 수 '6'에 차례로 하나씩 더하면 생성된다. 그러므로 '7=6+1'은 하늘의 현상이고, '8=6+2'는 땅의 현상이며, '9=6+3'은 인간의 현상을 나타낸다.[64] 예를 들면, '7'은 하늘의 현상으로 7가지 무지개색, '북두칠성', '안식일'을 뜻하는 7번째 날(1주=7일) 등을 말한다. '8'은 '천지天地'의 주기적인 현상, 즉, 주역의 8괘卦[65] 와 64(=8×8)괘, 8방위, 음악의 한 옥타브Octave를 나타내는 완전 8도 음계 등이 있다. '9'는 '천지인'의 완전한 현상으로 탄생과 관련이 있다. 사람 세포의 중심체 구조인 9개의 고리[66], 출생 전 9달 동안 자궁 속에 머무는 태아(잉태의 수 9), 신체의 아홉 구멍(9규九竅), 인체의 관절 마디는 9개의 마디가 유기적으로 결합하여 삼분법으로 성장해간다.

있다. 이 경우 "대삼합육"은 모두 '3+3=6'이다.

64) ①에서 '천/지/인'의 근원 수 '1/2/3'에 대하여, 땅의 근원 수 '2'는 '천1+지1', 즉 '천지'의 현상이고, 사람의 근원 수 '3'은 '천1+지1+인1', 즉 '천지인'의 조화이다.

65) 기원전 2825년 태호 복희씨伏羲氏가 거북의 등딱지를 보고 발견했다. "복희씨는 중앙의 두 육각형에서 음과 양의 서로 반대되는 원리를 보았다. 그리고 주위를 둘러싸고 있는 육각형들의 주름에서 그는 여덟 가지의 가능성이 있는 '세 개의 선', 곧 괘를 보았다. 음양의 중심기호 주위에 여덟 개의 괘를 배열한 다이어그램을 팔괘(八卦)라 부른다."(Michael Schneider(1994), 이충호 옮김(2002), 287~288쪽.)

66) 전자 현미경으로 밝혀진 중심체의 미세 구조는 "중심립은 지름 약 0.15μm, 길이 0.3-0.5μm인, 양 끝이 세포 내로 열린 원통형 구조이며, 원통의 표층부는 밀도가 크고, 이 부분에 세 개의 미소 세관으로 이루어진 구조가 아홉 덩어리 있으며, 이것은 원통형의 긴 축에 평행으로 달린다."(위키 백과 인용). "전자 현미경 사진을 통해 보면, 각 중심체의 구조는 아홉 개의 평행한 관들이 원형을 이루고 있다."(Michael Schneider(1994), 이충호 옮김(2002), 308쪽.)

→ 우리의 몸에서 "대삼합육생칠팔구大三合六生七八九"의 의미는 무엇일까? 이것은 머리와 몸통에 연결된 팔과 다리의 관절이 어떻게 삼분법적으로 하나로 이어져 완전한 성장을 하는가를 말한다. 천부경의 "일적십거"의 '적'의 셈법으로 '7=6+1'이고, 이 '1'은 다시 조화의 '3'과 동일시되므로('1'≡'3') 3개의 관절(어깨–팔꿈치–손목)이 구분 짓는 3부분(위팔/아래팔 or 팔뚝/손)에 한 개의 팔로 결합하여 있다. '8=7+1'이므로 '+1'은 손을 뜻하고, 다시 '1≡3'이므로 손이 연결된 관절로 구분하면 '팔목/손바닥/손가락'이 된다. 마지막으로 '9=8+1'이고, 여기서 '+1'은 손가락이다. 손가락 역시 3개의 마디가 하나로 되어있다. 이처럼 '칠/팔/구'는 3개의 마디로 분할되어 셋으로 완전하게 성장해간다. 관절의 마디로 요약해 보면, 손가락 3마디, '손가락/손바닥/손목'으로 3마디, 다시 '손/아래 팔꿈치/위 팔꿈치'로 3마디가 어깨에 하나로 붙어(3+3+3=3×3=9) 몸통과 연결된다.[67]

→ 그 외에도 '8'은 불교의 팔정도八正道[68] 속에도 들어 있고, '9'는 하나의 실에 9개의 염주가 꿰어 있는 모양의 에니어그램enneagram의 틀 속에도 들어 있다.

→ '칠/팔/구'의 세 수를 더하면 '24'이다. 이 수는 하늘의 법칙인 '하루'(=24시간), 천지의 '1년'에서 일어나는 24절기, 사람의 좌우 대칭적으로 흐르는 '12정경'(12×2=24)과 24개의 마디[69]로 구성된 척추 등을 표상하는 수들과 같다.

→ "대삼합육생칠팔구大三合六生七八九"에 있는 모든 수 '육/칠/팔/구'를 모두 더

---

67) 사람의 몸도 크게 '머리/몸통/팔다리'의 세 부분으로 나눌 수 있고, 이 세 부분을 서로 연결해 주는 세 개의 관절(목/고관절/견관절), 그리고 몸통의 균형을 바로 잡아주는 척추(흉추/요추)와 골반(미추)의 세 부분으로 구성되어 있다.

68) '정견正見, 정어正語, 정업正業, 정명正命, 정념正念, 정정正定, 정사유正思惟'의 여덟 가지 덕목을 말한다.

69) 사람의 척추는 요추 5, 흉추 12, 경추 7개의 마디가 하나로 이어져 있다. 여기에도 천부경의 "환오칠일"의 숫자가 잠재해 있다('12=5+7').

하면 '30'이다. 이 수는 1월=30일 또는 '6×5'로 1달의 주기가 천지인의 중심 수 '6'('천6/지6/인6')에 따라 평균적으로 5주(1주에 해당하는 수가 1~7일 사이)로 나누어짐("삼사성환오칠"의 '오칠')을 뜻한다.

⑨ 천부경 해석의 가장 핵심적인 구절 중 하나인 "운삼사성환오칠運三四成環五七"에 들어있는 수를 살펴보자.

천부경에서 이 구절의 해석은 매우 다의적이고, 대체로 "운삼사/성환오칠"로 끊어 읽고 있다. 간혹, '운'을 바로 앞의 "대삼합육생칠팔구운/삼사성환오칠일"[70] 등으로 끊어 읽기도 한다. 필자의 천부경 해설 예시에서는 "운삼사성/환오칠" 또는 "운삼사/성환오칠" 또는 "운삼/사성/환오칠일"로 끊어 읽었다. 이 구절에 들어있는 수는 '삼사'와 '오칠'(또는 '오칠일')이다.

→ '삼사'의 합과 곱은 '3+4=7'이고 '3×4=12'이다. '오칠'의 합과 곱은 '5+7=12', '5×7=35'[71]이다. 분명히 '삼사'의 곱이 '오칠'의 합 '12'로 자연스럽게 이어지고 있다(반면에 '오칠일'의 합은 '5+7+1=13'이다).

→ '3'은 앞에서 천지인 또는 삼분법적인 조화('3'의 조화는 양극성을 하나로 잇는 '본'의 작용으로, 눈에 보이는 현상)이고, '4'는 그러한 조화가 창조하는 변화이다. 예를 들면, 1년이란 사이클에서 나타나는 4계절(봄/여름/가을/겨울), 24절기의 중심 마디(춘분/하지/추분/동지), 하루(1일)의 사이클에서 나타나는 밤낮의 4구분(밤의 새벽/(낮의) 오전/오후/밤의 저녁) 등으로 성장한다('4성').

→ 그 외에도 '4'는 '4방위'(동, 서, 남, 북), 수학 도형의 '사각형'과 '평행사변형', 엠페도펠레스의 4원소(흙, 물, 불, 공기), 4대 성인(연대순으로, 공자, 석가, 소크라테스, 예수) 등에도 나타난다.

---

70) 이승헌(2013), 256쪽.

71) 수 '35=6+8+9+12'는 2.6절에서 인간의 탄생과 관계가 있는 '조화의 수'라고 한다(2장의 주석 104).

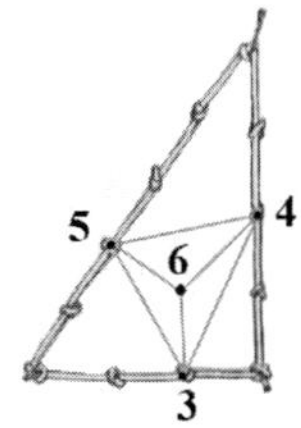

고대 사람들이 긴 새끼 줄을 일정한 길이로 12개의 매듭을 만들어 우측 그림처럼 ‘3-4-5 직각삼각형’에 대한 피타고라스의 정리를 이해했다. “이 삼각형은 1부터 6까지의 수를 나타낸다. 하나의 직각(‘1’)과 두 개의 부등각(‘2’), 3-4-5의 변, 그리고 이 삼각형이 둘러싸고 있는 면적 ‘6’이 그것이다.”[72] ‘3-4-5 직각삼각형’(피타고라스 삼각형 or 이집트의 삼각형)이 바로 “운삼사성/환오칠”을 설명해주는 일예一豫이다. ‘3’개 매듭 마디를 평면바닥에 움직여 놓고(‘운삼’), 그 위에 ‘4’개 매듭 마디를 직각이 되게 세워 직각삼각형을 만드니(‘사성’), 5개의 매듭 마디로 된 빗변과 밑변과 수직을 낀 7(=3+4)개의 매듭이 결합하여 12(=5+7)개의 매듭 마디로 고리를 형성하고 있다(‘환오칠’). 여기서 밑변에 있는 수 ‘3’을 3월로, ‘4’는 4계절로 생각하면 5+7=12(3월×4=12개월)는 1년의 단위이다. 이 경우에 “환오칠”은 지구의 공전주기(1년)이다.[73] 또한, 2.6절의 『국가론』에서 피타고라스 3쌍인 ‘3-4-5’를 국가를 구성하는 3계급(통치자, 수호자, 생산자), 4가지 덕목(지혜, 기개, 절재, 정의), 국가의 5가지 정치(철인, 명예, 과두, 민주, 참주)형태로 해석했다.

5) 천부경에 나타난 수학적 현상과 수의 패턴

이제 천부경의 수들이 어떻게 구성되어 있고, 어떤 수학적 현상들이 내포되어 있는지를 살펴보기 위하여 다음과 같이 수들과 ‘본’을 제외한 다른 글자

---

72) Michael Schneider(1994), 이충호 옮김(2002), 182쪽.

73) 천부경의 두 구절 “대삼합육생칠팔구”의 ‘3-6-7-8-9’와 “운삼사성환오칠”의 ‘3-4-5-7’의 수를 모두 설명한다. 왜냐하면, ‘7’=3+4=6+1, ‘8’=5+3, ‘9’=5+4=6+3이고, 더욱, ‘합’ 또는 ‘적’의 셈법(곱셈 또는 구구단)으로 헤아리면, 주어진 삼각형의 중심에 있는 수 ‘6’=½×3×4(면적≡천부경의 중심 수인 “대삼합육생”의 ‘6’)과의 조합으로 다음처럼 ‘연/계절/월/일/시간’의 수를 모두 나타낼 수 있다. 1분=60(=3×4×5 또는 6×10)초(여기서, 10=6+4), 또는 1시간=60분, 1일=24(=6×4)시간, 1주=7(6+1, 3+4)일, 1달=30(6×5)일=5(또는 6)주, 1계절=3월, 1년=4계절=12(=6×2 또는 3+4+5 또는 3×4)월=360(=3×4×5×6)일 등.

들은 작은 크기로 구분하여 다시 써 보자.

<table>
<tr><td>1</td><td>시</td><td>무</td><td>시</td><td>1</td><td>석</td><td>3</td><td>극</td><td>무</td></tr>
<tr><td>진</td><td>본</td><td>천</td><td>1</td><td>1</td><td>지</td><td>1</td><td>2</td><td>인</td></tr>
<tr><td>1</td><td>3</td><td>1</td><td>적</td><td>10</td><td>거</td><td>무</td><td>궤</td><td>화</td></tr>
<tr><td>3</td><td>천</td><td>2</td><td>3</td><td>지</td><td>2</td><td>3</td><td>인</td><td>2</td></tr>
<tr><td>3</td><td>대</td><td>3</td><td>합</td><td>6</td><td>생</td><td>7</td><td>8</td><td>9</td></tr>
<tr><td>운</td><td>3</td><td>4</td><td>성</td><td>환</td><td>5</td><td>7</td><td>1</td><td>묘</td></tr>
<tr><td>연</td><td>만</td><td>왕</td><td>만</td><td>래</td><td>용</td><td>변</td><td>부</td><td>동</td></tr>
<tr><td>본</td><td>본</td><td>심</td><td>본</td><td>태</td><td>양</td><td>앙</td><td>명</td><td>인</td></tr>
<tr><td>중</td><td>천</td><td>지</td><td>1</td><td>1</td><td>종</td><td>무</td><td>종</td><td>1</td></tr>
</table>

① '본'은 '1'의 근원적 속성으로 우주의 양극성을 이어주는 보이지 않는 법칙이고, 모든 생물체를 향한 큰 사랑(홍익)이다. '본'이 작용하는 '힘'이 천부경의 중심 수 '6'으로 우주의 질서를 유지한다. 이러한 관점에서 '0≡∞'로 표기할 수도 있다.

---> 실수에서 '0'은 '음수/양수'의 대립에 대한 영점(zero point 또는 기준점, 조화점, 균형점)으로 두 대립성을 이어주는 것으로 볼 때, 천부경의 '본'의 정의와 유사하다. 잘 알려진 반전 함수inversion로 살펴본다면 0과 무한(∞)은 서로 동일시(0≡∞)된다.74) 이것을 반야심경에서는 '색즉시공 공즉시색'이라 말하고, 천부경에서는 이러한 성질을 "용변부동본"이라 한다. 겉모습의 무한한 변화('용변')를 '색'(∞)이라면 '부동본'은 그 반대의 성질로 '공', 즉 '0'의 상태이다. "용변부동본"은 이 두 성질이 하나로 이어져 있음을(수 '1'의 단일성과 통일성) 말한다.

---> '본本'은 전체를 하나로 이어주는 수 '1'을 다르게 정의한 것이다. 첫 번째

74) 반전 함수inversion $f(x)=1/\|x\|$ (공간의 중심에서 어떤 벡터 $x\,(\neq 0)$의 노름norm의 역수로 정의된 함수)에서 극한 '$\|x\| \to 0 \Leftrightarrow f(x) \to \infty$'로 바라보면 '0≡∞'이다.

'본'의 정의가 '무진본', 즉 전체를 하나로 어우르며 이어주는 성질이다. 이것은 반야심경의 "부증불감不增不減"과 유사한 말이다. 왜냐하면, '다함이 없다(無盡)'라는 것은 '늘지도 줄지도 않은 상태(不增不減)'로 일정(constant)하다는 뜻과 유사하다. "무진본"의 '진盡'과 "무궤화삼"의 '궤無'는 다르게 표현되어 있지만 서로 같은 뜻('다함')이고, "용변부동본"에 있는 '부동본'(근원은 변함이 없고 본래 모습 그대로이다)까지 이어진다. 이 경우 '무진'과 '무궤'[75]는 "본本"의 성질로써 그 한계를 구분할 수 없고 '다함이 없는' 무한(전체)을 상징하는 기호 '∞'와 동일시할 수 있다.

⟶ '본本'은 양극성 또는 대립성을 하나로(또는 연속적으로) 이어준다. 이러한 성질이 바로 천부경의 하나에 해당하는 '1', 즉 눈에 보이지 않는 근원의 '법칙(rule)-작용(doing)-질서(order)'이다. 천부경에서는 이처럼 하나로 이어주는 '본'의 작용을 삼분법의 사이 또는 중中[76]의 표현으로, 수 '2'의 상징인 두 대립개념(또는 양극성)을 나란히 붙여 "시무시", "만왕만래", "용변부동", "종무종"으로 표기한다.[77] 그러므로 이 네 개의 단어는 서로 대립하는 두 양극성(천부경의 수 '2')을 자연스럽게 하나(천부경의 수 '1')로 잇는 것으로 '본'의 통일성(또는 단일성)이다. 특히, "용변부동본"[78]의 '본'이 '용변(겉모습의 변화)'

---

75) '무궤無匱'의 '궤匱'를 '다하다'로 읽으면 '무진無盡'의 '진盡'과 그 의미가 같고, '다함이 없다'라는 것은 무한이 갖는 성질이다. 또한, '궤匱'를 '함'으로 읽더라도 '함이 없다'라는 의미는 담을 그릇이 없다는 것으로 볼 때, '무진'과 마찬가지로 무한을 표상한다.

76) 어떤 명제 p에 관한 수학 논리에서 두 대립개념 p와 $\neg p$ (not p)에 대한 사이 또는 중中의 표기는 '$p \wedge \neg p$'이다. 여기서 논리기호 '∧'는 쐐기모양으로 'wedge' 또는 'and'로 읽는다.

77) 하나로 이어주는 통합적 사고의 예로는 헤겔의 변증법 논리체계인 '정반합'이다. 변증법을 창안할 그 당시 헤겔은 '정반합'이라는 용어 대신에 '즉자(정)/즉자대자(합)/대자(반)'을 사용했다. 오늘날 헤겔의 변증법인 정반합의 합에 해당하는 것으로 '즉자대자(this that)', 두 대립개념인 '즉자(this)'와 '대자(that)'를 나란히 함께 표기했다(문제 1.1.3). 1931년 일제강점기 시절에 시인 이상李箱도 그의 초기 시에서 두 대립개념을 나란히 붙여서 표현했다(문제 1.1.4).

78) "만왕만래용변부동본"을 하나의 구절로 보면, '만왕만래'(만물이 생겨나고 사라지는 현상)하고, 동시에 '용변부동'(겉모습은 변해도 근원은 변하지 않는 현상)하는 두 가지 성질이 함께 이어서 '본'을 정의하는 것으로 보아도 좋다.

과 '부동(변함없이 그대로 있다)'을 하나로 잇고 있다(천부경에서는 '1'≡'3', 즉 삼원조화의 현상이다).

--→ '본'은 마지막 9행에서 "본심本心", 즉 하나로 이어져 있는 대우주('천지인')의 마음('心')이요, 선도수행에서 자주 언급되는 심기혈정心氣血精[79]과 우리말의 이심전심以心傳心[80], 불교에서 말하는 일체유심조一切唯心造[81], 에너지氣 수련의 활구活句 중 "기생심 심생기氣生心 心生氣"[82] 등에 들어있는 마음心과 똑같다. 그 마음은 바로 '태양'('본태양本太陽')과 같다. 즉, 이러한 마음이 바로 홍익弘益을 행하는 공심이다.[83]

이렇게 '본'의 정의를 살펴보면, 분명히 '본'은 '0≡∞'로 표기할 수도 있기에 큰 글자로 표기했다.

② 프랙털 구조

천부경 전체 사이클 속에 다섯[84]글자로 짝을 이루고 있는 첫 "1시무시1"과 마지막 "1종무종1"에서 양 끝의 '1'을 연결하는 내용이 '시무시'와 '종무종', 즉 대립성을 이어주는 중 또는 사이로 첫 '1'과 끝 '1'을 하나로 이어주고 있다.

---

79) 마음心이 기氣를 움직이고, 그 기운이 혈血을 잘 돌게 하여, 몸을 뜻하는 정精(米지기+青천기=精몸)을 건강하게 한다는 의미이다. 실제, 기수련에서는 '심心'과 '기氣'는천부경의 수 '1'처럼 서로서로 하나로 작용한다.

80) 마음의 전이 또는 의식이동을 뜻한다.

81) 모든 것(一切)을 오직(唯) 마음(心)이 창조한다(造). 달리 말하면, 마음먹은 대로 만사가 이루어진다는 것이다.

82) 이승헌, 『오늘부터 수승화강』, 한문화, 2021(1쇄), 44쪽: "기생심 심생기氣生心 心生氣, 에너지가 마음을 만들고, 마음이 에너지를 만든다."

83) 태양의 밝은 빛은 큰 사랑과 생명의 빛이다. 비유하면, 예수님의 큰 사랑이요, 부처님의 자비심과 같다. 대우주에 홀로 존재하면서 우주 만물에 생명을 불어넣고 창조한다. 이러한 마음이 바로 홍익, 널리 세상을 이롭게 함이다. 달리 말하면, 공심이다. 여기서 공심은 한자어로 '公心'(홍익 사랑) 또는 '空心'(천지마음)으로 다르게 표기하지만, 그 의미는 '公心≡空心'이다. 이러한 동일시는 반야심경의 "색즉시공 공즉시색"의 '색'과 '공'을 동일시하는 것과 같다.

84) 앞 ⑥의 주석 57.

이러한 관점에서 천부경 구절의 처음과 마지막 부분이 천부경 전체 구조와 닮고 있기에 눈송이나 고사리 잎처럼 프랙털[85] 구조를 띤다고 볼 수 있다.

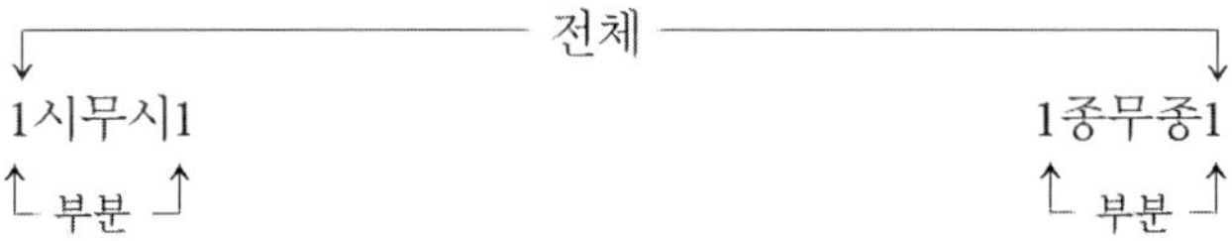

천부경 전체가 그림 3.2의 사이클이라면, 부분에 대한 사이클은 아래 우측 그림처럼 네 개의 '1'을 따라 움직여 가면(동일시되는 두 개의 단어 '일시/무종일', '일종/무시일'을 동일시하여 따라가면, "일시"의 '1' → "무종일"의 '1' → "일종"'의 '1' → "무시일"'의 '1' → "일시"의 '1'로 이동하여 가면) , 천부경의 중심 수 '6'을 기준으로 하나의 8자 모양의 루프가 형성된다. 이러한 루프는 천부경 전체 사이클(그림 3.2)의 부분에 대한 사이클이므로 프랙털 현상으로 볼 수도 있다. 이 외에도 천부경에는 부분이 전체를 닮아 있는 경우가 더 있다. 예를 들면, "일석삼극"의 '1'은 '천1/지1/인1'이다('일석'의 1≡3='천1'+'지1'+'인1'). 그리고 '천1'의 '1'은 "무궤화삼"의 '3'에 해당하는 것으로써 '천3'(하늘의 조화성, 즉 대립성과 중 또는 사이의 성질)의 '3'과 동일시이다('천1'의 1≡'천3'의 3). 이처럼 "일석삼극"의 '1'이 전체라면 '천1'의 '1'은 그 일부분으로써 조화(1≡3)의 관점에서 전체 구조를 띠고 있기에 프랙털 현상이다. 끝으로 천부경 전체 구조는 '1(전체로서의 하나)-3(조화)-1('본')'로 되어있다. 부연하면, 전체로서의 하나('본')로 이어주는 '1'이 형상화되어, 조화의 '3'으로 화化하여 나타나다가 때가 되면 전체의 하나로 다시 이어져 근원('본')으로 되돌아간다. 이상하리만치 1행의 "일/석삼극/무진본"의 구절 속에도 그러한 패턴('1-3-1', ④에서 자세히 설명)이 잠재해 있기에 천부경 전체의 구조에 대한 이 구절도 프랙털 현상이다.

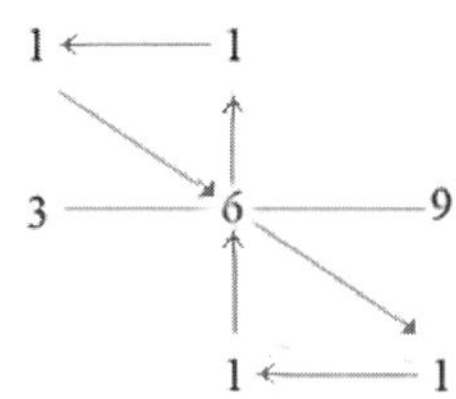

85) 문제 1.3.4의 주석 50 참고.

③ 천부경은 2차원 뫼비우스 띠(또는 클라인 병)의 구조를 내포한다.

천부경 전체는 뫼비우스 띠의 두 군데 꼬인 면(안으로 꼬여 들어가는 곳과 나가는 곳) 중 어느 한 곳에 '일시'의 '1'과 '무종일'의 '1'이 하나로 겹쳐있음을 암시하고 있다. 더욱, 꼬인 부분의 그 반대쪽 면엔 81글자의 한 가운데 수 '6'이 위치하여 서로서로 조화롭게 다음 그림처럼 대칭적 구조를 띠고 있다.

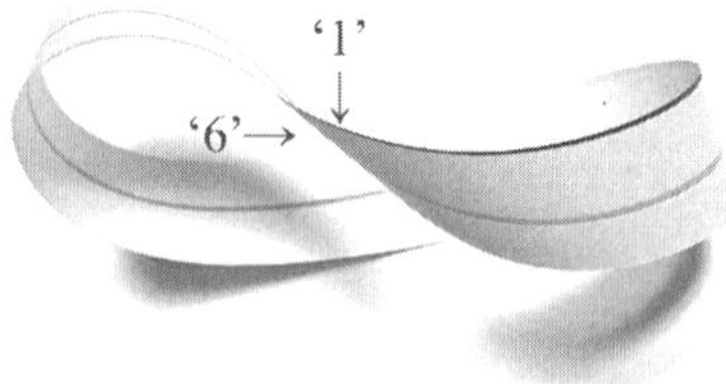

왜 이렇게 뫼비우스 띠 위에 배열하는가? 라고 의혹을 제기할 수도 있다. 만약 '1'이 조화로운 우주에 작용하는 '힘'(이것을 '하나님'이라 하자)을 표상한다고 생각하면, 전체가 하나로 이어져 있다는 관점에서 생각할 때, 우주 내에 있는 블랙홀이 바로 2차원 뫼비우스 띠의 비틀어 꼬인 부분과 동일시할 수 있다. 왜냐하면, 대우주 역시 비록 블랙홀 등과 같은 특이점들이 이상하게 놓여있지만, 뫼비우스 띠와 같이 그 전체가 하나로 연결된 상태로 우주의 법칙(보이지 않는 '본'의 '힘'이 작용하여 하나로 이어지는 궤도의 법칙, 예를 들면, 지구의 자전과 공전 등)을 따라 조화롭게 움직이고 있기 때문이다.

④ 천부경 구절의 패턴 인식

천부경의 구절 중 운율이 똑같은 짝은 "일시무시일/일종무종일"(5글자)과 "천일일지일이인일삼/천이삼지이삼인이삼"(9글자)이다. 그리고 그 의미가 서로 대비되는 쌍은 "일석삼극무진본/일적십거무궤화삼"이다. "일석삼극무진본"에 있는 '석삼극'과 '무진본'의 '삼'과 '본'의 이미지는 "천일일지일이인일삼"에 이어지고, "일적십거무궤화삼"의 '삼'의 이미지는 "운삼사성환오칠"까지 계속 이어진다. 특히, 대비되는 쌍의 끊어 읽기를 "일/석삼극/무진본", "일/적십거/무궤화삼"으로 세분하면, '석삼극/적십거'와 '무진본/무궤화삼'의 대비가 분명해진다. 세 개로 세분된 곳의 수의 변화를 관찰해보면, "일/석삼극/무진본"은 '1 → 3 → 1'이다. 여기서 '무진본'은 다함이 없는 하나(앞의 '1'과 동일시)의 근원이고, '3'은 '천지인'의 조화성이다.[86] 그리고 "일/적십거/무궤화삼"은 '1 → 10 → 3'이다. 여기서 '무궤화삼'은 '궤'가 없는 조화('화삼')이다. '궤'는 형상화된(또는 3차원적) 형상이라면, '무궤'는 형상화되기 이전의 근원적(또는 무한차원적) 형상이고, '십(10)'은 형상화를 시작한 '1'의 인자 또는 단위가 조화의 '3'에서 시작하여 '9'까지 성장을 마친 후, '수를 넘어서' 진화된 완성, 즉, 천지 부모가 '십(+ = I+--)'하여 창조의 의미로, '새로운 시작'('10=9+1', 마지막 성장 후, 한 번 더 쌓여(+1) 완성된 상태, '10≡1+0=1')[87]이다. '화삼'의 '3'은 삼분법적인 조화성, 즉 두 대립성 또는 양극성을 '본'(그 사이 또는 중)이 하나로 이어주는 조화이다.[88]

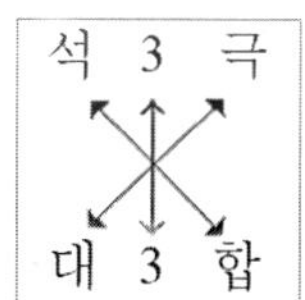

"일석삼극"의 '석3극'은 "대삼합육생"의 '대3합'과 우측 그림처럼 서로 대비된다. '석3극'의 '극'이 끝을 구분할 수 없는 경계라면 '대삼합'의 '대大'는 불교에서 마음心, 즉, 의식意識이다. 그러므로 '대삼합'은 '천/지/인'으로 나누어진 것이 다시 하나로 합쳐진다(천+지+인=대삼합)는 것이다. 예를 들면, 선도의 기氣수련에서 단전을 기준으로 천선줄(하늘–백회–단전)과 지선줄(단전–용천–땅)을 하나로 일치시켜 세운

86) '석삼극'인 '천지인'의 세 곳('천일/지일/인일')에 들어 있는 '일', 즉 '3=1+1+1'이다.

87) Michael Schneider(1994), 이충호 옮김(2002). 미카엘 슈나이더는 수 '10'을 '새로운 시작'으로 구분하면서 "10의 숫자의 근원은 1이다. 즉, 10=1+0=1"로 설명한다(역서, 324쪽). '10=1+0'의 등호(=) 대신에 '10≡1+0'처럼 동일시(≡)의 개념으로 표기함이 바람직하여 수정했다. 다른 한 관점은 한자어 '十'은 세대(generation) 보존으로 하늘을 상징하는 아버지(I or ━)와 땅을 상징하는 어머니(— or --)의 결합(十 or +)으로 탄생한 자식이다. 즉, 이것('+')은 '창조'의 의미로 '새로운 시작'이다. 여기서 하늘을 뜻하는 주역의 효'━'는 양이고, 땅의 효 '--'는 음이다. 이 두 기호의 결합(+)도 한자어 '十'과 동일시할 수 있다.

88) 앞에서 말한 '천/지/인, 음/중/양, 전자/중성자/양자, 음수/0/양수' 등은 모두 삼분법적인 조화성에 대한 예들이다. 이것을 삼원조화라 한다.

다거나, 또는 '천/지/인'의 세 기운을 하나로 합습[89]친다는 것이다.

천부경 31자의 숫자와 한글만 적어 한가운데 '6'을 중심으로 '좌우/상하/양 대각선'으로 다음처럼 선을 그려놓은 후, 천부경 81글자의 배열, 규칙성과 다양한 패턴 등에 주목해보자.

1	시	무	시	1	석	3	극	무
진	본	천	1	1	지	1	2	인
1	3	1	적	10	거	무	궤	화
3	천	2	3	지	2	3	인	2
3	대	3	합	6	생	7	8	9
운	3	4	성	환	5	7	1	묘
연	만	왕	만	래	용	변	부	동
본	본	심	본	태	양	앙	명	인
중	천	지	1	1	종	무	종	1

→ 같은 글자의 반복이 2, 8, 9행에 '11, 본본, 11'처럼 세 번 나타나고, 4, 5행에 연속된 두 숫자의 반복이 '23, 23, 23'처럼 딱 한 번 나타나고 있다.

→ 1, 5, 7열에 차례로 '33, 11, 77'로 같은 두 숫자가 세 번 있다.

→ 끊어 읽을 때, 하나의 수로 된 것, 두 수로 된 것, 세 수로 된 것으로 구분할 수 있다. 천부경의 연속되는 모든 수는 '합'(덧셈) 또는 '적'(곱셈)의 셈으로 읽을 수 있다. 2수로 된 글자에서 '천11/지12/인13'을 살펴보면, '합'의 셈(1+1=2, 1+2=3, 1+3=4)과 '적'의 셈(1×1=1, 1×2=2, 1×3=3)은 태극기 속에 모두 들어 있다(문제 3.1.7). 특히, 적의 셈은 '천11/지12/인13'의 마지막 글자('1/2/3')와 똑같다. 이 수가 바로 '천/지/인'의 근원의 수이다. 그리고 '합'의

---

89) 예를 들면, 와공臥功 9수 중, 2수의 자세에서 천기는 장심→ 팔→가슴으로 내려오고, 지기는 용천→ 다리를 타고 올라와 인기의 용광로인 단전에서 '대삼합'이 이루어진다.

셈으로 된 세 수 '2/3/4'를 다시 한번 '합'과 '적'으로 셈하면 다음 표처럼 "대삼합육생칠팔구"의 '7/8/9', '24=7+8+9'와 "운삼사성환오칠"의 '5/7', '12=5+7'를 모두 생성한다. 그리고 천부경에서 연속하여 세 개의 수로 된 것은 "대삼합육생칠팔구"의 '칠팔구', "운삼사성환오칠일"의 '오칠일'뿐이다. 이 둘의 '합'의 셈은 7+8+9=24, 5+7+1=13이고 '적'의 셈은 7×8×9=504[90], 5×7×1=35[91]이다.

구절	"대삼합육생칠팔구"				부분합	"운삼사성환오칠"		합
수	6	7	8	9	24 (=7+8+9)	5	7	12 (=5+7)
'2/3/4' 합/적	2+4 2×3	3+4	2×4	2+3+4	2×3×4	2+3	3+4	3×4

이제 천부경의 내용을 다음처럼 단순화하여 그려보자.

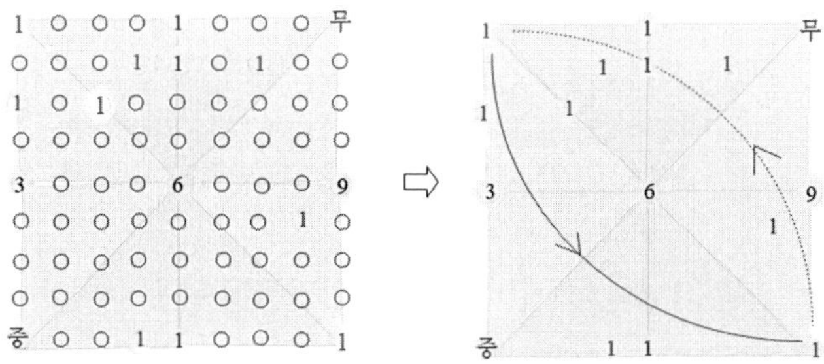

그림 3.4

그림 3.4(우측)을 보고, 계속하여 직관적 통찰력으로, 천부경 속 조화의 수 '3'에 대한 다양한 패턴을 조금 더 살펴보자.

→ 붉은 화살표가 그려져 있는 원 ○은 바로 앞에서 설명했던 마지막 "종무종

---

90) 504(=7×8×9)를 소인수 분해하면 $2^3 \times 3^2 \times 7$이므로 이 수의 약수의 개수는 4×3×2=24(=7+8+9)이다.

91) 35=6+8+9+12는 인간의 탄생과 관계가 있는 '조화의 수'라고 했다(2장의 주석 103 참고).

일"의 '1'과 처음 '일시무시'의 '1'이 (하나로) 이어져 끊임없이 반복하는 윤회(또는 진화)의 원이다. 그리고 전체의 도형은 정사각형 ▫이고 4방위 또는 8방위가 이루는 것은 이등변삼각형 △이다.[92)]

⟶ 그림 3.4(좌측)에서 한 대각선('무–6–중' or '1–6–1')에 있는 9개의 동그라미를 기준으로 전후로 동그라미가 대칭적으로 1+2+⋯+8=36개씩 있다(36=6×6). 이러한 꼴을 수식으로 나타내보면 다음과 같다.

$$1+2+3+4+5+6+7+8+9+8+7+6+5+4+3+2+1=9\times9=6\times6+9+6\times6$$

이제 수 '9'의 다양한 특성 중의 하나인 수 피라미드를 살펴보자.

$$
\begin{array}{cl}
1 & = 1\times1 \\
1+2+1 & = 2\times2 \\
1+2+3+2+1 & = 3\times3 \\
1+2+3+4+3+2+1 & = 4\times4 \\
1+2+3+4+5+4+3+2+1 & = 5\times5 \\
1+2+3+4+5+6+5+4+3+2+1 & = 6\times6 \\
1+2+3+4+5+6+7+6+5+4+3+2+1 & = 7\times7 \\
1+2+3+4+5+6+7+8+7+6+5+4+3+2+1 & = 8\times8 \\
1+2+3+4+5+6+7+8+9+8+7+6+5+4+3+2+1 & = 9\times9
\end{array}
$$

천부경 81글자는, 1에서 9까지의 수로 디자인된, 아름다운 수 피라미드의 마지막 단계에 해당함을 알 수 있다.[93)]

⟶ 대각선의 두 선분을 관찰하면 '1'(붉은색)이 세 번 나타나고, 상하로 된 선분 위에도 똑같이 '1'(푸른색)이 세 번 나타난다. 그리고 나머지 '1'은 약간 불규칙하게 나타나고 있지만, 8방위로 보면 '1'이 '없다/있다'를 2번 반복하다가(6–3–중, 6–중–1, 6–1–1, 6–1–9), 마지막 '없다'(6–9–무) 후 '1'이 3번 연속적으로

92) 도형 '○, □, △'은 차례로 '천, 지, 인'을 상징한다. 이 세 개 도형의 결합 ◎을 '원반각圓盤角'이라 한다.
93) 박형빈, 『수학은 생활이다』, 경문사, 1998(1판), 2001(1판 5쇄), 92쪽.

들어 있다(6-무-1, 6-1-1, 6-1-3). 그리고 '1-3-6'에 있는 '1'(초록색)을 출발하여 초록색의 '1'의 위치를 따라가면 마치 하나의 나선을 그리고 있다.

→ 천부경의 중심 수 '6'(5행과 5열의 교차점)을 기준으로 좌우/상하 축으로 바라보면 '좌우'의 수는 '3-6-9'로 되어있고 상하는 '1-6-1'로 되어있다. 그리고 대각선의 두 축을 살펴보면, '무-6-중'('6'은 '중'에 있고 '무'이다)과 '1-6-1'(텅 빈 '6'의 자리를 중심으로 '1'과 '1'이 순환 원을 그린다)로 연결되어있다.

⑤ 천부경의 전체 플롯

'1'(근원의 시작)과 '10'(새로운 시작)의 관점에서 보면, 천부경의 플롯은 크게 두 단락으로 되어있다. 첫 단락은 "일시무시일"에서 "천일일지일이인일삼"까지 이어지는 '1'이 전체를 하나로 이어주는 '근원의 시작'과 '본'의 정의라면, 두 번째 단락은 "일적십거무궤화삼"에 들어 있는 '10', 즉 '새로운 시작'의 성장과 끝마침이 "일종무종일"까지 이어진다. 좀 더 부연하면, 이 단락에서는 '새로운 시작'을 하는 '1'의 성장 과정과 함께 광명인의 삶을 제시한다('앙명인중천지일'). 끝으로 광명인의 죽음('일종')과 더불어 끝남이 없는 그의 영혼은 본래의 근원으로 되돌아가 다시 하나(천부경을 타원궤도 위에 써보면 '무종일일시무시'의 '일일'이 하나)로 이어져 대순환을 그린다.

6) 천부경 전문 해석의 예

예 1. [천부경의 '1'을 에너지의 일정一定의 '일(一)'로 해석]

루돌프 클라우지우스(Rudolpf Claussius)가 발견한 에너지 보존의 법칙을 설명해주는 다음 글을 인용해보자.

> 에너지는 창조되거나 파괴될 수 없으며 단지 서로 전환할 수 있을 뿐이라는 이 개념은 에너지 보존의 법칙(Law of Energy Conservation)으로 불리게 되었다.

그리하여 우주의 총 에너지는 상수이며, 바뀌는 것이 있다면 그것은 에너지의 종류일 뿐이라고 클라우지우스는 결론을 내렸다.

클라우지우스의 이러한 영감은 수학적인 기호를 사용하면 말로 표현하는 것보다 훨씬 간단해진다. 우주universe[94]의 총 에너지를 Euniverse라 표기하고, 그리스 문자로 순수 변화량을 의미하는 델타(Δ)를 쓰면, 에너지 보존의 법칙은 다음과 같이 나타낼 수 있다.

$$\Delta \mathrm{E_{universe}} = 0$$

이것은 우주의 총에너지의 양은 일정하므로 우주 에너지의 총변화량은 언제나 영이라는 것을 의미한다.[95]

우주의 총에너지는 일정하므로 이 상수를 천부경의 '1'이라 두고 천부경의 전문을 해석해보자.

一始無始一析三極無盡本일시무시/일석삼극/무진본

우주 에너지는(변화를) 시작했으나 시작이 없는 에너지(진기)이다('일시무시'). 그것이 셋으로 나누어졌으나('일석삼극') 그 근원의 에너지(진기)는 다함이 없다('무진본').

天一一地一二人一三천일일/지일이/인일삼

하늘의 에너지(천기)가 하나('천일'의 '1')이고, 그 첫 번째로(시공간 의미, 즉 동시적으로) 생겼다('천일일'의 끝 '1'). 땅도 에너지가 하나('지일'의 '1')이고 천기를 받아 두 번째('지일이'의 '2')로 생겨났으며, 사람의 에너지도 하나('인일'의 '1')이며 천지의 기운으로 세 번째('인일삼'의 끝 '3')로 생겨났다.

---

94) 'universe'의 의미는 라틴어로 '한 바퀴'를 뜻한다.

95) Michael Guillen, *Five Equations that Changed the World,* 1995. 서윤호·허민 옮김, 『세상을 바꾼 다섯 개의 방정식』, 1997, 232쪽.

一積十鉅無匱化三일적십거/무궤화삼

근원의 에너지가 (겹으로) 쌓여 완성된 후 (수를 넘어서) '새로운 시작'의 근원 에너지('일적십거')가 다른 에너지로 변할 때는 다함이 없는 조화의 셋96)이다('무궤화삼').

天二三地二三人二三천이삼/지이삼/인이삼

하늘, 땅, 사람 모두 음양('2')의 양극성과 천지인의 조화('3=2+1')에 따른 여섯 에너지가 있다(그림 3.1).

大三合六生七八九대삼합육/생칠팔구

대삼합(천+지+인)의 여섯 기운이 중심이 되어, 모든 생명체는 '칠'(=6+1, 하늘의 기운만 받은 불완전한 성장), '팔'(=6+2, '천지'의 기운을 받은 부족한 성장)에서 '구'(=6+3, '천지인'의 기운으로 조화로운 완전한 성장)로 생성하여 간다.97)

運三四成環五七운삼/사성/환오칠

"운삼"의 '3'을 '천삼/지삼/인삼'의 '3'으로 보고 각각 해석해보자.

1. 하늘의 천기('3')가 움직여('운삼') 4계절을 생성하고('사성') 1년(3×4=12월) 중 추운 날과 더운 날의 비는 대략 5(11~3월) 대 7(4~10월)로 하나의 고리를 만든다('환오칠').
2. 땅도 천지의 기운을 움직여('운삼') 4종류의 생명체98)을 생성하고('사성'), 생명체는

96) 삼분법적인 조화성, 예를 들면, '천/지/인'의 세 에너지(청기/섞여 있는 중기/탁기)의 조화로움을 뜻한다.

97) '9'(=3+3+3=3×3)는 모든 생명체의 완전한 성장은 세 부분이 세 마디로 커간다(3×3)는 뜻이다. 반면에, 세 부분(식물의 '뿌리/줄/잎' 동물의 '머리/몸통/팔다리'이 커간다고 생각할 때, '7'과 '8'로의 성장은 불완전한 또는 부족한 성장을 상징한다. 사람도 예를 들면, '9'를 잉태의 수로 볼 때 '7'(칠삭둥이≡칠 푼) 과 '8'(팔 푼)은 미숙아를 뜻한다.

98) 만물은 크게 무기물과 유기물로 나누고 있지만, 바이러스는 그 사이에 있는 것으로. 어느 쪽에도 속하지 않지만, 유기물과 접촉하면 생명 활동을 시작한다. 그리고 유기물은 다시 단세포(세균 등)와 다세포로 나뉘고, 다세포는 또다시 동식물로 양분된다. 그러므로 생명체는 크게 '바이러스/단세포/동

형상화 단계를 구분할 수 있는 상태('5')와 그럴 수 없는 상태로 성장하여 완전한 사건[99]의 순환고리('7')를 만든다('환오칠'). 특히, 3개월씩 4계절을 일정하게 나눠 돌고 있지만('운삼사') 실제로 식물을 예로 들면, 씨앗에서 싹이 트고 꽃이 필 때까지는 '발아와 성장'의 1단계이고, 꽃잎이 지고 열매를 맺고, 떨어진 열매에서 씨앗만을 저축하는 기간을 '수렴과 저축'의 2단계이다. 이렇게 두 개의 단계로 나누면 2단계(수렴과 저축, 10~2월) 대 1단계(발아와 성장, 3~9월)의 비는 대략 5:7의 고리이다('환오칠').

3. 사람은 3개의 내단전과 4개의 외단전을 움직여('운삼사') 오장육부가 성하면 몸속의 7곱 개의 차크라 기운이 회오리치는 고리를 형성한다('성환오칠').

一妙衍萬往萬來用變不動本일묘연만왕만래용변부동본

하나의 에너지가 오묘하게 돌고 돌아('일묘연만왕만래') 그 겉모습은 양극성으로 변하지만, 이 둘이 서로 대립하며 보여주는 현상을 하나로(또는 삼원조화로) 이어주는 근원의 에너지는 그대로다('용변부동본').

本心本太陽昻明人中天地一본심본태양/앙명인중천지일

근원의 에너지(진기)는 천지 마음이고, 그 마음은 태양과 같다. 앙명인(솟아오르는 태양을 바라보며 선도수행을 하는 사람)의 에너지는 그 안(에너지氣 수련에서 '앙명인중'은 하단전)에 천지의 에너지가 하나로 이어져 조화롭다.

물/식물'의 넷으로 구분된다.

99) 예를 들면, 식물은 '씨앗→싹틈→성장→꽃→열매'로 그 형상화가 되지만, 각 사이에 해당하는 과정은 명확히 구분할 수 없다. "7의 집단은 전체 사건을 나타내는 완전한 한 단위를 나타낸다. (중략) 헵타드는 일곱 단계를 통해 시작과 중간과 끝이 있는 완전한 사건을 나타내며, 그 단계들은 계속 반복된다. 7은 완전하지만 계속 진행되는 과정, 즉 내부적 관계들의 주기적인 리듬을 나타낸다. 모든 노력은 일곱 단계를 거쳐 완전에 이른다." (Michael Schneider(1994), 이충호 옮김(2002), 223쪽).

一終無終一일종무종일

변화됐던 에너지는 끝났지만, 근원의 에너지가 작용하여 끝나지 않고 다시 '본'의 에너지로 돌아가 하나가 된다('종무종일').

예 2. [천부경의 '1'을 지구 자전의 사이클(1일, 하루)로 해석]

一始無始一析三極無盡本일시무시/일석삼극/무진본

근원의 하루가 형상화되기 시작했지만 하나로 이어져서 그 시작을 알 수 없고('일시무시'), 그 하루가 나뉘어 셋이 되었지만('일석삼극') 그 근원은 다함이 없다('무진본').

天一一地一二人一三천일일/지일이/인일삼

하늘의 (근원의) 하루가 첫 번째로(시공간 의미, 즉 동시적으로) 시작(시공간 의미, 즉 동시적으로)하고('천일일'), 땅의 하루는 두 번째('지일이'), 사람의 하루가 세 번째로 시작한다('인일삼').

一積十鉅無匱化三일적십거/무궤화삼

근원의 하루의 1단위(시간)들이 쌓여 (수를 넘어서) 완성된 '새로운 하루'('일적십거', 오늘이라 하자)가 다함이 없는 조화의 셋으로 변화한다('무궤화삼'). (여기서, '화삼'의 '삼'은 삼분법적인 조화성이다.)

天二三地二三人二三천이삼/지이삼/인이삼

하늘, 땅, 사람의 하루(오늘)에는 밤과 낮('천이/지이/인이')이 있고, 천지인 밤낮의 양극성은 육('이삼'은 '육')으로 조화롭다.[100)]

---

100) "천이삼지이삼인이삼"의 '이삼'은 음양의 양극성에 따른 천지인의 조화성의 관점에서는 적의 셈 또는 구구단으로 모두 '육'이다(그림 3.1).

大三合六生七八九대삼합육/생칠팔구

"대삼합"의 '6'[101]이 '7, 8, 9'를 생성한다. ('천이삼/지이삼/인이삼'을 간단히 써보면 '천6/지6/인6'이다. 이 셋에다 차례로 '천일일/지일이/인일삼'의 끝 '1/2/3'을 겹으로 쌓으면 세 수 '6+1=7, 6+2=8, 6+3=9'가 생겨난다. 이 세 수의 합은 다음처럼 '24'(하루=24시간)이다.

'천6/지6/인6/'의 '6'　　'지일이'의 '2'

$$1+2+3 = 6 + (6 + 6 + 6) = (6 + 1) + (6 + 2) + (6 + 3) = 7 + 8 + 9 = 24$$

'대삼합육'의 '6'　　'천일일'의 '1'　　'인일삼'의 '3'

위의 관계에서 하루 24시간은 '6/6/6/6'으로 똑같게 4부분, 즉 밤의 새벽(자정에서 일출까지 0~6시), 낮의 오전(일출에서 정오까지 6~12시), 낮의 오후(정오에서 일몰까지 12~18시), 밤의 저녁(일몰에서 자정까지 18~24시)으로 나눌 수 있다. 시계에서 '24'시는 '0'시와 동일시된다. 이렇게 균일하게 6시간으로 정한 것은 24절기 중, 밤낮의 길이가 거의 똑같은 시점(춘분과 추분)을 기준점으로 일출에서 일몰 때까지의 한가운데가 정오이고, 반대로 일몰에서 그다음 날 일출 때까지의 한가운데가 자정이 되도록 각 구간을 똑같이 6시간으로 정한다.)

運三四成環五七一운삼/사성/환오칠일

천지인 조화[102]의 하루(오늘)가 시작하여('운삼') 밤낮의 네 부분(밤의 새벽, 낮의 오전/오후, 밤의 저녁)을 형성하고('사성'), 하루 중 밤낮의 비가 최대일 때(동지와 하지) 그 시차의 비는 수 5, 7로 구성되지만(2015년 기준에는 5대 7.5) 최근 관측자료의 하지 때는 1만큼 더 편차(5대 7+1)가 있는 고리를 형성한다('환오칠일'). (춘분과 추분에는 밤낮의 비가 거의 같지만(10분 이내의 편차를 무시하면 대략 6:6=1:1로 간주할 수 있다), 그 비가 점차로 변하여 여름의 하지(낮이 가장 긴 하루)와 겨울의 동지(밤이 가장 긴 하루)에는 밤낮의 길이가 최대로 5대 7.5~8의 비까지 그 차이가 벌어진다.[103] 대체로 여름철 하지 때는 동지에 비해 밤낮 길이의 편차가 대략

---

101) "대삼합"은 앞 구절 "천이삼/지이삼/인이삼"의 '천지인'이고, '천이/지이/인이'의 '2'를 모두 더하면 '6'(=2+2+2=2×3, '이삼'은 '적'의 셈법)이다.

102) 구체적으로 덧붙이면, 지구를 중심으로 해와 달은 밤낮을 비춘다. 우주에 있는 이 세 개의 천체에 작용하는 보이지 않은 힘의 조화작용이다. 왜냐하면, 그러한 근원의 힘이 지구를 자전시키고 공전시키기 때문이다.

103) 천문 관측자료를 보면, 2015년 춘분, 하지, 추분, 동지 때 (일출~일몰) 시각은 차례로 (6:35~18:44),

5시간~5시간 12분 정도 있다. 하루 중 밤낮의 길이가 처음에는 거의 비슷한 비로 성장했지만(약 6:6=1:1), 점차로 그 비는 서서히 벌어져서 동지 또는 하지에는 그 시차의 비가 5대 7.5 또는 5:7+1까지 벌어진다.)

妙衍萬往萬來用變不動本묘연만왕만래/용변부동본

오묘하게 가면서 수없이 왔다가 떠나가며(묘연만왕만래), 오늘 하루의 겉모습은 양극성으로 계속 변하지만, 이 둘이 서로 대립하며 보여주는 현상을 하나로(또는 삼원조화로) 이어주는 근원의 하루는 변함이 없는 그대로다('용변부동본'). (하루의 단위가 시간에서 분, 초, … 등으로 더 세분되고 있다.)

本心本太陽昂明人中天地一본심/본태양/앙명인중천지일

근원은 마음이며('본심'), 그 마음은 태양과 같다('본태양'). 앙명인은 천지의 하루('천지일', 대자연과 하나 되어 사는 오늘)를 자신의 중심('앙명인중')에 두고 산다. 어제(과거)와 내일(미래)에 얽매지 않고 '지금, 이 순간'(현재)만을 생각하며 살아간다는 뜻이다.

一終無終一일종무종일

비록 그러한 오늘 하루가 모두 끝났으나('일종'), 하나로 이어주는 힘('본')의 작용으로 끝남이 없는 하루('무종일'=내일)로 다시금 이어진다.

(5:11~19:48), (6:20~18:28), (7:43~17:17)이므로 하지와 동지 때의 밤낮 길이의 편차는 대략 5시간 정도이고 9.5:14.5=1.9:2.9≒2:3=5:7.5이다. 한 편, 2020년 서울 기준으로 하지 때 낮의 길이는 14시 45분(14.75시간)이고 동지 때 9시 33분(9.55시간)이다(이때 낮의 길이가 5시간 12분 정도 편차가 생긴다). 이 자료로 계산해 보면 밤과 낮의 최대 비는 하지에는 14.75:9.25≒1:1.59≒5:8이고, 동지에는 9:55:14.45≒1:1.513≒2:3≒5:7.5이다. 여기서 밤의 길이는 하루 24시에서 낮의 길이 시간을 빼면 곧바로 얻어진다.

예 3. [천부경의 '1'을 달의 사이클(1월)로 해석]

一始無始一析三極無盡本일시무시일/석삼극/무진본

근원의 1월이 형상화되기 시작했으나 하나로 이어져 있어 그 시작점을 알 수 없는 1월('일시무시일')이 셋으로 나누어졌지만('석삼극') 그 근원은 다함이 없다('무진본').

天一一地一二人一三천일일/지일이/인일삼

하늘의 (근원의) 1월이 첫 번째로(시공간 의미, 즉 동시적으로) 시작하고('천일일'), 땅의 1월은 두 번째('지일이'), 사람의 1월이 세 번째로 시작한다('인일삼').

一積十鉅無匱化三일적십거/무궤화삼

근원의 1월의 1단위(하루)들이 쌓여 (수를 넘어서) 완성된 '새로운 1월'('일적십거', 이번 달이라 하자)이 다함이 없는 조화의 셋으로 화한다('무궤화삼'). (여기서, '화삼'의 '삼'은 '천지인'의 1월이 사계절의 단위(1+1+1=3개월)를 낳는다.)

天二三地二三人二三천이삼/지이삼/인이삼

하늘, 땅, 사람의 1월(이번 달)에는 보름과 그믐(or 상현과 하현)의 양극성('천이'의 '2')이 있고, '천지인' 보름과 그믐(or 상현과 하현)의 두 대립하는 양극성은 눈에 보이는 여섯('이삼'은 '육') 형상으로 조화롭다.[104]

大三合六生七八九대삼합육/생칠팔구

'대삼합'의 '6'이 '7, 8, 9'를 생성한다. ("대삼합"은 '천지인'이 하나로 이어진 조화이고, 천부경의 중심 수 '6'은 '천이삼/지이삼/인이삼'의 '이삼'을 구구단으로 써보면 '천6/지6/인6'에 공통으로

104) 밤하늘의 달을 동양에서는 6가지 형상(삭(朔, new moon) → 초승달→ 상현달 → 보름달 → 하현달 → 그믐달 → 삭)으로 구분하지만, 서양에서는 상현달과 보름달 사이에 '차오르는 반달(waxing gibbous)', 보름달과 하현달 사이에 '기울어지는 보름달(wanning gibbous)'을 넣어 8단계로 구분한다(Michael Schneider/1994, 이충호 옮김/ 2002, 297쪽).

들어있는 수이다. 이제 "대삼합육생칠팔구"에 들어있는 중심 수 '6'부터 모두 더하면 30(=6+7+8+9)이다. 이 수가 바로 달의 주기, 즉 '1월=30일'이다. '30=6×5'이므로 천부경의 중심 수 '6'(또는 '천6/지6/인6'의 '6')이 대략 5번의 주기(5주)로 1개월을 만든다.)

運三四成環五七一운삼사/성환오칠일

천지인 조화에 하나의 달이 더 작용하여('운삼사') 동서양의 밤하늘에도 눈으로 쉽게 구분할 수 있는 달의 형상이 5(동양)와 7(서양)[105]개의 달로 하나의 고리를 형성하고('환오칠일'), 더욱, 그 주기는 대체로 5주와 최대 7일(=1주)이나, (가끔) 1주가 더 있는 고리를 형성하기도 한다('환오칠일').[106]

妙衍萬往萬來用變不動本묘연만왕만래/용변부동본

(이번 달도) 오묘하게 가면서 수없이 왔다가 떠나가며(묘연만왕만래), 그 겉모습 또는 보이는 현상은 서로 대립하는 양극성으로 계속 변하지만, 이 둘이 나타나 보여주는 것을 하나로(또는 삼원조화로) 이어주는 힘('본')의 작용은 변함이 없는 그대로다('용변부동본'). (1월의 단위가 1주에서 1일, 1시, 1분, 1초, … 등으로 더 세분되고 있다.)

本心本太陽昻明人中天地一본심/본태양/앙명인중천지일

근원은 마음이며('본심'), 그 마음은 태양과 같다('본태양'). 앙명인은 천지의 이번 달('천지일', 대자연과 하나 되어 사는 1달)을 자신의 중심('앙명인중')에 두고 산다.

一終無終一일종무종일

이번 달이 끝났으나, 하나로 이어주는 힘('본')의 작용으로 끝남이 없는 다음

105) 바로 앞 주석에서 '삭'의 현상은 눈으로 전혀 구분할 수 없다. 그리고, 수 '5'와 '7'은 천부경의 중심 수 '6'에다 ±1을 하면 곧바로 얻어진다(6-1=5, 6+1=7).

106) 대체로 1달(=30일)을 '4'(사성)으로 나누면 '7.5'이다. 이 숫자에 '5'(1달=5주, 30=6×5)와 7(1주=최대 7일)이 들어있다('환오칠일'의 '오칠'). 그런데 어떤 달은 31일로 되어있기 때문에, 특히, 한 주가 '1일'로 된 그달에는 한주가 더 늘어난다('환오칠일'의 '1'은 '본'의 작용으로 전체의 하나로 이어준다).

달('무종일')로 다시금 이어진다.

예 4. [천부경의 '1'을 지구의 공전 사이클(1년)로 해석]

一始無始一析三極無盡本일시무시일/석삼극/무진본

근원의 1년이 형상화되기 시작했으나 그 시작점을 알 수 없는 1년('일시무시일')이 나뉘어 셋이 되었으나('석삼극') 1년의 근원은 다함이 없다('무진본').

天一一地一二人一三천일일/지일이/인일삼

하늘의 (근원의) 1년이 첫 번째로(시공간 의미, 즉 동시적으로) 시작하고('천일일'), 땅의 1년은 하늘과 함께 두 번째('지일이')로 시작하고, 사람의 1년이 천지의 1년과 함께 세 번째로 시작한다('인일삼').

一積十鉅無匱化三일적십거/무궤화삼

근원의 1년의 1단위(개월)들이 쌓여 (수를 넘어서) 완성된 '새로운 1년'('일적십거', 금년이라 하자)이 다함이 없는 조화의 셋으로 화한다('무궤화삼'). (여기서, '화삼'의 '삼'은 '천지인'의 1년의 최소 1단위(월)를 합한 것(1+1+1=3개월)이다. 이러한 '3'의 묶음이 4계절(봄/여름/가을/겨울)을 형성한다.)

天二三地二三人二三천이삼/지이삼/인이삼

하늘, 땅, 사람의 1년에는 대립성('천이/지이/인이')이 있고, '천/지/인'의 두 대립성('천이/지이/인이'의 '2')을 하나로 이어주는 '본'(그 사이 또는 중으로 '천일/지일/인일'의 '1')이 작용하여 셋(2+1=3)으로 조화롭다.

大三合六生七八九대삼합육생칠팔구

'대삼합'의 '6'이 '7, 8, 9'를 생성한다. ('천이삼/지이삼/인이삼'을 간단히 써보면 '천6/지

6/인6'이다. 이 셋에다 차례로 '천일일/지일이/인일삼'의 끝 '1/2/3'을 겹으로 쌓으면 세 수 '6+1=7, 6+2=8, 6+3=9'가 생겨난다. 이 세 수의 합은 다음 그림처럼 '24'(1년의 24절기)이다. 여기서, '6/6/6/6'은 24절기[107] 중 입춘에서 입하까지가 봄(6절기), 입하에서 입추까지는 여름(6절기), 입추에서 입동까지는 가을(6절기), 입동에서 입춘까지가 겨울(6절기)이다.)

'천6/지6/인6/'의 '6'　　'지일이'의 '2'

$$1+2+3 = 6 + (6+6+6) = (6+1) + (6+2) + (6+3) = 7 + 8 + 9 = 24$$

'대삼합육'의 '6'　　'천일일'의 '1'　　'인일삼'의 '3'

運三四成環五七운삼/사성/환오칠

하늘의 조화를 표상하는 수 '3'[108]을 움직이니('운삼'), 하늘에는 4계절이 일어나('사성'; 4=3+1), 그 계절의 분기점에 해당하는 4절기, 즉 입춘(◐), 입하(◒), 입추(◑), 입동(◓)을 경계로 각 계절에는 순수한 5절기(같은 색)와 서로 겹치는 2절기를 포함한 7절기가 4번 성장(봄/여름/가을/겨울의 '사성')하여 고리를 만든다('환오칠').

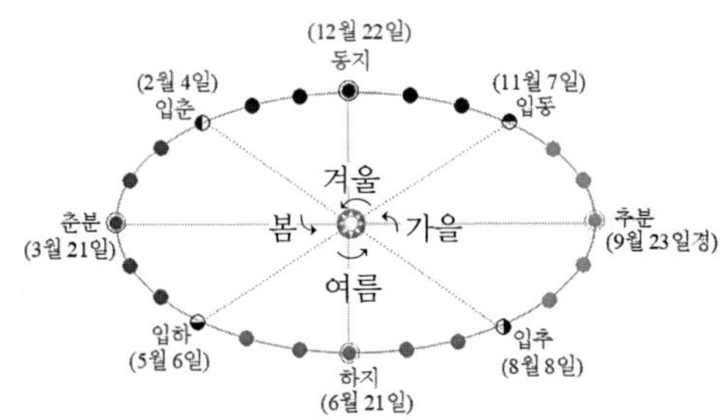

(앞 그림처럼 사계절(6절기를 한 단위로 함)의 시작의 기준점이 되는 '입춘/입하/입추/입동'은 서로 다른 두 계절이 서로 겹쳐 이어진다. 그러므로 각 계절에서 서로 겹치는 2절기(◐-◒-◑-◓)를 포함하면 7절기가 되고 제거하면 5절기(같은 색)로 구분되지만, 근원('본')의 작용으로 하나로 이어져 고리('환오칠일')를 이루고 있다.)[109]

---

107) 지구의 공전주기에 태양을 중심으로 15°씩 24번 똑같이 나누어 1절기를 표시했다(15°×24=360°). 달리 말하면, 1달에 2절기가 약 15일을 기준으로 나누는 것과 같은 이치이다(2절기×12개월=24절기).

108) 하늘에서 생겨나는 계절의 변화를 생성하는 세 가지 기운, 즉 바람風, 구름雲, 비雨 등이라고 생각해도 좋다.

一妙衍萬往萬來用變不動本일묘연만왕만래/용변부동본

올해의 1년이 오묘하게 가면서 수없이 왔다가 떠나가며(일묘연만왕만래), 그 겉모습 또는 보이는 현상은 양극성으로 계속 변하지만, 이 둘이 서로 대립하며 보여주는 것을, 하나로(또는 삼원조화로) 이어주고 작용하는 '힘'('본')은 변함이 없는 그대로다('용변부동본'). (1년의 단위가 4계절에서, 1달, 하루, 1시간, 1분, 1초, … 등으로 더 세분하여 바라보고 있다.)

本心本太陽昻明人中天地一본심/본태양/앙명인중천지일

근원은 마음이며('본심'), 그 마음은 태양과 같다('본태양'). 앙명인은 자신의 중심('앙명인중')[110]에 천지의 금년('천지일', 대자연과 하나 되어 사는 올해의 1년)을 두고 살아간다.

一終無終一일종무종일

금년의 1년이 끝났으나(종) 하나로 이어주는 힘('본')의 작용으로, 다시금 근원의 자리로 되돌아가 끝나지 않는 내년('무종일')으로 순환해간다.

109) 그림에 있는 각 절기(음력을 기준)의 날짜는 윤달이 들어있거나 음력 2월의 일수에 따라 앞뒤로 하루 이틀 차이가 날 수도 있다.

110) "앙명인중"의 '중'은 "천일일지일이인일삼"에 들어있는 '인일'의 '1'로 인체에서는 배꼽이지만, 에너지 차원에서는 하복부의 단전이다.

스스로 배우는 코너 3.1

1. 인터넷에서 삼일신고三一神誥, 참전계경參佺戒經등의 고서를 찾아 읽어보고 천부경의 해석을 시도/발표한 후, 서로 토론하여보아라.

2. 이 절에서 소개했던 기하학의 대가인 미카엘 슈나이더 박사의 책을 인터넷에서 찾아 읽어보고 천부경에 있는 31자의 수들과의 상호관계를 비교 분석한 후 서로 발표하고 토론하여보아라.

3. 천부경의 '1'을 나의 일생을 표상한다고 생각하고 천부경 전문을 해석한 후, 서로 발표하고 토론하여보아라.

4. 이 절의 서두에서 천부경의 '1'은 다음 구분처럼 연결된 현상을 그리고 있다고 말했다.

ⓐ 주기적인 궤도를 그리는 사이클(◯)

ⓑ 하나의 기준점(근원)에 연결되어있는 모습(✺), 예를 들면, 우주관 또는 종교관의 유일(唯一), 질량 또는 에너지 관의 일정(一定) 등의 '1'이다. 이러한 연결은 우주 전체의 기준점과 하나로 연결고리를 만든다(문제 1.2.1에 있는 연결된 그래프).

ⓒ 부분의 사이클, 예를 들면, 한 달의 사이클 중 그 일부분에 해당하는 일주(一週)의 '1', 국내외 일주(一周) 여행의 '1'도 부분에 해당하는 사이클이다.

ⓓ 이 외의 '1'을 상징하는 단어 중(군 또는 직장에서 '일 계급'씩의 승진과정)에서 천부경의 '1'로 간주할 수 있는 것들이다.

위 각 경우에 대하여, 6)에서 다루지 않았던 예를 하나씩 잡아 천부경의 전문을 해석한 후, 서로 발표하고 토론하여보아라.

5. 천부경에 들어있는 수들의 패턴과 법칙을 더 찾아서 발표하고 서로 토론

하여보아라.[111] 특히, "大三合六生七八九대삼합육생칠팔구"와 "運三四成環五七운삼사성환오칠"에 들어 있는 수들의 다양한 예를 찾아보아라.

6. 천부경의 수들이 태극기 제작과정에서 어떻게 응용되었는지를 살펴보아라.

7. 다음 인용하는 뤼케르트(Friedrich Rückert, 1788–1866)의 시는 수 '1'이 '근원의 수' 또는 '창조의 수'임을 표현하고 있다.[112]

> 하나에서 모든 수가 생겨나듯 참되게,
> 하나의 맹아에서 탐스러운 화관이
> 피어오르듯
> 참되게 그대는 깨달음을 얻는다.
> 그분은 유일한 분인 것을
> 그분으로 하여 모든 것이 생성되었고
> 그분에 견줄 자 영원히 없음을.
>
> — 뤼케르트, 독일의 학자, 시인
> 『브라만의 지혜(Die Weisheit des Brahmanen)』 중에서

위의 뤼케르트의 시에서 말하는 '하나'와 천부경의 '1'을 서로 비교/분석하여 자신의 견해를 발표한 후 서로 토론하여보아라.

---

111) 시인 이상은 1931년 10월에 『조선과 건축』 잡지에 발표했던 「삼차각설계도(선에 관한 각서 2)」에서 1+3과 3+1의 수를 배열해 놓고 있다. 천부경의 '人一三一積'안에 '1 3 1'이란 수가 들어 있다. 또한, 「각서 7」에서 하늘의 7가지 이름이 "蒼空, 秋天, 蒼天, 靑天, 長天, 一天, 蒼穹"이 있다.

112) 김태화(2009), 132쪽.

3.2 그림 속 무한과 천부경

무한無限이란 무엇인가? 수학적으로는 유한有限하지 않은 것으로 정의한다. 그러면 유한이란 무엇인가? 그것은 죽음과 같이 시간의 흐름이 멈추는 것을 뜻한다. 이러한 관점에서 본다면 무한이란 끝없는 공간 속으로 빛(광선)이 달아나는 것일 수도 있고, 때론 멈추지 않는 반복적 순환 관계로 주어질 수도 있다. 이러한 관점에서 그림 속의 무한을 살펴볼 수 있다. 2차원의 화판 위에서 수학적인 무한을 멈춤이 없는 어떤 반복적인 행태로 그려낼 수 있다. 가장 대표적인 예가 에셔의 그림이다.

1) 에셔의 무한

무한의 대가인 모리츠 코르넬리스 에셔(Maurits Cornelis Escher, 1898- 1972)는 네덜란드 출신의 화가였지만 주로 이탈리아에서 활동하였다. 그는 처음에는 건축과 장식예술을 공부하고자 했으나 입학 후 곧바로 그래픽예술로 전향했다. 인터넷의 웹사이트에서 쉽게 접할 수 있는 그의 모든 작품은 수학적 기법을 적용하여 무한세계를 기하학적인 형태의 반복인 테셀레이션(tessellation)[113)]기법으로 표현했다. 그는 자신이 표현하고자 했던 창작에 대하여 다음과 같이 말했다.

> The things I want to express are so beautiful and pure.
> 내가 표현하고자 했던 것은 바로 아름다움과 순수이다.

그는 많은 창작품을 그렸다. 인터넷 검색 등으로 손쉽게 그의 작품들을 만날 수 있다. 그가 그린 무한은 크게 다음 세 가지 유형으로 구분된다.

---

113) 순수한 우리말 번역으로 '쪽매맞춤'이라고 한다. 같은 벽지 무늬를 찍어내듯이 기하학적인 형태의 반복으로 그려내는 그래픽 예술기법이다.

(ㄱ) 끝없는 반복

가장 쉽게 살펴볼 수 있는 반복적 순환의 예로 에셔가 1960, 1961년에 연이어 그린 <오르기와 내리기(Ascending and Descending)>, <폭포(Waterfall)> 이 두 그림에서 반복하는 순환 원을 엿 볼 수 있다.

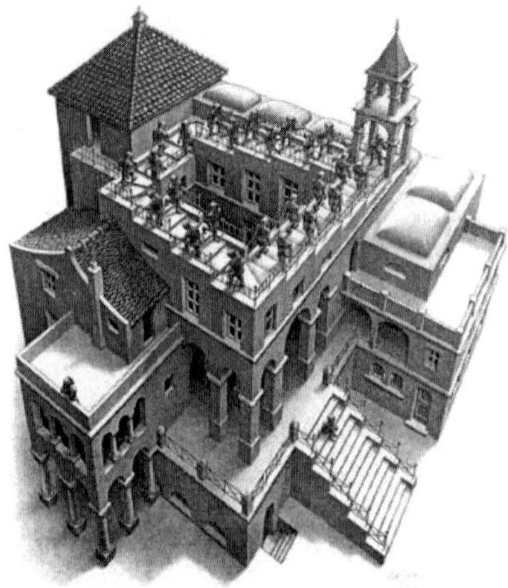

<오르기와 내리기> (1960)

<폭포> (1961)

<오르기와 내리기>에서는 방향이 서로 반대인 두 개의 원을 그리면서 병사들이 계단을 올라가고 내려가는 순환 원을 그려내고 있는 반면에 그 이듬해 그린 '폭포'에서는 막힌 통로를 따라 흐르던 물이 폭포가 되어 빈 물레방아를 돌리면서 아래로 떨어진다. 그러나 떨어진 물은 다시 곧바로 위로 상승하여 제자리로 순환함을 알 수 있다. 즉, '폭포≡물레방아≡순환'으로 끝없는 반복적 무한세계를 창조하고 있다.114)

이러한 반복 순환은 앞의 두 그림보다 4~5년 전, 에셔가 1956년에 그렸던 작품 <백조Swan> (or 〈뫼비우스의 새Möbius birds〉) 속에 더 분명하게 나타난다(우측 그림). 언뜻 보면 뫼비우스 띠처럼 꼬여 있는 듯 보이지만 전혀 꼬여 있지 않다. 일정한 폭의 종이 또는 얇은 알루미늄판으로 상하가 열려있는 원통을 만들어 양 끝을 두 손으로 잡고 팔자 모양으로 서로 엇갈리게 비틀면 곧바로 위의 그림처럼 얻어진다(문제 1.2.5의 그림 1.1(b)형). 그러므로 검은 백조와 흰 백조는 서로 다른 면을 따라 반복 순환하고 있다. <백조>보다 10년 전, 1946년에 그렸던 에셔의 <기마병Horseman>(다음 그림)에서도 팔자 모양으로 꼬여 있는 유사한 형태의 반복 순환고리를 엿볼 수 있다. 이 작품에서는 황색과 회색의 대비가 분명하다. 황색(회색) 면의 고리에는 회색(황색) 말과 회색(황색) 군복을 입은 기마병이 있는데, 특이할 점은 서로 분리되어있는 팔자 모양의 그림 한가운데에서 아랫부분을 서로 찌 끄러 꿰어 매듯이 연결해 놓고 있다. 그런 후 이음새에는 서로 반대 방향으로 나아가는 두 명의 기마병이 마치 거울에 반사된 이미지처럼 배치해 두고 있다.

114) 에셔의 미적 무한세계를 더 탐험하고 싶다면 'Eli Maor(1987), 전대호 옮김(1997), 226~250쪽'을 참고로 읽어보기를 권한다.

(ㄴ) 뫼비우스 띠

하나의 뫼비우스 띠 위에 놓여있는 것처럼, 에셔가 1948년에 그려서 발표했던 <그리는 손(drawing hands)> (그림 3.5의 좌측) 라는 다음 작품을 살펴보자.

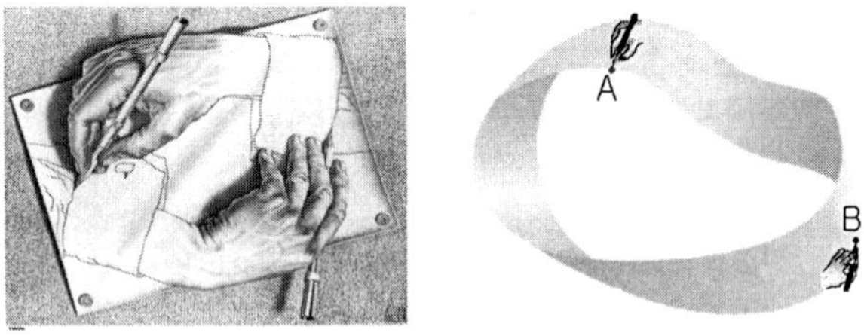

그림 3.5

이 작품을 자세히 살펴보면, 그림 3.5(우측)처럼 오른손이 쥐고 있는 펜 심의 포인트(A)는 뫼비우스 띠(문제 1.2.5)를 따라 왼손이 쥐고 있는 펜 심의 포인트(B)로 되돌아오는 것을 쉽게 관찰할 수 있다. 이러한 성질은 무엇을 의미하는가? 마치 뫼비우스 띠의 꼬인 부분을 기준으로 볼 때, 어느 한쪽 면 위에 놓여있던 오른손이 면을 따라 이동해 가면 마침내 꼬인 부분 반대편에 왼손이 놓여있는 것처럼 보이게 된다. 그러므로 뫼비우스 띠 위에서는 더는 오른손과 왼손의 구분이 없다. 현실에서는 인체의 좌우 측에서 대립하고 있던 두 손이 뫼비우스 띠와 같은 곡면 위에서는 하나로 통합됨을 알 수 있다.[115)]

이제 에셔가 <그리는 손>보다 먼저, 1944년에 그려 발표했던 <조우(Encounter)>(그림 3.56의 좌측)라는 작품의 전체 스케치를 살펴보자. 그림 3.6(우측)에서 하늘로 향하여 뻗어있는 손이 왼손이면 적색 화살표로 표기했고, 반대로 오른손을 치켜들고 있을 때는 황색 화살표로 구분하여 표기했다. 그리고 다섯 개의 이미지를 따라 이어지는 선에 동그라미 친 번호(①~⑤)를 매겨두었다.

115) 김태화(2009), 151~154쪽.

그림 3.6

에셔의 그림 <조우>에서 쉽게 관찰할 수 있듯이 좌우에 있는 두 벽이 검은색으로 장막이 설치되어 있고 하단에는 타원형 모양의 하얀 호의 경계선을 기준으로 아래로 파여 있는 구덩(이것은 창조의 도가니인 여성의 자궁 모양이다)이 있다. 그곳으로부터 계속하여 구렁 속의 벽면을 타고 아래로 내려가면 마침내 가장 윗부분으로 다시 나올 수 있다. 왜냐하면, 그림 3.6(우측)에서 관찰할 수 있듯이 두 적색선(①, ③) 위의 이미지가 오른손은 앞으로 뻗어있지만, 팔꿈치를 접은 왼손이 하늘을 향하도록 똑같게 그려져 있다. 이러한 형상은 클라인(Klein) 병[116]의 바깥 면을 창조의 도가니인 구렁 속과 대응시켜 바라보면 쉽게 이해가 된다. 바꾸어 말하면 무한히 펼쳐져 있는 창조의 도가니 밖의 공간을 클라인 병 안쪽 면(미궁의 세계)과 일치시켜본다는 것이다.

창조의 도가니 속에서 하얀 사람과 검은 소년이 위쪽의 하얀색 호로 구분 지어 놓은 도가니 모양의 테두리 밖으로 걸어 나가서 벽이 서 있는 양방향, 하얀 사람은 좌측으로 검은 소년(그림자 형상)은 우측으로 각각 무한 속으로 흩어진다. 다시금 무한한 공간 속으로 흩어졌던 두 사람이 그림의 윗부분에 서서히 나타난다. 즉, 검은 짐승의 모습을 한 사람은 오른쪽에서 하얀 사람은 왼쪽에서 다시 나타난다. 이제 검은 소년의 이미지는 하얀 사람과 똑같이 대응되어 나타나고 있으

116) 문제 1.2.5의 이미지와 설명 참고.

므로, 여기서는 하얀 사람의 이동 경로만 살펴보면 충분하다. 창조의 도가니인 구렁 속의 면 ①에서 출발하여(뫼비우스 띠로 생각하면 첫 번째 꼬인 부분을 통과하여) ②에서는 도가니 밖으로 나온다. 왜냐하면 ①과 ②의 이미지에서 손 모양이 서로 뒤바뀌어 나타나기에, 앞의 <그리는 손>에서 이미 살펴보았듯이, 왼손과 오른손의 모양이 서로 뒤바뀐 현상은 뫼비우스 띠의 꼬인 지점을 통과했음을 의미하기 때문이다. 그림 3.6(우측)의 ②와 ③도 두 손 모양이 서로 뒤바뀐 이미지로 그려져 있기에 (뫼비우스 띠로 생각하면 두 번째 꼬인 지점을 통과하여) ③에서는 다시 창조의 도가니 속으로 들어감을 시사한다. 유사하게 ③에서 ④로의 이동은(뫼비우스 띠로 생각하면 세 번째 꼬인 지점을 통과하여) 창조의 도가니 밖으로 다시 나온다. 마지막 ④에서(뫼비우스 띠로 생각하면 네 번째 꼬인 지점을 통과하여) ⑤에서는 처음 출발점인 창조의 도가니 속으로 다시 들어감을 뜻한다. 마지막 <조우>의 장면을 앞에서 대응시켰던 클라인 병으로 고찰하면 클라인 병 밖에서 하얀색 사람과 검은 그림자 인간이 서로 만나서 서로 다른 상대방의 손(하얀 사람의 왼손과 그림자 소년의 오른손)을 잡는다. 창조의 도가니에서 태어난 두 모습(하얀 사람과 검은색 소년 또는 어둠의 세계를 산 자신의 그림자 형상)이 각자의 다른 삶의 코스를 그린 후 마침내 서로 만나게 되는 이동자취를 그려놓았다. 특이한 점은 하얀색 사람의 이미지는 변형의 모습이 없는 반면에 검은 그림자의 형상은 처음에는 짐승의 형상에서 점차로 인간의 모습으로 변형해 감을 엿볼 수 있다.

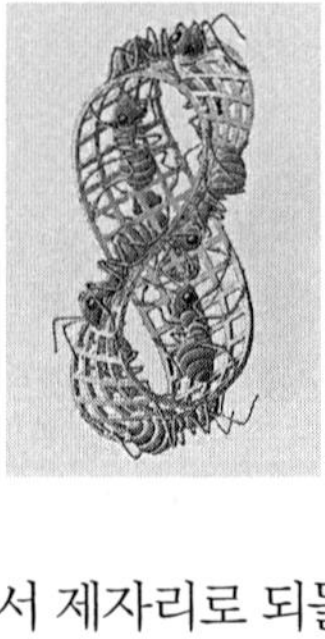

우측 그림은 에셔가 1963년에 그렸던 작품 <뫼비우스 띠 II>이다. 이 그림을 자세히 관찰하면 뫼비우스 띠 모양으로 만든 철조구조물 위에 아홉 마리의 개미들이 올라가 있다. 그들은 뫼비우스 띠의 꼬인 부분에 있는 한 마리의 개미를 중심으로 상하좌우로 대칭적으로 여덟 마리가 놓여있다. 마치 한 마리의 개미가 한가운데에서 출발하여 끊임없이 위로 기어 올라갔다가는 다시 아래로 기어 내려와서 제자리로 되돌아간다. 이러한 순환 원은 하루하루 반복하는 한 마리 개미의 고된 삶을 그려내고 있다. 화가는 '무한'을 어떻게 구현했는가? 그것은 유한의 상대개념으로 예술작품 속에서는 시계추의 단진자 운동처럼 시간이 멈추지 않는 것으로 표현된다. 왜 개미는 이렇게 지루한 반복 행위를 계속하고 있을까? 라는 질문에 대한 해답은 아주 간단하다. 그(개미)가 '뫼비우스 띠'라는 구조물 위로 올라갔기 때문이다. 여기서 아홉 마리의 개미는 천부경의 구절 "대삼합육생칠팔구"의 마지막 성장의 수 '9'이다. 수 '9'는 잉태의 수로 미숙함이 없는 태아의 탄생을 뜻한다. 3.1절의 천부경 분석에서 첫 "일시무시"의 '1'과 마지막 "종무종일"의 '1'을 함께 겹쳐서 뫼비우스 띠 위에 그려놓았던 그림 3.2와 그 맥을 같이한다. 에셔의 천재성은 천부경의 수 '9'를 한 마리의 개미가 아홉 번 이동하여 성장 또는 진화해가는 완전한 과정을 그려내고 있다.

다음 그림은 에셔의 1951년 작품 <예상Predestination>이다. 이 작품에서는 끊어진 하트 모양의 뫼비우스 띠에서 하늘에 사는 흰 새와 물속에 사는 검은 물고기가 탄생하여 하강하면서 역 하트를 그리면서 하강한다. 작품명처럼 선으로 이어진 하트의 정점에서 검은 물고기가 흰 새의 목덜미를 무는 장면을 그려내고 있다. 이 작품에서 창조의 도가니는 역 하트의 정점, 검은 물고기가 흰 새의 목을 무는 장면 바로 위에서 둥근 반 호를 그리는 비행 띠이다. 이 띠는 아래에 있는 비행 띠의 거울 이미지가 아니다. 언뜻 보면 대칭적으로 흑백의 조화가 되어있지만, 위의 비행 띠는 역 하트의 정점에서 검은 물고기들은 우로, 하얀 새들은 좌로 서로 반대 방향으로 날아가고 있는 반면에 아래에 있는 비행 띠는 모두 우측으로 날아가고 있다. 앞 그림의 비행 띠는 좌측으로 날아간 하얀 새들의 띠는 전체 윤곽인 찢어진 하트의 안쪽으로 날아가서 합쳐지고 우측으로 날아간 검은 물고기들은 찢어진 하트의 아래에 있는 흰 무리와 교대로 섞여 가며 합쳐지고 있다.

〈예상 Predestination〉(1951)

내가 어렸을 때 아버지들이 한복을 입고 외투인 두루마기를 걸치고 겨울철 나들이를 떠났던 것을 회상해 본다. 그때는 추운 겨울날 낯선 사람들과 길거리에서 만나 서로 대화할 때, 그들은 양팔을 서로 X자로 교차하고 양손을 반대편 두루마기 자락 속에 집어넣고서 대화를 하는 모습을 가끔 지켜볼 수 있었다. 지금은 그런 장면을 볼 기회가 흔치 않지만, 예전엔 어느 곳에서나 쉽사리 볼 수 있는 광경이었다. 그렇다. 양팔을 서로 X자로 교차를 하는 동작은 직사각형 종이띠를 한번 꼬아서 뫼비우스 띠를 만드는 행위와 똑같다. 그러므로 그러한 자세를 취하는 것은 앞에서 소개했던 에셔의 <그리는 손>처럼 좌우의 구분이 사라지고 몸속의 기운이 하나로 통합되는 아주 편안한 자세다. 독자 여러분도 선조의 이러한 지혜를 깨닫고 잊혀가는 그러한 자세를 가끔 취하여 보아라. 특히 혼자서 텔레비전을 볼 때나, 앉아서 편히 쉴 때 그러한 동작을 취하는 것은 인체의 기운을 하나로 통하게 하여 건강한 몸을 만드는 한 가지 기본원리이므로 뫼비우스 띠의 효과를 자주 체험해 보길 권한다.

(ㄷ) 에셔의 <변형 I, II>와 천부경과 비교분석

에셔가 1931년에서 1940년까지 그렸던 <변형Metamorposis I, II>는 그 후 1967~1968년에 다시 수정/보완하여 9폭으로 그렸다. 아홉 폭의 그림들을 세 개씩 그룹 핑하여 살펴보자.

먼저 ①~③의 중복된 부분을 겹쳐놓고 바라보자. 첫 조각 ①은 '변형'을 뜻하는 프랑스어 'metamorphose'라는 글자가 근원을 상징하는 회색 면포 위에 검은 음영에 갇혀있다가 상하좌우로 글자가 차츰차츰 열십자(十)로 움직여 간다. 그렇게 움직여 간 열십자는 흰색과 검은색의 두 종류 4각형으로 첫 번째 변형을 시작한다. 네모들이 다시 변형을 시작하면서 무극(○)과 태극(◉)에서 5선이 뻗어있고, 다섯 개의 선이 뻗어있는 3개의 태극별과 4개의 태극별에 각각 둘러싸여 잠자고 있는 한 쌍의 벌이 그 속에 있다. 마침내 형상화가 시작된다. 대칭으로 배열된 두 종류의 사각형이 또 다른 변형을 시작한다. 마치 알에서 파충류인 도마뱀이 깨어나고 있는 듯하다. 세 번째 조각인 ③에서는 도마뱀의 모습이 육각형으로 변형하면서 앞 ②에 잠재해 있던 암수의 벌이 활동하여 알을 낳고, 그 알들에서 3마리씩 벌들이 깨어나서 하늘(天)로 비행해 간다.

①
②
③
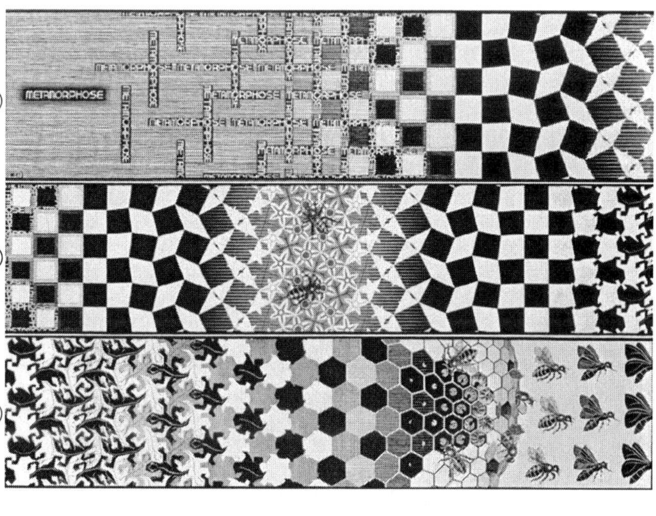

④ ⑤ ⑥

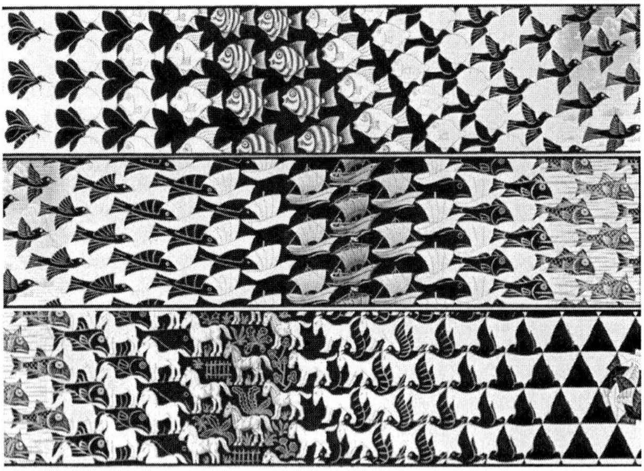

그다음 그림의 ④에서는 3마리씩 무리를 지은 벌들이 바다(地)에 사는 4마리씩 무리를 지은 물고기를 만나서('운34성') 다섯 마리씩 무리를 지은 새가 되어 비행한다. 검은 새는 다섯 마리씩으로 증가하여 하늘을 비행하다가 ⑤에서는 일곱 마리씩 무리를 지어 땅으로 하강한다('환57'). 마찬가지로 ④의 다섯 흰 물고기는 ⑤의 7곱 척의 흰 돛단배로 변신한다. ⑥에서는 하강한 검은 새는 물고기로 바뀌고 흰 돛단배는 다시 말로 바뀐다. 이렇게 흑백의 조화는 변형을 계속한다.

⑦ ⑧ ⑨

⑦에서 검은색과 흰색의 무늬가 첫 변형을 태동한 후 점차로 검은색 무늬는 다섯 마리 새로 흰색무늬의 변형 속에는 주황색 점이 나타나서 다섯 마리 새로 천천히 변해간다. ⑧에서는 세 가지 색(검은색, 흰색, 주황색)의 조화가 점점 조형 건물로 변해간다. 마침내 조형 건물들을 잇고 있는 하얀 망루가 있다. 마룻바닥은 육면체 기둥으로 변해간다. 그 위에 놓여있는 체스 모양의 물체는 흑백 무늬의 벽을 만난다. 그리고 첫 번째 조각인 ①(천부경의 '일시무시일')의 대칭인 근원으로 다시금 회귀하여간다(천부경의 '일종무종일'). 천부경의 수로 표현해보면, 근원 '1'에서 여러 가지 변형 '3'으로 성장했다가('운3/4성/환57') 처음의 근원 '1'로 되돌아온다(1→3→1). 에셔의 <변환 I, II>에 잠재해 있는 이러한 반복 순환은 그림 3.2와 똑같다. 왜냐하면, 그림 3.2에서 "종무종일"의 '1'과 "일시무시"의 '1'을 하나로 이어주는 보이지 않는 '힘'이 하나님(천신)이라면 여기서는 그 자리에 천재화가 에셔의 직관과 통찰이 자리 잡고 있다. 화판에 펼쳐진 9홉 조각 중 그의 붓을 든 손은 곧바로 첫 번째 조각(①) 좌측 끝과 마지막 조각(⑨) 우측 끝을 신비로운 손길로 이어준다.

2) 직선적인 삶과 곡선적인 삶[117)]

원과 선의 차이점은 무엇일까? 원의 일부분을 잘라내면 그것은 선이라고 말하면 누구나 인정하겠지만 선의 양 끝을 다시 이으면 원이 된다고 말하면 왠지 갸우뚱할 것이다. 사실, 선의 양 끝을 잇는다고 곧바로 완전한 원처럼 둥글게 만들 수는 없다. 한 가닥 실을 갖고 실험을 해보아라. 아무리 둥글게 만들었다고 하더라도 조금의 오차는 있을 것이다. 비록 시간이 걸리는 차이는 있겠지만 조금씩 연속적으로 끊임없이 수정해가면 언젠가는 완전한? 아니 근사한 원을 만들 수 있지 않을까? 이처럼 '자름'과 '이음'이라는 상반된 두 대립행위는 서로 다른 결과를 낳는다. 자르는 행위는 분열되는 양극성을 낳고, 반면에

---

117) 김태화(2009), 143~146쪽.

잇는다는 행위는 하나로 통일된 단일성을 낳기 때문에 선이 동적인 양극성을 갖는 수학적 도형이라면 원은 단일성을 갖는 정적인 도형이다. 그래서 원의 세계에는 '천국과 지옥', '참과 거짓', '선악', '유무' 등과 같은 서로 대립하는 개념들이 없다. 대립 관념들이 오직 하나로만 통일되어있는 신의 세계에 비유된다. 그러한 원은 그 한가운데 보이지 않은 씨앗 또는 마음과 같은 점을 소유하고 있지 않은가. 마치 신의 세계에서는 점(0)이 곧바로 원(1)이요, 원이 점이다. 수식으로 나타내면 $0 \equiv 1$이라는 뜻이다. 반면에 선은 원, 즉 신의 일부분으로 창조된 시작과 끝이 있는 양극성을 띤 것으로 인간의 세상에 비유된다. 이러한 관점에서 볼 때, 신이 원적인 삶을 살고 있다면 인간은 선적인 삶을 살고 있다고 말할 수 있다. 다시 선은 직선과 곡선으로 나눌 수 있다. 이것은 마치 인간을 남자와 여자로 나누는 것과 같은 이치이다. 남자의 캐릭터를 직선이라고 말한다면 여자는 곡선이라고 말할 수 있겠다. 왜냐하면 직선(—)의 끝은 그 나아가는 방향을 쉽게 예측할 수 있겠지만 곡선(∞)의 끝은 전혀 예측 불가능이다. 『화성에서 온 남자 금성에서 온 여자』118)를 쓴 존 그레이(John Gray, 1951~) 박사는 책의 표제에서 지구를 중심으로 서로 반대편에 있는 두 개의 행성을 비유로 들었다. 금성, 즉 비너스는 태양의 빛을 받아 아름답게 빛나는 황홀한 행성인 데 반하여 지구의 반대편에 있는 화성은 그렇지 못하다. 비너스가 미의 표상으로 복잡한 여성을 상징한다면 화성은 그 단순함에서 자연스럽게 남자를 대표한다. 마치 쉽게 들켜버리는 단순한 직선과 그다음 어떻게 그려갈지 전혀 예측할 수 없는 곡선처럼.

---

118) John Gray, *Men Are From Mars, Wemen Are from Venus*, HarpenCollins, 1992. 김경숙 옮김, 『화성에서 온 남자 금성에서 온 여자』, 동녘라이프, 2006.

이러한 직선과 곡선의 관계를 우리는 많은 그림에서도 엿볼 수 있다. 특히, 파블로 피카소(Pablo R. Picasso, 1881–1973)의 다음 두 판화 그림을 그 예로 들어보자.

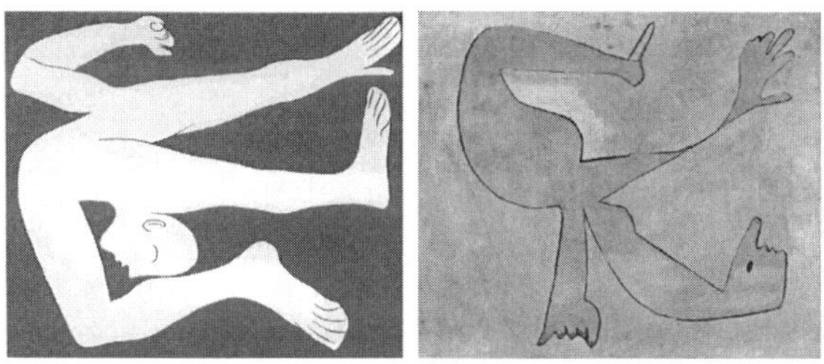

앞 그림의 우측에 있는 것은 1929년의 <수영하는 여자La Nageuse>이고, 좌측은 1930년 작품 <곡예사L'Acrobate>이다. 이 두 판화 작품에서 직선과 곡선의 차이점이 대조적으로 잘 드러나 보인다. 대체로 직선과 흑백의 단순한 명암으로 표현한 <곡예사>가 남성적이라면 물속에서 <수영하는 여자>는 거의 직선을 사용하지 않은 곡선들로 그려진 여성적인 삶을 표상한다. 먼저 <곡예사>를 조금 더 자세히 관찰해보면 두 손의 위치가 그림에는 나타나 있지 않지만, 곡예를 할 때 쥐고 있던 밧줄과 평행을 이루고 있다. 한 손은 밧줄을 놓고 있지만 다른 손은 여전히 줄을 잡아당기고 있는 형상이다. 또한 강한 곡예사의 힘이 우측으로 공중을 비행하듯 직선적으로 펼쳐져 있다. 반면에 <수영하는 여자>는 수중 잠수부들이 입는 옷을 입고 있는 듯 매끄럽게 곡선으로 잘 처리되어있다. 두드러지게 강조된 부분이 복부이다. 여성의 복부는 창조의 도가니임을 강조하는 듯하다.

앞의 두 예에서 알 수 있듯이 신은 원적인 삶을 사는 반면에 인간은 선적인 삶을 살고 있다. 다시 남자는 직선적인 삶을 살고 여자는 곡선적인 삶을 살고 있다. 이러한 직선과 곡선적인 삶을 살아가는 인간은 완전한 원처럼 신을 닮아 가려고 몸부림친다.

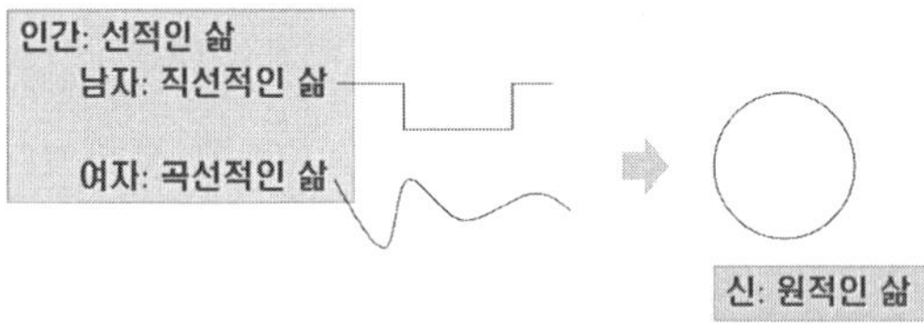

스스로 배우는 코너 3.2

1. 인터넷 검색 또는 단행본[119][120] 등에서 에셔의 모든 그림을 찾아 그의 작품 세계를 체계적으로 분류하여보아라. 예를 들면, 대분류로는 A 판화(전반부), B 그래픽(후반부)으로 나눌 수 있다. 다시 그래픽 예술품은 '무한'과 결부 지어 다음처럼 세분할 수가 있다

1. 규칙적인 평면분할 (파충류, 정규분할, 모자이크 등)
2. 끝없는 반복 (순환, 뫼비우스 띠, 루프, 특이점 등)
3. 극한
4. 자기복제
5. 변형
6. 차원과 공간
7. 거울상과 대칭이동

---

119) Maor(1987), 전대호 옮김(1997), 226~250쪽.

120) Douglas R. Hofstadter, *Gödel, Escher, Bach: An Eternal Golden Braid*, Basic Books, United States, 1979. 박여성 옮김, 『괴델, 에셔, 바흐 - 영원한 황금 노끈』 상/하, 까치, 1999.

8. 기타 초상화 등

(1~6은 '무한'을 기하학적인 그래픽기법으로 그려내고 있다.)

이 절에서 다루지 않았던 에셔의 그림들을 체계적으로 분석하여 보아라. 특히, 엘리 마오와 호프스태터의 책에 있는 에셔 부분을 읽고 요약/정리한 후 서로 발표하고 토론하여보아라.

2. 거울 앞에 서서 오른손을 들고 있으면 거울 이미지는 왼손을 들고 있다. 그림 3.5(우측)에서 뫼비우스 띠의 바깥 면 위에 있던 오른손에 쥐고 있던 펜의 점 A가 꼬인 지점을 통과한 후 밖으로 다시 나왔을 때는 왼손에 쥐고 있는 펜의 점 B가 되는 것을 살펴보지 않았던가? 그렇다면 뫼비우스 띠의 꼬인 지점과 거울의 투영면은 똑같은 역할을 하고 있다고 볼 수 있다. 거울의 '실상/허상', 서로 다른 두 대립개념을 하나로 일치시켜주는 것이 거울의 투영면이라면, 뫼비우스 띠의 '안/밖'의 두 면을 하나로 통일시키는 것은 바로 그 꼬인 지점이 된다. 그런데 어떤가? 또 다른 하나의 거울을 더 사용하여 이제 첫 번째 거울상을 두 번째 거울상에 비추면 어떤가? 그 답은 원래의 상이 된다. 수학에서는 이러한 관계를 거울 함수 Mir에 대하여 모든 실수 x에 대하여 $Mir^2(x)=x$로 나타낸다. 이것은 바꾸어 말하면 그 역함수가 자기 자신과 똑같다($Mir^{-1}=Mir$)라는 것이다. 일반적으로 이러한 성질을 만족하는 함수를 대합involution이라 한다. 분명히 항등함수와 거울 함수 Mir는 대합이다. 그러한 함수가 아닌 또 다른 대합의 예를 최대한 많이 찾아보아라.

3. 존 그레이(John Grey, 1951~)의 저서 『화성에서 온 남자 금성에서 온 여자』를 읽어보고 대립개념인 남자와 여자를 직선과 곡선의 대립 관계로 설명할 수 있는가? 있다면 그 타당한 이유를, 전혀 무관하다고 생각한다면 왜 그렇게 주장하는지를 밝혀보아라.

4. 파블로 피카소(Pablo R. Picasso, 1881–1973)의 생애와 그의 작품 중 '직선과 곡선'에 비유할 수 있는 다른 작품들을 찾아 서로 토론하여보아라.

5. 그림, 건축, 조각, 회화 등의 다른 예술작품에서도 '직선과 곡선'의 대립 관계로 설명할 수 있는 작품들이 있다면 그것들을 찾아 자신의 주장을 밝혀보아라.

3.3 천부경과 불교

이 절에서는 먼저 천부경과 불교 속에 잠재해 있는 존재정리를 밝혀본다. 3.1절에서 해석했던 천부경의 "일묘연만왕만래/용변부동본"이란 글귀 속에 있는 "부동본"('본'은 '부동'이다)은 영어로 'the fixed source'이다. 바꾸어 말하면, 다음 존재정리의 근이 바로 '부동본'이다.

존재정리 집합 X을 우주라 하자. X에서 X내로 정의되는 모든 함수 f들의 족family을 Ω라 하자. 즉, $\Omega = \{ f : X \to X \}$이다. 그러면, 모든 $f \in \Omega$에 대하여 $f(z) = z$가 되는 한 점 $z \in X$가 존재하는가? 그러한 점 z가 존재하면, 그것은 Ω의 **공통부동점*common fixed point***이다.

"부동본"의 '본'이 바로 모든 인과관계의 함수작용에도 언제나 불변으로 존재한다는 뜻이다. 이제 현각스님의 책[121]에 소개된 "인간의 길"을 한번 살펴보자.

공수래공수거 시인생
空手來空手去 是人生

121) 현각, 『만행 • 하바드에서 화계사까지』, 열린원, 1999, 제2권 60쪽.

생종하처래 사향하처거
生從何處來 死向何處去

빈손으로 왔다가 빈손으로 가는 게
인생이다.
태어났을 때, 우리는 어디서 왔는가?
죽을 때, 어디로 가는가?

생야일편부운기 사야일편부운멸
生也一片浮雲起 死也一片浮雲滅

부운자체본무실 생사거래 역여연
浮雲自體本無實 生死去來 亦如然

삶은 구름처럼 왔다가 구름처럼 사라진다.
그러나 본래 구름 자체도 존재하지 않았다.
삶과 죽음, 우리의 인생의 오고 감
모두 이와 같다.

독유일물상독로 담연불수어생사
獨有一物常獨露 湛然不隨於生死

그러나 언제나 변하지 않는 맑은 게 하나 있다.

삶과 죽음을 넘어서는 순수하고 맑은 게 있다.

위의 마지막 글 "독유일물상독로獨有一物常獨露" 에 나타나는 '일물'은 그다음 구절인 "삶과 죽음을 따르지 않는 순수하고 맑은 마음(담연불수어생사湛然不隨於生死)"이다. 즉, "독유일물상독로"에 들어있는 이슬방울(露)의 "마음자리"이다. 이슬방울이 어떻게 만들어지고 어떻게 사라지는가? 그것은 자연의 이치를 따르는 가장 맑고 깨끗한 것이다. 그러한 마음의 자리는 생사를 뛰어넘는 영원불변한 것이므로 앞 존재정리의 해이다. 그리고 이 법문은 상용불교의범의 시식施食편에 들어 있다. 죽은 자를 염하는 불교 의식을 행할 때 읊는 말이다.

끝으로 천부경의 "앙명인중천지일"의 의미는 숭산 행원 대선사의 다음 가르침으로 이해할 수 있다. 이글은 참된 선(禪, Zen) 수행을 위한 초보 수행자에 대한 가르침(Advisor to a Beginner)으로 숭산 큰스님의 답신(1975년 2월 23일)에서 발췌한 것이다.

> Don't-know mind is the mind that cuts off all thinking. When all thinking has been cut off, you become empty mind. This is before thinking. Your before-thinking mind, my before-thinking mind, all people's before-thinking minds are the same. This is your substance. Your substance, my substance, and the substance of the whole universe become one.
>
> So the tree, the mountain, the cloud, and you become one.[122)]
>
> 오직 '모를 뿐'인 마음을 지니세요. 이것이 가장 중요한 일입니다. '모를 뿐'인 마음이란 모든 생각을 끊어 버린 상태의 마음입니다. 모든 생각을 끊어냈을 때 당신은 빈 마음을 갖게 됩니다. 이것이 생각 이전의 마음입니다. 당신의 생각 이전의 마음은 똑같은 것입니다. 이것이 당신의 본체입니다. 당신의 본체 나의 본체, 그리고 온 우주의 본체가 하나가 되기 때문에 나무, 산, 구름이 당신과 하나가 되는 것입니다.[123)]

선도를 깨친 사람은 "빈 마음을 갖게 됩니다." "모든 생각을 끊어 버린 상태의 마음"이 무아입니다. 그리고 마지막 문장의 "온 우주의 본체가 하나가 되기 때문에 나무, 산, 구름이 당신과 하나가 되는 것입니다."라는 것은 천부경의 "인중천지일일"과 그 의미가 통합니다. 무엇보다도 이 마지막 문장에서 모든 것이 '하나가 된다'라는 것은 천부경의 수 '1'을 표상합니다.

인과관계의 함수 또는 거꾸로 보기함수는 $t \mapsto t^{-1}(t \neq 0)$으로 주어진다. 만약 t가 속세의 삶(현생)이라면 t^{-1}은 수정체에 의한 망막의 상처럼 세상을 뒤집어

---

122) Stephen Mitchell, Ed., *Dropping Ashes on the Buddha*: The Teachings of Zen Master Seung Sahn, Grove Press, New York, 1976, p. 13.

123) Stephen Mitchell, Ed.(1976), 최윤정 옮김, 『부처님께 재를 털면 - 숭산스님의 가르침』, 여시아문, 1999, 29쪽.

본 내생(∞) 또는 전생(−∞)을 바라볼 수 있는 함수이다. 바꾸어 말하면 현실계에서 '전(과거)/후(미래)'의 세계를 관련지어주는 인과관계가 이 함수인 셈이다. 왜냐하면, 초보적인 수학의 극한개념으로 t가 수직선을 따라 0으로 수렴(이동한다고 보아도 좋다)해가면 그 역 t^{-1}은 무한(기호 ±∞로 표기)으로 나아가고, 역으로 t가 수직선을 따라 한없이 무한(±∞)으로 나아가면 그 역 t^{-1}은 0으로 작아지기 때문이다. 이러한 관계로부터 실수의 한 원소 0을 안다는 것은 바로 실수영역 밖에 있는 ±∞을 안다는 것이다. 실수의 집합에서 덧셈의 항등원[124] 0은 모든 실수의 중심으로 현실계에서는 기준점을 의미하지만, 상징 기호 ±∞는 우리가 결코 바라볼 수 없는 무한한 대립 세계에 존재해 있다. 양립된 이 두 세계를 바라보는 하나의 함수가 바로 $t \mapsto t^{-1}$ $(t \neq 0)$이다. 그런데 이 두 대립 세계를 하나로 이어주는 자는 누군가? 그것은 앞 함수의 정의역$(t \neq 0)$에서 $t=0$인 논리적 관점에서는 '불능'에 해당한다. 즉, 그분은 바로 우주 근원의 자리에 계신 절대자(천신天禮)이다.

이제부터 '0≡공空', '∞≡색色'이라 하고 $t > 0$을 인간의 탐욕이라고 생각하자. 만약 탐욕(t)이 한없이 커지면 이 함수의 값, 즉 삶의 도리를 깨치는 양은 점차 0으로 작아지는 반면에 점차 마음을 비우면$(t \to 0)$ 그 깨치는 양이 무한히 커짐을 알 수 있다. 주어진 함수 $t \mapsto t^{-1}$에 의하여 '0'과 '∞'의 동일시 행위는 곧바로 <반야심경>에서 말하는 '공'과 '색'의 동일시로 '색즉시공色卽是空'이요, '공즉시색空卽是色'이다. 이처럼 불교 철학은 삶에 대한 모든 것에 애착을 버리는 고행, 즉 마음을 비우는 삶을 통하여 허무에 대한 무위 사상을 강조한다. 결국, 안다는 것이 무엇이오? 모른다는 것 또한 무엇이란 말인가? 알면 알수록 더 모르는 것이요, 아무것도 모른다는 것은 이미 다 알고 있었다는 것 — 색즉시공色卽是空 공즉시색空卽是色이다. 마음을 비워라. 그러면 알게 될 것이요. 알려고도 하지 마라, 그러면 비워지리라.[125] 이것은 앞서 인용했던 숭산 큰스님의

---

124) 실수 $\mathbb{R}$에는 $x+0=x=0+x(x \in \mathbb{R})$를 만족하는 $0 \in \mathbb{R}$을 덧셈의 항등원 identity 라 한다.

오직 '모를 뿐인 마음(don't-know mind)'으로부터 우리를 둘러싸고 있는 우주 만물이 '하나(one)'임을 알아차리는 것과 같은 맥락이다.

다음 글은 틱낫한(Nhat Hanh Thich, 1926~)의 책에 있는 불교 경전 <화엄경>의 한 파편인 '종이' 비유에 관한 것이다.

> 불교 경전 <화엄경>은 말한다. 이 한 장의 종이와 관련되지 않는 것은 전 우주 안에 단 한 가지도 없다고. 우리는 말한다.
>
> "한 장의 종이는 종이가 아닌 요소들로 만들어져 있다."
>
> 구름은 종이가 아닌 요소다. 숲은 종이가 아닌 요소다. 그리고 햇빛도 종이가 아닌 요소다. 종이는 온통 종이가 아닌 요소들로 이루어져 있으므로, 만일 그 종이 아닌 요소들을 전부 되돌려 보낸다면 종이는 텅 비어 버릴 것이다. 무엇이 텅 비는가? 분리된 자아가 텅 비어 버리는 것이다.
>
> 종이는 그 자신이 모든 요소. 종이가 아닌 모든 요소로 이루어져 있다. 따라서 그 요소들을 전부 제거하면 종이는 완전히 무가 되어버린다. 거기 독립된 개인이란 없는 것이다. 이것은 곧 종이가 모든 것. 우주 전체로 가득 채워져 있음을 뜻한다. 이 작은 종이 한 장이 전 우주의 존재를 증명하고 있다.[126]

위인용에서도 "종이가 완전히 무가 되어버린다."라는 어구가 마지막에는 "우주 전체로 가득 채워져 있음을 뜻한다."라고 그 사고가 연결되고 있다. 이러한 관계를 설명해줄 수 있는 함수가 바로 $t \mapsto t^{-1}(t \neq 0)$임을 주목하여라. 앞 마지막 인용에 있는 '한 장의 종이'를 '나'로 생각한다면 "종이가 완전히 무가 되어버린다"(색즉시공)라는 어구는 '무아無我'의 알아차림이다. 이때 마지막 문장은 '무아'가 바로 '우주 전체'임을 자각한다(공즉시색)는 뜻이다. 그러므로 '이 한 장의 종이'는 천부경의 '1'에 해당한다.

---

125) 김태화(2009), 97, 141~142쪽.

126) Nhat Hanh Thich, *Being Peace*, Parallax Press, Berkeley, Califonia, U.S.A., 1988. 류시화 옮김, 『틱낫한의 평화로움』, 열림원, 2002, 95~98쪽.

스스로 배우는 코너 3.3

1. 이 절에서는 불교의 핵심 경전인 <반야심경>[127]에 있는 어구 "색즉시공色卽是空 공즉시색空卽是色"을 살펴보았다. 독자 여러분은 <반야심경>의 전문을 인터넷에서 찾아 읽어보고 그 뜻을 파악한 후 서로 토론하여보아라.

2. 불교의 다른 경전 속에서 천부경의 내용과 일치되는 글이 있으면 찾아서 요약하여 발표한 후 서로 토론하여보아라.

3.4 가장 아름다운 사랑은?

학창 시절 낙서의 파편들을 수학적 사고로 써 놓은 것이다. 사랑의 유형을 수학적 양의 크기에 따라 다음처럼 5가지로 분류해보았다.

① 제로(0) 사랑

t시간에 x가 지닌 사랑의 양을 $L(t)$라 하자. 칼 지브란(Kahl Gibran : 1883~1931)은 그의 저서 『예언자THE PROPHET』의 "사랑(ON LOVE)" 편에서 다음과 같이 말했다.

> Love gives naught but itself and takes naught but from itself.
> 사랑은 사랑 그 자체 외에는 아무것도 주거나 취하지 못한다.

'무(無 : naught)'은 수학적으로는 영(零 : 0)에 해당한다. 그러므로 이것을 수학적

---

127) 완전한 명칭은 <마하반야바라밀다심경摩訶般若波羅蜜多心經>이다. '반야般若'='지혜', '바라밀다波羅蜜多'='완성', 심心='마음'을 뜻하기에, 이것을 이어보면 '지혜로 완성에 이르는 마음의 경經'이다.

사랑의 방정식으로 표현하면 '$L(t)+0=L(t)-0$'이다. 사랑의 양은 언제나 제로(zero : 0)를 주고받는다는 것이다. 사랑함으로써 얻는 것은 아무것도 없다. 결국, 본래의 상태로 회귀하는 것이다. 더욱 칼 지브란은 "사랑은 쟁취하는 것이 아니며 욕심을 내어서도 안 된다"라고 말한다.

② 엡실론(ε) 사랑

'사랑이란 0과 1 사이의 수직선을 따라가는 것과 같다. 오늘 내가 당신(0)에게 1/2을 따라가고 내일 다시금 그 반을 따라가는 일을 끊임없이 하는 것과 같다'라고 가정하자. 다시 말해서, A가 오늘부터 매일 그의 연인인 B에서 그가 가진 사랑의 절반을 건네주기로 약속했다고 한다. 그러면 A의 사랑은 어떻게 되었을까? 이것을 수식으로 표현하면 다음과 같다. A의 전체사랑을 L이라 하고, A의 사랑을 B에서 건네주는 관계를 f라 했을 때, 다음 관계식이 쉽게 얻어진다.

$$a_0 = L(=1), \quad a_n = f(a_{n-1}) = 1/2^n$$

즉, 함수 f의 반복과정에 의하여 하나의 수열 $\{a_n\}$이 얻어진다. 분명히 이 수열의 극한은 0이다. 그러나, A가 살아있는 동안은 결코 0이 아니다. 즉, 엡실론($\varepsilon>0$)이 존재한다. 비록 작은 양이지만 남아 있는 엡실론으로부터 새로운 사랑을 키워갈 수 있다는 것이다. 그러기에 그러한 사랑은 이별이 다가와도 전혀 절망하지 않고 다시금 사랑을 할 수 있다는 것을 말해준다. 2.5절에서 살펴보았던 영국의 소설가 그레이엄 그린(Graham Green : 1904~1991)의 소설『사랑의 종말(The End of the Affair)』에서 소설가인 모리스 벤드릭스와 사라의 사랑이 엡실론(ε) 사랑에 해당한다.

③ 엠프티(∅) 사랑

에릭 시걸(Erich Segal)의『러브 스토리』를 모르는 사람은 없으리라 믿는다.

달콤한 음악과 눈 장난이 창출한 잊을 수 없는 올리브와 제니의 사랑, 24세의 꽃다운 나이로 마지막 순간까지도 자신의 사랑을 완성하려고 한 그녀의 마지막 한 사랑의 파편을 되살려본다.

> Love means not ever having to say you're sorry. No word needs in Love. The only behavior in there.
>
> 사랑은 미안하다고 말해야 하는 뜻이 아니야. 사랑에는 어떤 말이 필요 없어. 거기엔 오직 행동만.

제니의 마지막 말을 듣고 난 후, 그녀의 입술에 마지막 키스를 하는 올리브의 모습을 떠올려 본다. 여기서, 우리는 먼저 하나의 집합, 두 사람 사이에 오고 갔던 수많은 사랑의 대화들을 모아 놓은 하나의 집합, 그것을 W라 하자. 그리고 올리브에 대한 제니의 사랑을 L이라 했을 때, 마지막 남은 제니의 사랑은 얼마인가? 올리브를 향한 제니의 사랑은 전혀 남아 있지 않다. 그녀는 자기의 죽음을 알고 있었기에, 또한 사랑에는 어떤 말도 필요 없다는 사실을 알고 있었기에 $W \cap L = \varnothing$이다. 그래서, 제니의 사랑을 엠프티(empty, $\varnothing$) 사랑이라고 말한다. 따라서, 엠프티 사랑이란 결국 사랑으로 인하여 그 죽음을 대신하는 경우이다.

엠프티 러브의 또 다른 한 예로는 헤밍웨이의 『무기여 잘 있거라』에서의 프레드릭 헨리 중위와 캐더린 사이의 아름다운 사랑이다. 죽음의 늪을 피하여 두 사람은 카이키 제복을 벗어 던지고 오직 하나 사랑만을 위하여 스위스로 잠입한다. 스위스의 설경과 호수를 배경으로 펼쳐졌던 그들의 사랑은 이른 봄이 오기도 전에 캐더린의 죽음으로 끝난다.

④ 플러스 원(+1) 사랑

먼저 차원이 3인 공간, R^3 내에 사는 모든 동물의 집합을 생각해본다. 그들에게 날개(flying vector)를 달아주면 새로운 차원에서 살 수 있지 않은가? 신의 세계에 해당하는 4차원에서 살게 된다. 즉, $4 = 3 + 1$이다.[128] 같은 논리의 반복은 $5 = 4 + 1$이다. 일반적으로 보면 +1 논리의 반복이다. 여기서, 사람에게 날개(f)를 달아주는 현상을 한번 생각해보자. 누구나 한 번쯤 꿈꾸어 보는 아름다운 일이다. 이러한 일이 바로 플러스 원 사랑이다. 먼저, 그리스·로마 신화에 나오는 프시케(Psyche)와 에로스(Eros)의 사랑이 바로 플러스 원 사랑이다. 어느 왕과 왕비의 셋째 딸로 태어난 프시케는 미의 신인 아프로디테의 미움과 질투를 받을 만큼 아름다웠다. 아폴론의 신탁에 따라 신을 남편으로 섬기고 있던 그녀에게 두 언니의 질투는 어느새 그녀가 에로스를 의심하게 했고 마침내 그녀의 호기심은 에로스의 등에 상처를 입혔고, 에로스는 그녀 곁을 떠나게 되었다.

사랑은 의심과 함께 머물 수 없다.

이제는 돌이킬 수 없는 회한의 통곡만이 있었건만 마지막 에로스의 말은 그녀의 가슴속에 깊은 상처를 남겼다. 날카로운 비수에 찔린 것처럼…. 그러나 프시케는 포기하지 않고 자신의 운명을 믿었다. 그리고 인간의 한 실체로 아프로디테의 아들인 에로스와의 사랑을 승화시키기 위하여 온갖 고통, 불운 그리고 아프로디테의 시험과 시련을 이겨내었다. 마침내 그녀는 정화된 참사랑과 행복을 얻기 위하여 새로운 하나의 플라잉 벡터 f을 달고 변신하였다. 한 마리 나비의 아름다운 관념(美)으로 영혼의 세계인 플러스 원 차원으로 날아가서 사랑의 신인 에로스와 함께 영원한 삶을 살아갔다는 이야기이다. 이러한 플러스 원 사랑이야말로 모두에게 삶에 대한 희망과 비전을 갖도록 해준다. 비록 오늘의 고통과 시련이 힘이 들지언정 그것을 참고 견디어 낸다면 언젠가는 아름답고 밝은 날이 찾아온다는 새 희망을 간직하게 한다. 정신의 맑음을 유지하고

128) $\mathbf{R}^3$ 내에 있지 않은 한 벡터를 f 라 하자. $\mathbf{R}^3$ 내의 3개의 단위벡터 $\{e_1, e_2, e_3\}$ 와 f 에 의하여 생성된 공간이 $\mathbf{R}^4$ 이다. 즉, 4=3+1차원이다.

티 없이 깨끗한 명경을 간직하기 위하여 각고의 노력을 아끼지 않았던 여러 사람을 떠올리게 된다. 우리가 신에게 의지하는 그 마음이 없다면 판도라의 상자는 무의미하지 않겠는가? 그러므로 우리는 신에게 의지하고 새로운 세계로의 비상을 꿈꾸게 된다. 비록 현재의 삶은 유한하지만, 그 속에서 탈출하여 새로운 세계에서의 영생을 꿈꾸게 된다. 아름다움 속에 있을 때는 그 아름다움을 잘 모르듯이 그 속을 탈출하여 밖으로 나올 때 비로소 그 실체를 느끼게 됨을 우리는 알고 있다. 플러스 원의 논리야말로 새로움을 느끼게 하고 그러한 감정을 통하여 도약과 발전을 갖게 한다. 언젠가 우리는 플러스 원의 세계에서 다시 만날 수 있기를 기약하면서 서로 사랑하고 인내하며 새로운 한 벡터를 달고 그 세계로 잠입하는 그 순간이 올 때까지 한순간 한순간을 헛되이 보내지 말고 새로움으로 채워가야 하지 않은가? 플러스 원 사랑을 꿈꾸면서….

⑤ 인피니티(∞) 사랑

사랑은 받는 것이 아니라 오로지 주는 것이다. 에로스의 프시케에 대한 사랑이다. 이와 유사한 아가페(agape)적인 사랑으로 어버이의 자식에 대한 사랑을 생각할 수 있다. '사랑은 받았던 양보다 엡실론($\varepsilon>0$) 만큼 더 많이 주는 것이다.'라는 가정하에서 '나'가 조상들로부터 받아왔던 (누적된) 사랑의 양 L_0 은 얼마인가? 분명히 '나'의 사랑은 '나의 어버이'의 사랑보다는 많을 것이다. 유사하게 이러한 논리를 반복하면 '나의 n번째 어버이'의 사랑은 '나의 (n+1)번째 어버이'의 사랑보다 더 많을 것이다. 조금씩 증가한 양일지라도 그 값을 계속 더하여 가면 무한한 값으로 증가할 것이다.[129] 즉, $L_0 = \infty$ 이다. 누구나 아가페적인 사랑의 가정하에서 한없는 ∞의 사랑을 갖게 된다. 어버이가 되어 자식을

129) 각 n≥0에 대하여 L_n 을 '나의 n번째 어버이의 사랑'이라 하자. 분명히 L_0는 '나의 사랑'이다. 가정에서 $\epsilon > 0$ 이 주어져 있으므로 $L_n = L_{n+1} + \epsilon$ 을 만족한다. 그러므로 나의 사랑 L_0가 조상으로부터 덤으로 받은 누적된 사랑의 양은 $\Sigma\epsilon = \infty$ 가 될 것이다.

낳으면 누구나 자녀에겐 무조건으로 사랑을 할 수밖에 없다는 것이다. 이것은 오로지 주는 사랑이다. 즉 계산이 없는 끝없는 사랑이다.

지금까지 5가지의 사랑을 소개하였다. 여기서 $0<\varepsilon<1<\infty$가 성립하므로 부등식에 의한 순서관계로 나타내보면 다음과 같다.

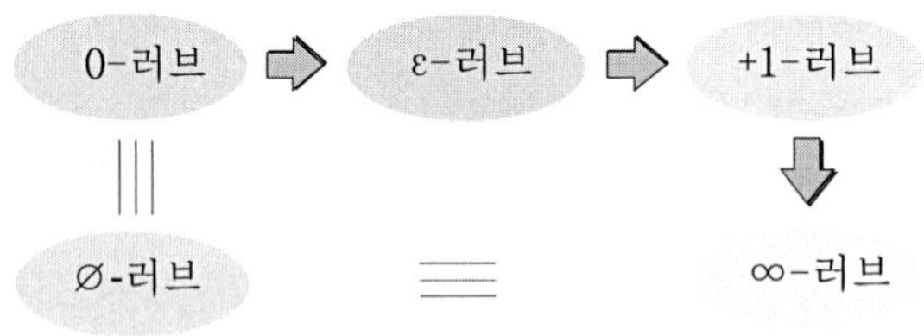

앞의 관계로부터 알 수 있듯이 소개된 5가지 사랑의 유형은 모두 동일시된다. 즉, 어느 것이 더 좋다고 말할 수 없다. 나름대로 서로 다른 형태를 취하고 있지만, 그 본질은 '색즉시공 공즉시색'으로 모두 동일시된다(왜?). 이런 관점에서 보면 가장 아름다운 사랑은 지금, 이 순간의 '나의 사랑'이 아닐까 싶다. 아무도 대신할 수 없는 나의 사랑— 그것은 가장 아름답고 소중한 것이다.

스스로 배우는 코너 3.4

1. 이 절에서 첫 인용을 했던 칼 지브란의 저서 『예언자THE PROPHET』의 "사랑(ON LOVE)" 편의 영어원문을 소개한다.

When love beckons to you, follow him,

Though his ways are hard and steep.

And when his wings enfold you yield to him,

Though the sword hidden among his pinions may wound you.

And when he speaks to you believe in him,

Though his voice may shatter your dreams as the north wind lays waste the garden.
For even as love crowns you so shall he crucify you. Even as he is for your growth so is he for your pruning.

Even as he ascends to your height and caresses your tenderest branches that quiver in the sun,

So shall he descend to your roots and shake them in their clinging to the earth.
Like sheaves of corn he gathers you unto himself.

He threshes you to make you naked.

He sifts you to free you from your husks.

He grinds you to whiteness.

He kneads you until you are pliant;

And then he assigns you to his sacred fire, that you may become sacred bread for God's sacred feast.

All these things shall love do unto you that you may know the secrets of your heart, and in that knowledge become a fragment of Life's heart.

But if in your fear you would seek only love's peace and love's pleasure,

Then it is better for you that you cover your nakedness and pass out of love's threshing-floor,

Into the seasonless world where you shall laugh, but not all of your laughter, and weep, but not all of your tears.

Love gives naught but itself and takes naught but from itself.

Love possesses not nor would it be possessed;

For love is sufficient unto love.
When you love you should not say, "God is in my heart," but rather, "I am

in the heart of God."

And think not you can direct the course of love, for love, if it finds you worthy, directs your course.
Love has no other desire but to fulfil itself.

But if you love and must needs have desires, let these be your desires:
To melt and be like a running brook that sings its melody to the night.

To know the pain of too much tenderness.

To be wounded by your own understanding of love;

And to bleed willingly and joyfully.

To wake at dawn with a winged heart and give thanks for another day of loving;

To rest at the noon hour and meditate love's ecstacy;

To return home at eventide with gratitude;

And then to sleep with a prayer for the beloved in your heart and a song of praise upon your lips.[130)]

칼 지브란의 "사랑(ON LOVE)" 편의 전문을 읽어본 후, '사랑'에 대한 잠언을 요약하여 발표하고 서로 토론하여 보아라.

130) Kahlil Gibran, *THE PROPHET*, Alfred A. Knoff, New York, 1923. Online free eBook 2019, p.15~19.

| 부록 |

스스로 배우는 코너 — 풀이 및 힌트 —

1.1.1. 명제의 논리기호에는 부정negation 기호 ¬와 두 명제의 결합에 사용되는 논리곱conjunction 기호 ∧와 논리합disjunction 기호 ∨가 있다. 기타 기호로는 두 명제의 논리적 동치logically equivalent 를 나타내는 기호 ≡, 함의implication를 나타내는 굵은 화살표 기호 ⇒ 와 쌍조건문biconditional statement 또는 동치관계를 나타내는 양방향의 굵은 화살표 기호 ⇔ 등이 있다. 명제 p와 그 부정 $\neg p$ (not p)와 두 명제 p, q의 논리합 $p \vee q$ (p or q), 논리곱 $p \wedge q$ (p and q)과 함의문/조건문 $p \Rightarrow q$ (p implies q or if p then q)의 진리표는 다음과 같다.

p	$\neg p$
T	F
F	T

p	q	$p \vee q$	$p \wedge q$
T	T	T	T
T	F	T	F
F	T	T	F
F	F	F	F

p	q	$p \Rightarrow q$
T	T	T
T	F	F
F	T	T
F	F	T

조건문 $p \Rightarrow q$의 진리표에서 가정 p가 거짓(F)이면 항상 결론은 참임을 주목하여라. 두 집합 A와 B의 포함관계, 즉 $A \subset B$ (A is a subset of B)의 정의는 조건문 $[x \in A \Rightarrow x \in B]$이므로 모든 집합 A에 대하여 $\varnothing \subset A$임을 알 수 있다. 왜냐하면, $x \in \varnothing$ 라는 명제는 거짓이기 때문이다. 더욱, $A \subset A$는「$x \in A \Rightarrow x \in A$」, 즉 $p \Rightarrow p$ 꼴이므로 논리의 동일률the law of identity이다. 두 명제 p, q의 쌍조건문 $p \Leftrightarrow q$는 p, q의 진리값truth values이 서로 같을 때만 참이고 다르면 거짓이다. 그러므로 진리표를 그려보면 $p \Leftrightarrow q \equiv (p \Rightarrow q) \wedge (p \Rightarrow q)$이다. 그리고 논리의

배중률law of the excluded middle은 p와 $\neg p$의 중간 또는 사이에서 모순contradiction을 일으키는 명제 $p \wedge \neg p$ ($\equiv$c)을 제거했기 때문에 임의의 명제 p의 진리집합을 P라고 두면 $P \cap P^c = \varnothing$ 임을 뜻한다.

1.2.1. **증명** (1) 그래프 G가 홀수 꼭짓점을 가지지 않는 경우. G의 임의의 한 꼭짓점을 x이라 하고 x에서 시작하여 G의 변을 임의로, 하지만 한 번 지나간 변을 다시 지나지 않고, 차례로 따라가 보자. 그러면 G의 모든 꼭짓점은 짝수 꼭짓점이기 때문에 이 길이 x이외의 꼭짓점에서 끝나지 않고 마지막에는 x에 되돌아오게 된다. 이 길 L이 G의 모든 변을 다 지난다면 이것이 구하는 G의 '한붓그리기'이다. G의 모든 변을 다 지나지 않을 때는 이 길 L을 G에서 제거하고 남은 그래프를 G_1이라 하자. 이때 G_1의 각 꼭짓점의 차수는 짝수이고 또 G가 연결되어있기에 $L \cap G_1 \neq \varnothing$ 이다.

다음 L과 G_1이 공유하는 꼭짓점 중 하나를 x_1이라 하고, x_1과 G_1에 대하여 앞의 경우와 똑같은 작업을 되풀이하고 x_1에서 시작하여 x_1에서 끝마치는 G_1의 길을 L_1이라 하자.

여기에서 L과 L_1에서부터 다음과 같은 길을 만든다. x에서 시작하여 L의 길을 따라 x_1에 도달하면 여기에서 L_1에 옮아가서 L_1의 길을 따라간다. L_1은 x_1에서 끝나므로 다시 L의 남은 길을 따라간다. 이 길을 $L+L_1$이라고 쓰기로 할 때 $L+L_1$이 G의 모든 변을 다 지난다면 이것이 구하는 G의 '한붓그리기'이다. $L+L_1$이 G의 모든 변을 다 지나가지 못한다면 G에서 $L+L_1$의 길을 제거하고 남은 그래프를 G_2이라 하고 G_2에 대하여 위와 같은 방법을 되풀이하자. 결국에는 G의 변을 남기지 않는 길 L_n을 구하게 되고, 이리하여 G의 '한붓그리기' $L+L_1+L_2+ \cdots +L_n$을 얻는다.

(2) G가 2개의 홀수 꼭짓점을 가지는 경우.

G의 2개의 홀수 꼭짓점을 x, y라하고, x, y을 새로운 변 e로 맺는 새로운 그래프를 G'라 하자(그림 A1).

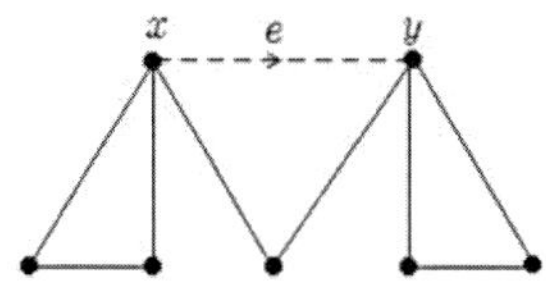

그림 A1

G'는 홀수 꼭짓점을 가지지 않으므로 (1)에 의하여 G'의 임의의 꼭짓점에서 시작하여 자기에게 되돌아오는 '한붓그리기'가 존재한다. 이제 시작점을 x, 최초의 변을 e로 하는 '한붓그리기'를 L이라 하자. 그러면 L에서 e을 제거한 길은 G의 꼭짓점 x에서 시작하여 다른 꼭짓점 y에서 끝나는 '한붓그리기'이다. □

1.2.3. 문제 1.2.1에 있는 오일러 정리의 증명은 '한붓그리기'를 찾는 순서를 제시하고 있다. 이 문제에 있는 그래프 G는 2개의 홀수 꼭짓점 x, y을 가지고 있으므로 먼저 x, y을 새로운 변 e로 맺어 이것을 최초의 변으로 취하자(그림 A2).

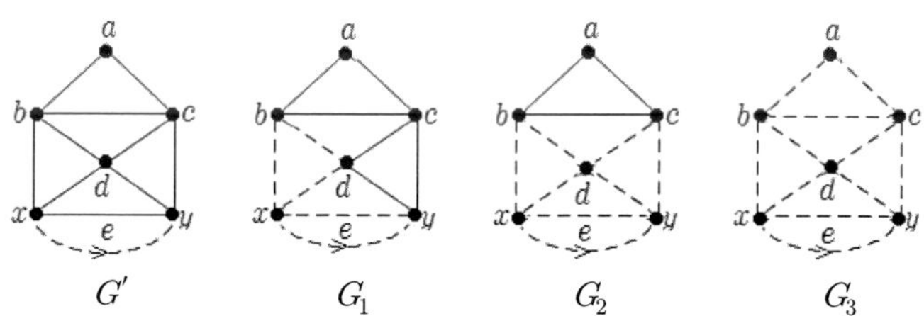

그림 A2 한붓그리기의 순서

이제 L: $x \xrightarrow{e} y \to x \to d \to b \to x$을 잡고, 이것을 G에서 제거하면 G_1은 그림 A2와 같이 된다. G_1의 꼭짓점 d을 잡고 L_1 : $d \to c \to y \to d$을 취하자. $L+L_1$은

$$x \xrightarrow{e} y \to x \to \overbrace{d \to c \to y \to d}^{L_1} \to b \to x$$

이다. G에서 $L+L_1$을 제거하여 남은 것을 G_2라하고 이의 꼭짓점 c을 취하여 L_2을 $c \to a \to b \to c$라 하자. 그러면 $L+L_1+L_2$는

$$x \xrightarrow{e} y \to x \to \overbrace{d \to \underbrace{c \to a \to b \to c}_{L_2} \to y \to d}^{L_1+L_2} \to b \to x$$

이며, 이것은 G' 의 모든 변을 꼭 한 번씩 통과하므로 G' 의 ''한붓그리기'이다. 이제 G' 의 추가한 변e을 제거하면 G의 '한붓그리기'를 얻을 수 있다.

1.7.6. 유클리드의 『원론』의 제6권의 정의 2(영어번역)는 다음처럼 시작된다.

> A straight-line is said to have been cut in extreme and mean ratio when as the whole is to the greater segment so the greater (segment is) to the lesser.
>
> 한 직선이 전체와 큰 선분이 큰 선분과 작은 선분의 관계와 같다고 할 때 극단과 중간의 비로 분할되었다고 말한다.

위의 내용을 간단히 비례식(proportional expression)으로 나타내면 다음과 같다 (문제 2.6.7).

(전체 길이) : (큰 선분) = (큰 선분) : (작은 선분)

'전체 길이'=1, '큰 선분'= x라 하면, '$1 : x = x : (1-x)$'이고 이것은 이차방정식 '$x^2 + x - 1 = 0$'으로 주어진다. 이 방정식의 양의 근을 φ라 하면 $\varphi = (\sqrt{5} - 1)/2$이므로 '극단과 중간의 비' 즉 '황금비'

$$\phi = (\text{전체 길이}) / (\text{큰 선분}) = \varphi^{-1} = (1+\sqrt{5})/2$$

이다. 이제 $\varphi^2 + \varphi - 1 = 0$에서 $\varphi = \phi^{-1}$을 대입하여 ϕ에 관한 식으로 나타내면 $\phi^2 = \phi + 1$이고, 이것의 양변을 $\phi(>0)$로 나누면 $\phi = 1 + 1/\phi$이다. 이제 우변의 ϕ 대신에 $1 + 1/\phi$을 계속 반복적으로 바꾸어 넣으면 다음처럼 하나의 연분수를 얻는다.

$$\phi = 1 + \cfrac{1}{1 + \cfrac{1}{1 + \cfrac{1}{1 + \cfrac{1}{\cdots}}}}$$

여기서 수식의 바른편에 있는 연분수를 차례로 세분하여 나타내어보자.

$$1 = \frac{1}{1},\ 1 + \frac{1}{1} = \frac{2}{1},\ 1 + \cfrac{1}{1 + \cfrac{1}{1}} = \frac{3}{2}$$

$$1 + \cfrac{1}{1 + \cfrac{1}{1 + \cfrac{1}{1}}} = \frac{5}{3},\ 1 + \cfrac{1}{1 + \cfrac{1}{1 + \cfrac{1}{1 + \cfrac{1}{1}}}} = \frac{8}{5}$$

같은 방법으로 위의 오른쪽에 있는 정수비들은 차례로 계속하여 좀 더 구하여 보아라. 그러면

$$\frac{1}{1},\ \frac{2}{1},\ \frac{3}{2},\ \frac{5}{3},\ \frac{8}{5},\ \frac{13}{8},\ \frac{21}{13},\ \frac{34}{21},\ \frac{55}{34},\ \cdots$$

와 같이 얻어짐을 확인할 수 있을 것이다. 이것은 이웃하는 두 항을 서로 더하여 그다음 항을 만들어가는 피보나치수열

$$F(n):\ 1,\ 1,\ 2,\ 3,\ 5,\ 8,\ 13,\ 21,\ 34,\ 55,\ \cdots\cdots$$

의 이웃하는 두 항의 비 $r_n = F(n+1)/F(n)$을 차례로 써둔 것과 일치한다. 그러므로 피보나치 수[1]들의 비(ratio)로 이루어진 수열 $\{r_n\}$가 황금비 ϕ에 수렴한다는 것을 알 수 있다.[2]

---

1) 피보나치수열에 나타나 있는 수들을 피보나치 수라 한다(1장의 주석 87 참고).

2) 김태화(2009), 275~277쪽.

1.7.7. 양의 정수 중에서, 1은 진약수가 없기에 $s(1) = 0 < 1$, 즉 최초의 부족수이다. 최초의 과잉수는 12이다($\because$ $s(12)=1+2+3+4+6=16 > 12$). 일반적으로 부족수는 다음 두 가지 집합으로 분류할 수 있다.

$A = \{s(n)=n-1$인 부족수$\} = \{2^n : n=0, 1, \cdots\}$

$B = \{s(n)< n-1$인 부족수$\}$

(소수 중 $2\in A$이고, 그 외의 소수는 모두 B 속에 있다.)

2.1.3. **힌트** $1+2+\cdots+(n-1) = n(n+1)/2 - n = n(n-1)/2$이므로 1에서 $n-1$까지의 평균이 $n/2$ 이 됨을 쉽게 알 수 있다(2장의 주석 24).

2.1.4. **힌트** 모든 자연수 n에 대하여 2^n의 진약수들은 $1, 2, \cdots, 2^{n-1}$이므로 $s(2^n)=1+2+\cdots+2^{n-1} = 2^n - 1$이다. 그러므로 2^n과 $s(2^n)$의 차는 1이다. 그 밖의 부족수는 진약수들의 합과의 차가 모두 2 이상이다(왜?).

2.1.5. 일반적으로 합성 수 $N = p^n q^m$ (p, q는 소수)로 소인수분해가 되었다고 하면

$$s(N)=(1+p+\cdots+p^n)(1+q+\cdots+q^{m-1})+q^m(1+p+\cdots+p^{n-1})$$

이다. 이제 $1184 = 2^5\times37$이므로 진약수들의 합

$$s(1184) = (1+2+\cdots+2^5)(1)+37(1+2+\cdots+2^4)=(2^6-1)+37(2^5-1)$$
$$= 63+37\times31 = 1210$$

이고, 다른 한편 $1210 = 2\times5\times11^2$이므로 5×11^2의 약수들이 1, 5, 11, 55, 121, 605이므로

$$s(1210) = 1(1+5+11+55+121+605)+2((1+5+11+55+121)=1184$$

이다. 그러므로 (1184, 1210)은 우애수의 쌍이다. 이제 유사한 방법으로 다른 우애 쌍들을 살펴보아라.

2.1.6. (140, 195)가 부부 수의 쌍임을 밝혀보자. $140 = 2^2 \times 5 \times 7$이므로 1과 자기 자신을 제외한 약수는 2, 4, 5, 7, 10, 14, 20, 28, 35, 70이고 이 수들을 모두 더하면

$$2+4+5+7+10+14+20+28+35+70 = 195$$

이다. 반면에 $195 = 3\times5\times13$이므로 1과 자기 자신을 제외한 약수는 3, 5, 13, 15, 39, 65이고 그 합은 3+5+13+15+39+65=140이다. 따라서, (140, 95)는 부부 수의 쌍이다.

2.1.7. [대우증명] 만약 n이 소수가 아니라고 하면, $n=rs$, $1<s<n$이다. 그러면

$$2^n - 1 = 2^{rs} - 1 = (2^s - 1)(2^{s(r-1)} + 2^{s(r-2)} + \cdots + 2^s + 1)$$

이기 때문에 $(2^s - 1)$로 나누어떨어진다. 따라서 $2^n - 1$은 소수가 아니다.

2.1.8. 문제 1.7.7에서 $\sigma(n) = n$의 모든 약수의 합이고, $s(n)=\sigma(n) - n$임을 회상하자. 먼저 $\sigma(n)$의 다음 성질을 주목하자.

① n: 완전수 $\Leftrightarrow s(n)=n \Leftrightarrow \sigma(n)=2n$
② $\sigma(2^k)=1+2+\cdots+2^k = 2^{k+1} - 1$
③ $n = p_1^{k_1} \cdots p_r^{k_r}$($p_i$는 소수, $1 \le i \le r$)이면 다음이 성립한다.

$$\sigma(n) = \sigma(p_1^{k_1} \cdots p_r^{k_r}) = \sigma(p_1^{k_1}) \cdots \sigma(p_r^{k_r})$$

이제 주어진 문제를 증명해보자. 먼저 $n=q\,2^{p-1}$, $q = 2^p - 1$ (소수)라 하자. 그러면 $\sigma(q)=q+1=2^p$이다. 더욱, $\sigma(n)= \sigma(q\,2^{p-1})$이고, q는 소수이므로 위의 성질들을 적용하면

$$\sigma(n)= \sigma(q\,2^{p-1})= \sigma(2^{p-1})\,\sigma(q)= (2^p - 1)2^p=2(q2^{p-1})=2n$$

이므로 n은 짝수의 완전수이다. 역으로 n이 짝수의 완전수, 즉 $n = m2^{k-1}$(k

≥ 2, m은 홀수)라 하자. $\sigma(n) = \sigma(m2^{k-1}) = \sigma(2^{k-1})\sigma(m) = (2^k - 1)\sigma(m)$이고 n이 완전수이므로 $\sigma(n) = 2n = m2^k$이다. 앞의 식과 결합하여 정리하면 $m2^k = (2^k - 1)\sigma(m)$을 얻는다. $(2^k - 1)$이 $m2^k$을 나누어야 한다. 따라서 m을 나눈다. $m = (2^k - 1)M$ (이 경우 $m+M = M2^k$)라 두고 이것을 마지막 식에 대입하면 $(2^k - 1)M2^k = (2^k - 1)\sigma(m)$, 즉 $M2^k = \sigma(m)$을 얻는다. M은 m의 약수이므로

$$M2^k = \sigma(m) \geq m+M = M2^k$$

이고, 마침내 $\sigma(m) = m+M$을 얻는다. 이러한 관계식(M은 m의 약수)을 만족한 m은 소수이고 M=1이다. 그러므로 $m = 2^k - 1$을 얻고 증명이 끝난다. □

2.2.2. 먼저 111,111,111 × 111,111,111 = 12,345,678,987,654,321임은 곧바로 알 수 있다. 이제 x=12,345,679, y=111,111,111이라 두면, 주어진 식 12,345,679×9=111,111,111로부터 $9x=y$이다. 이 사실을 이용하여 간단히 계산하면

$$\begin{aligned}&12{,}345{,}679 \times 999{,}999{,}999 = x \cdot 999{,}999{,}999\\&= x(9 \times 111{,}111{,}111) = x(9y) = (9x)y = y^2 = (111{,}111{,}111)^2\end{aligned}$$

을 얻는다.

2.4.4. 모든 방향으로 끊임없이 이어지는 체스판에서 하나의 네모를 대상(target)으로 정하고 그것을 $x^0 = 1$라 하자. 그런 후 체스판의 다른 모든 칸에 다음 그림처럼 x^n으로 이름표를 달고 앞으로 초깃값이라 말하자. 여기서 n은 대상 네모(target square)로부터 수평 또는 수직으로 떨어져 있는 네모 칸들의 수를 일컫는다. 다음 그림에서 각 행의 값에 x을 곱하면 곧바로 그다음 행의 값이 됨(달리 말하면, x을 한 번 곱할 때마다 아래쪽으로 한 칸씩 옮겨가는 것)을 관찰할 수 있다. 2.4절 마지막으로 소개한 '콘웨이의 병사들Conway's soldiers'의 문제에 주어져 있는 가정을 회상해 보자.

⋯	x^5	x^4	x^3	x^2	x^1	x^0	x^1	x^2	x^3	x^4	x^5	⋯
⋯	x^6	x^5	x^4	x^3	x^2	x^1	x^2	x^3	x^4	x^5	x^6	⋯
⋯	x^7	x^6	x^5	x^4	x^3	x^2	x^3	x^4	x^5	x^6	x^7	⋯
⋯	x^8	x^7	x^6	x^5	x^4	x^3	x^4	x^5	x^6	x^7	x^8	⋯
⋯	x^9	x^8	x^7	x^6	x^5	x^4	x^5	x^6	x^7	x^8	x^9	⋯
⋯	x^{10}	x^9	x^8	x^7	x^6	x^5	x^6	x^7	x^8	x^9	x^{10}	⋯
⋯	x^{11}	x^{10}	x^9	x^8	x^7	x^6	x^7	x^8	x^9	x^{10}	x^{11}	⋯
⋯	x^{12}	x^{11}	x^{10}	x^9	x^8	x^7	x^8	x^9	x^{10}	x^{11}	x^{12}	⋯
⋰	⋮	⋮	⋮	⋮	⋮	⋮	⋮	⋮	⋮	⋮	⋮	⋱

그림 A3 점수 할당

가정 아래 그림과 같이 오직 가로나 세로 방향에 있는(대각선은 안 된다) 색칠한 타일을 건너뛰어 두 칸 떨어져 있는 빈칸으로 갈 수 있는 경우에만 색칠한 타일 하나를 움직일 수 있다. 그리고 이렇게 색칠한 타일을 하나 움직이면 그 위로 뛰어넘었던 색칠한 타일을 함께 제거해야 한다.

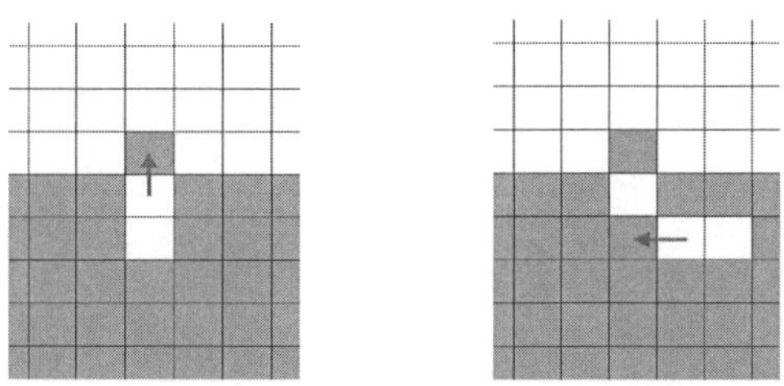

(a) (b)

앞의 그림 A3에서 한 병사가 다른 한 병사를 뛰어넘어 빈칸으로 점프를 하는 경우는 다음처럼 세 가지로 구분할 수 있다.

1. 긍정적인 점프positive jump: 색칠한 하나의 네모가 다른 네모를 뛰어넘어 대상 네모(x^0)로 접근하여 다가가는 점프. 네모의 점수score를 x^n 이라 하면 긍정적인 점프 후의 점수의 변화는 다음과 같다.

$$x^{n-2} - x^{n-1} - x^n = x^{n-2}(1 - x - x^2)$$

2. 중립적인 점프neutral jump: 색칠한 네모가 다른 네모를 넘어 빈칸으로 점프를 했으나 대상 네모와 같은 거리에 있는 경우를 말한다. 덧붙이면, 대상 네모 x^0가 있는 열column을 가운데 두고 점프를 하는 것, 예를 들면, 하나의 네모x^n가 다른 네모x^{n-1}를 뛰어넘어 빈 네모x^n로 점프하는 경우이다. 이러한 중립적인 점프의 경우 점수의 변화는 다음과 같다.

$$x^n - x^{n-1} - x^n = -x^{n-1}$$

3. 부정적인 점프negative jump: 점프를 한 후 대상 네모로부터 점점 더 멀어지는 경우로, 이 경우 점수의 변화는 다음과 같다.

$$x^{n+2} - x^{n+1} - x^n = x^n(x^2 - x - 1)$$

앞 그림 A3에서 x의 값을 무엇으로 선택할까? 앞 세 가지 점프(1~3) 후, 전체 점수total score는 증가해서는 안 된다. 그러기 위해서는

$$1 - x - x^2 \leq 0,\ -x \leq 0,\ x^2 - x - 1 \leq 0$$

을 동시에 만족 하는 x값을 선택해야 한다. 위의 세 조건을 만족하는 값은 $\frac{\sqrt{5}-1}{2} \leq x \leq \frac{\sqrt{5}+1}{2}$ 이다. 우리의 증명은 전체점수가 너무 작아서 대상 네모에 도달할 수 없도록 설정해야 하므로 x의 값은 작을수록 좋다. 그래서 우리는 가장 작은 값

$$x = \frac{\sqrt{5}-1}{2} = \varphi \approx 0.680339887\cdots$$

을 선택한다. 황금비 φ는 이차방정식 $x^2+x-1=0$의 (양의) 근이므로 $\varphi^2=1-\varphi$을 만족하고, 이 식으로부터 다음을 관찰할 수 있다.

$$\begin{aligned}\varphi^2 &= \varphi-1\\ \varphi^3 &= \varphi^2-\varphi\\ \varphi^4 &= \varphi^3-\varphi^2\\ \vdots &= \vdots\\ \therefore \sum_{n=2}^{\infty}\varphi^n &= 1\end{aligned}$$

기하급수의 성질을 적용하면 $\sum_{n=0}^{\infty}\varphi^n=1/(1-\varphi)$이고 $\varphi^2=1-\varphi$이므로 위의 식을 다음처럼 유도할 수 있다.

$$\sum_{n=2}^{\infty}\varphi^n=\frac{1}{1-\varphi}-1-\varphi=\frac{\varphi^2}{1-\varphi}=1$$

이제 '콘웨이의 병사들'의 결론을 유도해보자. 먼저 다음 그림처럼 대상 네모target square(x^0)가 가로 출발선(적색 선)으로부터 바로 위 1칸 떨어져 있다고 가정하자.

						x^0						
⋯	x^6	x^5	x^4	x^3	x^2	x^1	x^2	x^3	x^4	x^5	x^6	⋯
⋯	x^7	x^6	x^5	x^4	x^3	x^2	x^3	x^4	x^5	x^6	x^7	⋯
⋯	x^8	x^7	x^6	x^5	x^4	x^3	x^4	x^5	x^6	x^7	x^8	⋯
⋯	x^9	x^8	x^7	x^6	x^5	x^4	x^5	x^6	x^7	x^8	x^9	⋯
⋯	x^{10}	x^9	x^8	x^7	x^6	x^5	x^6	x^7	x^8	x^9	x^{10}	⋯
⋯	x^{11}	x^{10}	x^9	x^8	x^7	x^6	x^7	x^8	x^9	x^{10}	x^{11}	⋯
⋯	x^{12}	x^{11}	x^{10}	x^9	x^8	x^7	x^8	x^9	x^{10}	x^{11}	x^{12}	⋯
⋰	⋮	⋮	⋮	⋮	⋮	⋮	⋮	⋮	⋮	⋮	⋮	⋱

굵은 선(적색 선)으로 표시해 둔 가로 출발선으로부터 아래 첫 번째 행에 있는 최대가능 초기점수(모든 칸에 색칠한 타일이 들어가 있을 경우이다) L_1은

$$L_1=\varphi+2\varphi^2+2\varphi^3+2\varphi^4+\cdots=\varphi+2(\varphi^2+\varphi^3+\varphi^4+\cdots)=\varphi+2$$

이다. 두 번째 행의 점수 L_2는 첫 번째 행의 점수 L_1에 φ을 곱한 값이 되어 $L_2 = \varphi L_1$이고, 같은 방법으로 $L_3 = \varphi L_2 = \varphi^2 L_1$가 된다. 이렇게 계속해서 반복해가면 굵은 선(적색 선)으로 표시해 둔 가로 출발선 아래에 있는 전체점수 S_1는

$$S_1 = \sum_{n=1}^{\infty} L_n = L_1(1+\varphi+\varphi^2+\cdots) = (\varphi+2)^2 = 5+3\varphi$$

이다. 이제 도달점이 굵은 선(적색 선)으로 그어놓은 가로 출발선으로부터 위로 2칸 떨어져 있다면 S_1을 위쪽으로 한 칸 옮기는 것으로 생각할 수 있기에 이 경우의 전체점수 $S_2 = \varphi S_1 = \varphi(5+3\varphi) = 3+2\varphi$가 된다. 같은 방법으로 계속해가면

$$S_3 = \varphi S_2 = \varphi(3+2\varphi) = 2+\varphi$$
$$S_4 = \varphi S_3 = \varphi(2+\varphi) = 1+\varphi$$
$$S_5 = \varphi S_4 = \varphi(1+\varphi) = 1$$

을 얻는다. 마지막 식의 의미는 대상 네모가 적색 선으로 그어놓은 가로 출발선으로부터 위로 5칸 떨어져 있을 때, 색칠한 타일의 최대가능 전체점수는 1이다. 그런데 색칠한 유한개의 타일의 개수로는 전체점수(Σ)가 1보다는 작게 될 것이다(Σ<1). 그러나 어떠한 점프를 하더라도 전체점수를 증가시킬 수가 없다는 전제하에서 병사들의 전체점수는 적어도 1이 되어야 한다(왜냐하면, $x^0 = 1$이고 남아 있는 병사들의 점수도 있기 때문이다. ∴ $\Sigma \geqq 1$). 이 두 사실은 서로 모순을 낳는다. 이러한 모순은 유한개의 색칠한 타일로는 굵은 선(적색 선)으로 그어놓은 가로 출발선으로부터 위로 5칸 떨어진 곳으로는 색칠한 타일을 옮겨갈 수가 없다는 것을 증명한다. □

2.6.1. 먼저 sin 666° = sin(4π-54°) = −sin 54°=−sin(90°−36°) = −cos 36° = cos(π+36°) = cos 216°이고, 문제 1.7.6의 풀이에서 $\varphi^2 + \varphi - 1 = 0 \Leftrightarrow \varphi(\varphi+1) = 1 \Leftrightarrow 1+\varphi = \varphi^{-1} = \phi$ 임을 주목하여라. 이제 다음 그림에서 △ACD와 △CDI는 두 대응변의 길이의 비가 같고(이등변삼각형) 그 끼인각 38°로 똑같으므로 △

ACD∽△CDI이다.

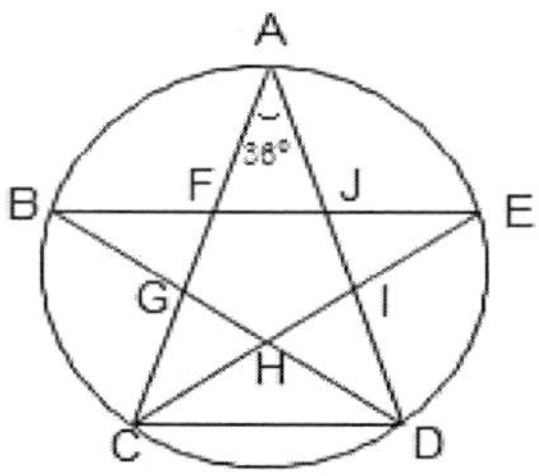

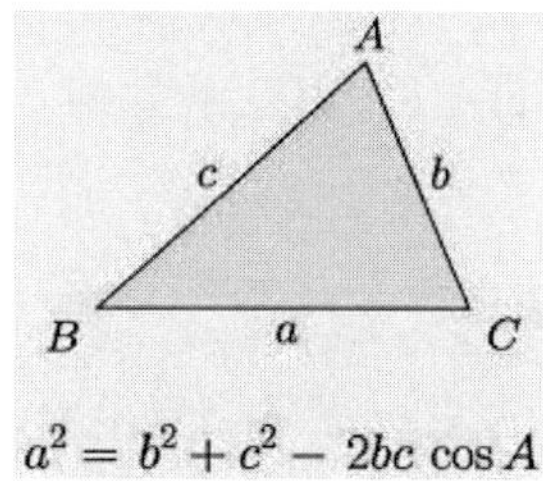

그림 A4 코사인 제2 법칙

그러므로 닮음비 'AD:CD=CD:DI'이다. 한편, AD=CE, CD=CI, DI=EI이므로 'CE:CI = CI:EI'로 표현할 수 있기에 황금분할이다. 즉, 이등변삼각형 ACD에서 '빗변 : 밑변=AC:CD'는 황금비 ϕ을 이룬다. 편의상 AC = AD = 1로 두면 CD = $\varphi = \phi^{-1}$이다. 이제 △ACD에서 코사인 제2 법칙(그림 A4)을 적용하면

$$\varphi^2 = 1+1-2\cos 36° = 2(1-\cos 36°)$$

을 얻고 이것에 황금비의 성질 $\varphi^2=1-\varphi$와 $1+\varphi=\varphi^{-1}=\phi$을 이용하여 간단히 계산하면

$$\cos 36°=1-\varphi^2/2 = (2-\varphi^2)/2=[2-(1-\varphi)]/2=(1+\varphi)/2=\phi/2$$

을 얻는다. 이제 이것으로부터 $\sin 666° = \cos 216° = -\cos 36° = -\phi/2$를 얻고, $\cos 216°+\sin 666° = -\phi$이고 증명이 끝난다. □

2.6.2. p^i (i=0, 1, 2, ⋯, m)에 대하여 q^j (j=0, 1, 2, ⋯, n)을 곱하여 얻는 약수들의 총개수는 $(m+1)(n+1)$이다.

2.6.3. 증명에 사용될 다음 표기를 약속하자. 양의 정수 a, b, d에 대하여 '$d \mid a$'는 d은 a을 나눈다. 'gcd(a, b)=1'은 a와 b의 최대공약수(greatest common divisor)가 1, 달리 말하면 a와 b는 서로 소이다. '$a \equiv b \pmod{d}$'는 a와 b을 모듈로(modulo) d로 나누었을 때 그 나머지가 같다. 먼저 오일러의 ϕ-함수의 다음 두

성질을 주목하자.

ⓐ p가 소수이면 $\phi(p)=p-1$이고 $\phi(p^{\alpha}) = p^{\alpha}(1-1/p)$이다.

ⓑ a, b가 서로 소일 때 $\phi(ab) = \phi(a)\phi(b)$이다.

증명 ⓐ 분명히 $\phi(p)=p-1$이다. 이제 $\phi(p^{\alpha}) = p^{\alpha}(1-1/p)$임을 보이자. p^{α}보다는 작거나 같은 양의 정수로 p^{α}와 서로 소가 아닌 정수들의 개수는 p의 p^{α}/p개의 배수, 즉 $p, 2p, 3p, \cdots, p^{\alpha-1}p$이다. 따라서 p^{α}보다는 작은 양의 정수로 p^{α}와 서로소인 정수의 개수 $\phi(p^{\alpha})$는 p^{α}중에서 p^{α}와 서로 소가 아닌 양의 정수들의 개수 p^{α}/p을 뺀 것이 되므로 $\phi(p^{\alpha}) = p^{\alpha} - p^{\alpha}/p = p^{\alpha}(1-1/p)$이다. ⓑ의 증명을 위하여 다음처럼 ab개의 수들을 a개의 열(column)과 b개의 행(row)으로 다음처럼 배열해 놓자.

$$\begin{array}{cccccc}
1 & b+1 & 2b+1 & \cdots\cdots & (a-1)b+1 \\
2 & b+2 & 2b+2 & \cdots\cdots & (a-1)b+2 \\
\vdots & \vdots & \vdots & \vdots & \vdots \\
r & b+r & 2b+r & \cdots\cdots & (a-1)b+r \\
\vdots & \vdots & \vdots & \vdots & \vdots \\
b & 2b & 3b & \cdots\cdots & ab
\end{array}$$

1열에서 b보다는 작은 양의 정수로 b와 서로 소인 정수의 개수는 $\phi(b)$이고, $\phi(b)$의 각 행에는 a와 서로 소인 정수가 $\phi(a)$만큼 있음을 보이면 충분하다(그러면 ab보다는 작은 양의 정수로 ab와 서로 소인 정수의 개수 $\phi(ab)$ 는 $\phi(b)$, $\phi(a)$의 곱으로 나타낼 수 있다).

b개의 행 중에서 임의의 한 행 r을 생각하자. 만약 (i) $\gcd(r, b)=d\neq 1$이면, $d \mid b$, $d \mid r$이므로 $d \mid (kb+r)$이다, 여기서 $k=1, 2, \cdots, a-1$이다. 이 경우에는 r행에 있는 모든 수가 b와 서로 소가 아니다. (ii) $\gcd(r, b)=1$이면 r행에 있는 수 $kb+r$ ($k=1, \cdots, a-1$)은 b와 서로 소이다. ($\because d\neq 1$인 d에 대하여 $d \mid b$, $d \mid (kb+r)$라 가정하자. 그러면 곧바로 다음처럼 모순이 발생한다. $d \mid b$, $d \mid (kb+r) \Rightarrow d \mid r \Rightarrow d \mid \gcd(r, b)=1$ — ⊗)

앞 두 번째 경우에 r행에 있는 모든 수 $kb+r$ ($k=0, 1, \cdots, a-1$)을 a로 나누면

그 나머지가 모두 다름을 밝혀보자. (∵ $ib+r \equiv jb+r$ (mod a)라 가정하자. 그러면 다음 관계가 성립한다. $ib+r \equiv jb+r$ (mod a) $\Rightarrow$ $ib \equiv jb$ (mod a). gcd(a, b)=1, $0 \le i$, $j \le a-1$이므로 $i = j$이다). 그러므로 $\phi(b)$개의 행은 b와 서로 소이고, 이들 각 행에 있는 수를 a로 나누면 서로 다른 나머지가 빠짐없이 하나씩 존재하며, 이 행에 있는 a개의 수 중에서 a와 서로 소인 양의 정수의 개수가 $\phi(a)$이다. 그러므로 $\phi(ab)$ 는 $\phi(b)$개의 각행에서 $\phi(a)$만큼씩 있기에 $\phi(ab) = \phi(a)\phi(b)$이다. □

이젠 두 성질 ⓐ, ⓑ로부터 문제 2.6.3을 증명하는 것은 어렵지 않다(이것의 증명은 독자에게 남겨 놓는다). 끝으로 ⓐ의 증명과 유사한 다른 한 방법을 소개한다.

별해 p, q가 서로 다른 소수일 때 $\phi(p^\alpha q^\beta) = \phi(p^\alpha)\phi(q^\beta)$임을 밝혀보자. (∵ $p^\alpha q^\beta$보다는 작거나 같은 양의 정수로 $p^\alpha q^\beta$와 서로 소가 아닌 양의 정수들의 총 계수는, p의 $(q^\beta p^\alpha)/p$개의 배수와 q의 $(p^\alpha q^\beta)/q$개의 배수에서 중복으로 헤아린 pq의 $(p^\alpha q^\beta)/pq$개의 배수)를 뺀 것으로 다음처럼 주어진다.

$$\frac{p^\alpha q^\beta}{p} + \frac{p^\alpha q^\beta}{q} - \frac{p^\alpha q^\beta}{pq}$$

그러므로 $p^\alpha q^\beta$보다는 작은 양의 정수로 $p^\alpha q^\beta$와 서로 소인 양의 정수의 개수 $\phi(p^\alpha q^\beta)$의 값은 위의 식과 ⓐ을 적용하여 간단히 계산하면 다음과 같다.

$$\begin{aligned}\phi(p^\alpha q^\beta) &= p^\alpha q^\beta - \left(\frac{p^\alpha q^\beta}{p} + \frac{p^\alpha q^\beta}{q} - \frac{p^\alpha q^\beta}{pq}\right) \\ &= p^\alpha q^\beta\left(1 - \frac{1}{p} - \frac{1}{q} + \frac{1}{pq}\right) \\ &= p^\alpha q^\beta\left(1 - \frac{1}{p}\right)\left(1 - \frac{1}{q}\right) = \phi(p^\alpha)\phi(q^\beta)\end{aligned}$$ □

2.6.4. 소인수분해를 하면 $666=2\times3^2\times37$이므로 문제 2.6.3에 의하여 $\phi(666) = \phi(2\times3^2\times37)=666(1-1/2)(1-1/3)(1-1/37)=216$이다. 그러나 $216=2^3\times3^3$이기에 $\phi(216)=216(1-1/2)(1-1/3)=72\neq666$이다. 이 의미는 인간이 오일러 마스크를

쓰게 되면 짐승의 모습이 아니고 $72=2\times6^2$이므로 $216=6^3$과 비교해보면 1/3 만큼 왜소한 모습을 띤다.

2.8.3. **힌트** 플라톤 람다의 양측 가지들 사이에 있는 수 $2^{n-k}3^k$ ($n\geq3$, $1\leq k\leq n$-1)이 과잉수가 되려면 $2^{n-k}3^k$의 모든 진약수들의 합 $s(2^{n-k}3^k)>2^{n-k}3^k$이어야 한다(문제 1.7.7). 그러므로

$$\begin{aligned} s(2^{n-k}3^k) &= \left(\sum_{i=0}^{n-k}2^i\right)\left(\sum_{j=0}^{k}3^j\right)-2^{n-k}3^k \\ &= (2^{n-k+1}-1)(3^{k+1}-1)/2-2^{n-k}3^k>2^{n-k}3^k \\ &\Leftrightarrow (2^{n-k+1}-3)(3^k-1)>2 \quad (n\geq3,\ 1\leq k\leq n-1) \end{aligned}$$

이고, 마지막 부등식은 분명히 성립한다(왜?).

3.1.5. 천부경의 구절 "대삼합육생칠팔구大三合六生七八九"에 들어있는 "생칠팔구"를 살펴보자. 설명에 앞서 부연이 필요하다. '천일일/지일이/인일삼'에서 '하늘/땅/사람'의 전체를 표상하는 하나를 차례로 '천일/지일/인일'의 '1'이라고 했다('1'≡'3'). 이것들을 p, q, r라 두고, '천일일/지일일/인일일'의 끝 '1'을 차례로 p_1, q_1, r_1라 두자. 그러면, '천삼/지삼/인삼'의 '3'을 모두 더하면 3+3+3=9이고, '천삼'의 '3'은 삼분법적인 조화성으로, 형상화된 상태(p_1), 형상화되기 이전의 근원 상태($\neg p_1$)와 이 둘이 함께 조화롭게 이어진 상태($\neg p_1\wedge p_1$)이다.

$$\therefore \text{'천일'의 '1'} = p \equiv \text{'3'} = p_1+(\neg p_1)+(\neg p_1\wedge p_1)$$

같은 논리로 '지일'의 '1'=q≡'3'=$q_1+(\neg q_1)+(\neg q_1\wedge q_1)$이고, '인일'의 '1'=$r$≡'3'=$r_1+(\neg r_1)+(\neg r_1\wedge r_1)$이다.

1. '대삼'을 '천삼/지삼'의 '3'이라 하자. 이 경우 '6=3+3'에다 겹으로 '인삼'의 세 성질, r_1, $\neg r_1$, $\neg r_1\wedge r_1$을 차례로 쌓으면 '칠/팔/구'가 생성된다.

2. '천이/지이/인이'에서, '천이'의 '2'는 하늘의 양극성(음/양), 즉 p_1과 $\neg p_1$이다. 마찬가지로 '지이/ 인이'의 '2'도 생각할 수 있다. 그런데 '천이/지이/인이'의 '2'를 표상하는 양극성 사이 또는 중간의 세 가지 $\neg p_1 \wedge p_1$, $\neg q_1 \wedge q_1$, $\neg r_1 \wedge r_1$을 차례로 겹으로 쌓으면 '칠/팔/구'가 생겨난다.

3. "천일일지일이인일삼"에서 '인일삼'의 '3'은 근원('본')의 작용으로 하나로 이어진 삼의 조화('천일'+'지일'+'인일')이다. '천일'의 '1'이 조화의 법칙('1'≡'3')으로, 하늘에도 '천일'(='천일일', 시공간의 관점에서 하나로 이어짐)의 '1' 위에 '지일'의 '1'이 (겹으로) 쌓이면 '칠'이 생성되고, 또 한 번 '인일'의 '1'이 더 쌓이면 '팔'이 생겨나고, 같은 추론으로 땅의 수 '2'에 '인일'의 '1'이 하나 더 쌓이면 마지막 '구'가 생성된다.

이제 천부경 해석의 가장 핵심적인 구절인 "운삼사성환오칠(일)運三四成環五七(一)"의 예를 들어 살펴보자.

예 1. 인간의 몸에는, 에너지氣 현상을 나타내는 일곱 개의 차크라가 있다. 1, 7번 차크라는 각각 회음과 백회에 있고, 나머지 5개는 뇌간과 척추에 있다. 척추의 미추(꼬리뼈), 요추(허리뼈), 흉추(가슴등뼈), 경추(목뼈)에 차례로 2~5번 차크라가 하나씩 있고, 뇌간에 6번 차크라가 있다. 2~6번까지 5개의 차크라의 대칭점은 차례로 단전, 중완(中脘), 단중(膻中), 천돌(天突), 인당(印堂)이다. 사람에게는 차크라 (2-3-4-6)의 대칭점에는 4개의 집('자궁 또는 지궁, 태양궁, 심궁, 천궁')이 있고, 그리고 (1-5-7) 차크라에 '옥문(or 지문), 혼문, 천문'이 있다. 사람은 이처럼 3개의 문을 지나 4개의 궁宮 중 마지막 천궁에 이르려면, 기운이 잘 돌아 성하게 되면('운삼사성'), 5번 차크라의 대칭점에 있는 혼문이 열려 천문으로 올라갈 수 있고, 그때 7곱 개의 차크라 에너지가 큰 고리를 형성한다('환오칠'). 또는 사람의 몸에는 3개의 내단전(상/중/하)과 4개의 외단전(손발의 장심과 용천)이 있다. 3개의 내단전과 4개의 외단전을 잘 돌리면('운삼사'), 5번 차크라의 대칭점인 혼문(아문혈)이 열려, 7곱개의 차크라가 하나의 큰 고리를 만든다('성환오칠일').

다음 인용문처럼 기氣적인 차원에서는 "삼사성환오칠일三四成環五七一"로 끊어 읽으면서 해석하기도 한다.

> 셋과 넷이 어울려 고리를 만들고, 다섯과 일곱이 어울려 일체가 된다. (수직적 차원인 3원(천·지·인, 위·아래·가운데)에 수평적 차원의 사방四方이 생겨 큰 울타리(우주)가 만들어지고, 그 속에서 수기水氣와 화기火氣가 교류하고 순환하여 살아 움직이는 질서를 만든다.)[3]
>
> 셋과 넷이 어울려 고리를 만들고, 다섯이 일곱을 돌아 하나가 된다.(기氣적인 차원에서 보자면, 3개의 내단전과 4개의 외단전이 합쳐져서 하나의 순환고리를 형성하고, 7개의 단전으로 이루어진 이 순환고리에 5행의 기운이 고르게 돌면서 조화로운 일체를 형성한다.)[4]

위 인용에서 언급하는 (음양)오행五行과 관련이 있는 내용을 다음 표처럼 요약해두자.

陰陽 음양	五行 오행	生數 생수	成數 성수	五方 오방	五臟 오장	五色 오색	五味 오미	五感 오감	五常 오상	四季 사계	四神 獸 사신수
陽 양	木 목	3	8	東 동	肝 간	靑 청	酸 산	喜 희	仁 인	春 춘	靑龍 청룡
陽 양	火 화	2	7	南 남	心 심	赤 적	苦 고	樂 락	禮 예	夏 하	朱雀 주작
中 중	土 토	5	10	中 중	脾 비	黃 황	甘 감	慾 욕	信 신		
陰 음	金 금	4	9	西 서	肺 폐	白 백	辛 신	怒 노	義 의	秋 추	白虎 백호
陰 음	水 수	1	6	北 북	腎 신	黑 흑	鹹 함	哀 애	知 지	冬 동	玄武 현무

앞 표의 음영 부분만 살펴보더라도, 4방위의 가운데(중) 있는 생수 '5'의 토기土氣가 생수 '1'의 수기水氣를 만나서 점차 성수 '6'(=5+1)의 수기水氣로 확장되어 위로 올라가고, 반면에 성수 '7'(=5+2)의 화기火氣는 아래로 내려오는 수승화강水昇火降의 흐름 고리를 형성한다('성환오칠일').

3) 이승헌(2011), 53쪽.

4) 이승헌(2015), 256쪽.

예 2. 우리 몸은 크게 3가지로 구분할 수 있다. '머리/몸통/팔다리'이다. 다음 인용처럼 차원적(물질/에너지/영적)으로 구분하기도 한다.

> 우리 몸은 세 가지 차원으로 존재한다. 물질적 차원의 몸인 '육체', 에너지적 차원의 몸인 '에너지체', 영적인 차원의 몸인 '정보체'가 그것이다.[5]

또한, 4개의 장기, 즉 에너지를 채우는 기관인 '코, 입'[6]과 찌꺼기를 비우는 '생식기와 항문'으로 구성되어 있다. 우리의 3가지 몸을 잘 움직여, 4개의 기관(코, 입, 생식기, 항문)이 왕성하면('운삼사성'), 몸속의 장부(6장 6부)[7]가 5+7=12 정경을 따라 기혈이 막히지 않고 잘 돌아가면서 고리를 만든다('환57'). 또는 눈에 보이는 5장臟과 눈에 보이지 않은 에너지적인 1개의 장기인 '심포'가 6부와 결합한 7(=6+1)이 하나의 고리를 만든다('환오칠일').

편의상, 12 정경의 명칭과 흐름도를 설명하는 다음 글을 먼저 인용한다.

> 진기는 숨을 들이쉴 때 독맥을 타고 머리로 흐르고, 숨을 내쉴 때 수삼음경手三陰經[8] 을 타고 가슴으로부터 손가락까지 가게 되며, 숨을 들이쉴 때 수삼양경手三陽經[9]을 타고 진기는 손으로부터 머리로 가게 된다. 숨을 내쉴 때 족삼양경足三陽經[10]을 타고 진기는 머리로부터 발끝까지 가게 되며, 숨을 들이쉴 때 족삼음경足三陰經[11]을 타고 발에서부터 복부로 가게 된다.[12]

---

5) 이승헌, 『타오TAO, 나를 찾아가는 깨달음의 여행』, 한문화, 2017, 112쪽.

6) 코와 입은 3개의 구멍이 하나로 통해 있어, 천지의 기운이 서로 조화롭게 작용하고 있으며, 3가지 감각(입으로 미각과 촉각을 코로 후각)을 느낄 수 있다.

7) 5장은 '폐장, 비장, 심장, 신장, 간장'이고, 5부는 '대장, 위장, 소장, 방광, 담'이다. 그러나 6장 6부라 할 때는, 눈에는 보이지 않는 에너지 차원의 장부臟腑로 '심포'와 '삼초(상초/중초/하초)'를 포함한다.

8) 손바닥으로 흐르는 경락, 수태음폐경手太陰肺經, 수소음심경手少陰心經, 수궐음심포경手厥陰心包經이다.

9) 수양명대장경手陽明大腸經, 수태양소장경手太陽小腸經, 수소양삼초경手少陽三焦經이다.

10) 족양명위경足陽明胃經, 족태양방광경足太陽膀胱經, 족소양담경足少陽膽經이다.

11) 족태음비경足太陰脾經, 족소음신경足少陰腎經, 족궐음간위경足厥陰肝이다.

12) 이승헌, 『운기단법』, 한문화, 2017. 1990(초판), 2015(4판). 131~132쪽.

위의 인용에 따르면 호흡과 함께 에너지가 복부(or 가슴)에서 출발하여 수태음폐경을 따라 손끝으로, 수양명대장경을 따라 머리로 올라가서, 족양명위경을 타고 다리로 내려왔다가 다시 족태음비경을 타고 복부(or 가슴)로 돌아간다. 그러한 과정을 계속 반복하여 그려보면 다음 그림과 같다.

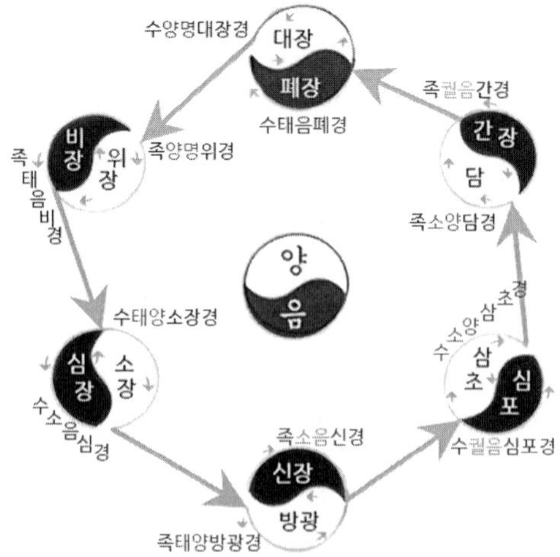

이렇게 3번씩 경락이 신체의 4곳(가슴/손/머리/다리)을 따라 움직이면(운삼사), 어느 한 경락을 기준점으로, 음양의 조화는 '음→양→양→음→음→ … →양→양→음'처럼 12번의 순환 원을 그린다. 더욱, 12정경이 순환하는 앞 그림을 자세히 관찰해보면, 음양이 조화롭게 6쌍으로 되어있다. 어느 한 쌍을 기준으로 하여 나머지 5쌍을 크게 2, 3쌍으로 나눌 수 있고, 2쌍이 기준 쌍의 어느 하나로 연결되면 다섯 경락(6−1=5)이 되고, 3쌍이 기준 쌍의 다른 하나와 연결되면 일곱 경락(6+1=7)이 되어 순환고리를 만든다('성환오칠').

예 3. 미카엘 슈나이더는 모나드 '1'을 '회전하는 바퀴'로 생각하면서 다음 세 그림을 소개했다.[13)] 이 그림들로부터 우리는 수 '1'과 '3', '3'과 '5, 7' 사이의 관계를 엿볼 수 있다.

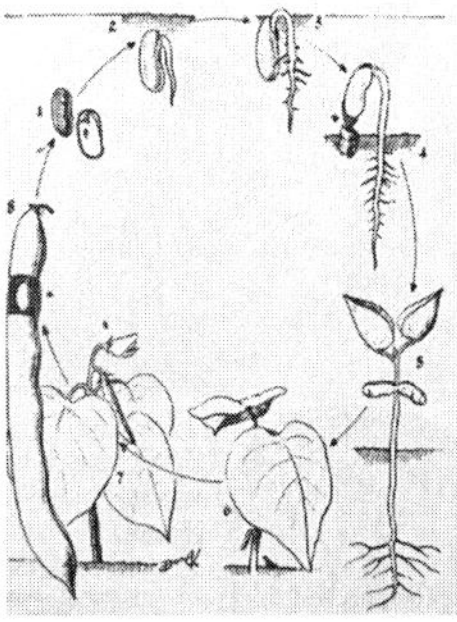

ⓐ 콩의 발달 사이클

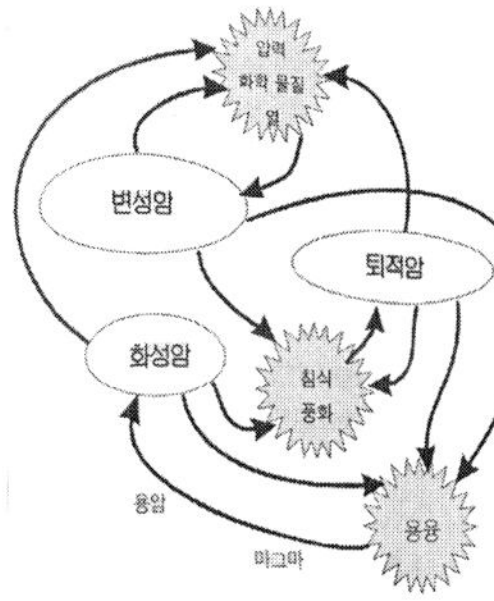

ⓑ 암석의 순환

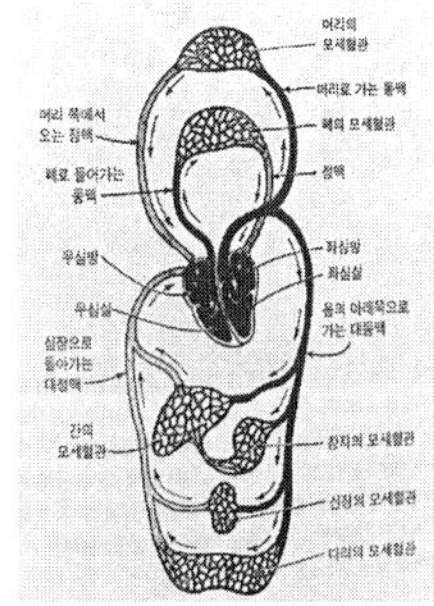

ⓒ 순환계

그림 ⓐ에서 식물(콩)은 '씨앗-꽃-열매'(1–7–8)를 중심으로 5번의 성장(2~6)으로 순환하고 있음을 알 수 있다. ⓑ의 암석의 순환 역시 마그마로부터 3개의 암석(화성암–변성암–퇴적암)을 중심으로 7번의 작용 과정(3개의 암석이 모두 근원(마그마)으로 회귀하는 용융熔融 1, 퇴적암을 형성하는 침식과 풍화작용 2, 변성암을 형성하는 압력, 화학 물질과 열 3, 마그마의 용암 1)이 상호 순환고리를 이루면서 전체의 고리를 형성하고 있다. ⓒ는 사람의 심장을 중심으로 피가 동맥과 정맥의 모세혈관을 따라 순환해가는 과정을 나타낸다. 머리로 순환하는 고리(1), 몸통에는 폐의 순환고리(1), 간과 창자의 순환고리(2), 신장의 순환고리(1)가 있다. 마지막으로 다리와 팔의 모세혈관을 따라 순환하는 고리(2)가 있다(그림에는 팔이 없다). 이처럼 인체의 순환계는 부분에 해당하는 7개(머리 1, 몸통 4, 팔다리 2)의 순환고리[14]가 전체고리를 형성하고 있다.

끝으로 ⓐ~ⓒ의 예를 "운삼사/성환오칠"과 결부하여 해석해보자. '3'부분의 조화(ⓐ의 '씨앗/꽃/열매', ⓑ의 3개의 암석, ⓒ의 '머리/몸통/팔다리')가 4계절을 따라 돌면서(운34) '5' 또는 주기적 재생의 수 ' 7'로 성장하면서 고리를 만들고 있다(성환오칠).

---

13) Michael Schneider (1994), 이충호 옮김(2002). 12~13쪽.

14) "7의 집단은 전체 사건을 나타내는 완전한 한 단위를 나타낸다. 그러나 7의 집단은 지금까지 우리가 살펴본 다른 전체들과는 다르다. 특히, 모나드, 트리아드, 핵사드와는 아주 다르다. 헵타드는 일곱 단계를 통해 시작과 중간과 끝이 있는 완전한 사건을 나타내며, 그 단계들은 계속 반복된다. 7은 완전하지만 계속 진행되는 과정, 즉 내부적 관계들의 주기적인 리듬을 나타낸다. 모든 노력은 일곱 단계를 거쳐 완전에 이른다." (Michael Schneider/1994, 이충호 옮김/2002: 223쪽).

예 4. "대삼합육/생칠팔구"와 "운삼사/성환오칠"을 함께 설명해주는 예를 살펴보자. 천부경의 1에서 9까지의 수를 에니어그램의 아홉 개의 염주처럼 일정한 간격으로 하나의 원(○) 위에 배치할 때 부분의 순환고리들이 어떻게 형성되는지를 살펴보자.

홀수 '1-3-5-7-9'와 짝수 '2-4-6-8'은 오각형(⬠)과 사각형(□)의 고리를 만든다. 그리고 2의 지수로 표기되는 '$2=2^1$, $4=2^2$, $8=2^3$'과 3의 배수로 표기되는 '3=3×1, 6=3×2, 9=3×3'으로 구분할 수 있다.[15] 수 1~9중에서 2의 지수나 3의 배수로 표기되지 않은 나머지 '1-5-7'은 홀수와 연관되는 숫자이다. 특히, 수 7은 흥미롭다.

$$1/7=0.1428571428571\cdots\cdots$$

6개의 수 '142857'를 주기로 갖는 순환소수이다. 앞 4개의 수 '1, 4, 2, 8'을 노드(node)로 하여 연결하는 3개의 모서리는 모두 2의 지수로 표기되는 '4-2-8'과 연결되어있고, 반면에 나머지 4개의 수 ' 8, 5, 7, 1'을 노드로 생성되는 모서리는 '2'의 지수나 '3'의 배수가 아닌 나머지 홀수 '1-5-7'과 연결되어있다. '1'은 부분들의 조화를 표상하는 수 '3'과 동일시('1≡3')된다는 관점에서 하나의 원(○) 속에는 정삼각형(△)의 세 정점에 '3'의 배수 '3-6-9'가 고리를 이루면서 독립적으로 존재한다. 이들의 순환고리들을 모두 하나의 원 속에 그려보면 우측 그림과 같다. 수 '6'의 정점에 연결된 두 개의 도형은 '3'의 배수로 된 3각형(3–6–9)과 짝수로 된 4각형(2–4–6–8)이다. 동시에 이 수 '6'은, '7'의 순환마디('1–4–2–8–5–7')가 구성하고 있는 조화의 음양(4–2–8은 짝수로 음을 나타내고, 5–7–1은 홀수로 양을 나타낸다)을 상징하는 각 세수를 더한 수이다('대삼합육'). 중의적인 수 '6'이 '1'≡'3'이라는 조화의 법칙에 따라 '3'의

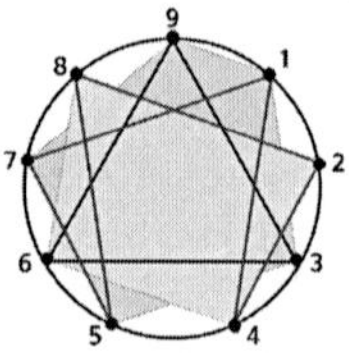

15) 여기서, 지수와 배수로 생성되는 세 수 '1, 2, 3'은 천부경에서 차례로 우주의 전체, 양극성, 부분들의 조화를 표상하는 근원의 수이다.

배수인 '3-6-9'의 조화(이 세수를 하나, 즉 '1'≡'3'으로 본다)와 결합하여 수 7(=6+1)이 생성하고, 이와 같은 방법으로 다시 7은 2의 지수로 된 '2-4-8'과 결합하여 8(=7+1)을 생성하고, 또다시 8이 '1-5-7'(1~9중에서 2의 지수나 3의 배수로 표기되지 않은 나머지 세 수)과 결합하여 9(=8+1)를 생성한다('생칠팔구'). '3-6-9'로 된 삼각형과 '2-4-6-8'로 된 사각형을 운행하여(운삼사), 나머지 홀수 '1-3-5-7-9'의 고리인 오각형(⬠)과 주기적 재생의 수 '7'이 창조한 내부의 한 순환고리(☆)를 만든다('성환오칠').

예 6. 마지막 "운삼사성환오칠일運三四成環五七一"의 예로는 사람의 척추와 관절을 기준으로 살펴보면, 몸통을 중심으로 머리와 양쪽 팔다리에 붙어 있는 3개의 중요한 관절인 목관절, 어깨관절(또는 견관절), 고관절이 잘 돌아가면('운삼'), 에너지 관점에서 척추에 있는 4개(2~5번) 차크라가 활성화되어('4성'), 요추 5마디와 경추 7마디가 하나로 연결되어 흉추('5+7=12') 12마디와 함께 하나의 에너지 고리를 형성한다('환오칠일').

3.1.6. 먼저 인터넷 검색으로 태극기의 제작과정을 살펴보자.

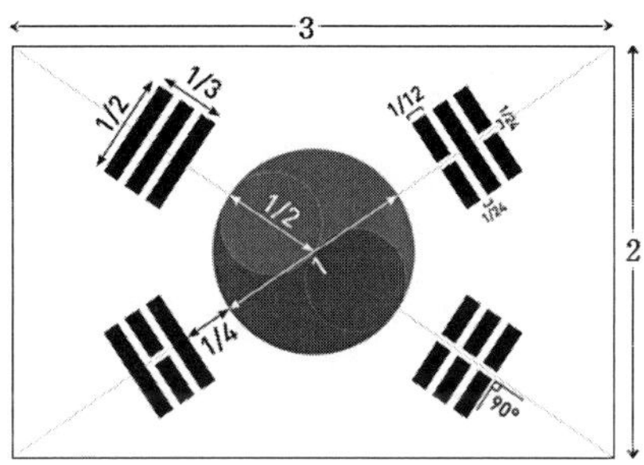

태극기는 '백의白衣'을 상징하는 흰색 바탕의 한가운데 원으로 된 태극 무늬(☯)가 있다. 태극 무늬는 하늘의 태양을 표상하는 붉은 색(양)과 땅의 바다를 표상하는 푸른색(음)으로 대비되어 있다. 그리고 양 대각선에 배열된 네 개의 괘卦로 구성되어 있다.[16] 태극기가 처음 창안되어 사용된 기록은 1882년 5월 이응준의 태극기이다. 이것을 박영효가 수정하여 같은 해 9월에 공식적으로 제정했다. 태극기의 창제 동기를 밝혀주는 다음 글을 인용한다.

> 이응준은 태극기를 어떻게 창안하게 되었는가? 그것은 『주역』의 원리를 바탕으로 하여 제작한 것이다. 중국 도서역圖書易의 선천도先天圖 계통의 그림에 바탕을 두고 제작된 것이다. 소강절의 '복희팔괘방위도'가 명대에 이르러 '고태극도'로 발전되었고, 이것이 조선말에 변형되어 태극기가 되었다. '복희팔괘방위도'는 '복희팔괘차서도'에서 배열된 팔괘를 『주역』「설괘전」의 '천지정위天地定位'의 한 문장을 근거로 하여 여덟 방위에 배열시킨 그림이다. 명대 초에 이르러 이 그림에 배열된 팔괘의 음효와 양효의 수에 의거해 그 가운데 음양을 그린 그림이 유행하였는데, 이것이 곧 '고태극도'이다. 태극기는 '고태극도'에서 나왔다.[17]

앞의 태극기 그림을 살펴보면, 한가운데 태극을 상징하는 원의 지름을 1로 잡으면, 태극기가 땅에 꽂혀있는 깃대에 매달리게 되는 테두리의 작은 변(그림의 직사각형의 세로)은 2이고 긴 변(가로)은 3의 비가 되게 그린다. 천부경의 '천11/지12/인13'에 들어 있는 수의 합은 '2/3/4'이고 곱은 '1/2/3'이다. 곱의 수 '1/2/3'은 천부경의 '천/지/인'의 근원 수이다. 태극기의 한가운데 태극 무늬는 하늘의 태양을 표상하는 붉은 색(양)과 땅의 바다를 표상하는 푸른색(음)으로 대비되어 있다. 그리고, '천/지/인'의 기본수인 '1/2/3'이 태극 원의 지름(=1)과 테두리의 세로(=2)와 가로(=3)의 비로 구성되어 있고, 합의 수 '2/3/4'의 역수 '½, ⅓, ¼'은 삼획괘三劃掛 또는 삼효괘三爻卦의 가로(=½)와 세로(=⅓), 그리고 괘와 태극 원 사이의 거리(=¼)이다. 합의 수 '2/3/4'의 합과 곱으로부터 수 '5~9', '12',

16) '괘'라는 말의 해석 중에는 자연현상을 '걸어 놓고(卦)' 본다는 뜻이 있다. 태극기의 대각선상에 놓여 있는 4괘는 하늘天의 현상인 건괘(乾卦 ☰)에서 시계의 반대 방향(양의 방향)으로 '불火/땅地/물水'의 현상을 나타내는 '리괘(離卦, ☲)/곤괘(坤卦 ☷)/감괘(坎卦 ☵)'로 구성되어 있다. 태호 복희씨의 팔괘는 이외에도 '우레雷/바람風/산山/연못澤'의 네 가지 자연현상을 나타내는 '진(震 ☳)/손(巽 ☴)/간(艮 ☶)/태(兌 ☱)'괘가 더 있다. 두 세포의 분열처럼, 무극(○) → 태극(☯)의 양(⚊)과 음(⚋) 위에 다시 양효(⚊)와 음효(⚋)가 각각 쌓여 사상四象인 태양(⚌), 소음(⚍), 소양(⚎), 소음(⚏)이 형성되고, 이 사상에 또다시 양효(⚊)와 음효(⚋)가 겹으로 쌓여 팔괘(건☰, 태☱, 리☲, 진☳, 손☴, 감☵, 간☶, 곤☷)가 차례로 얻어진다.

17) 박문현, "주역 특강 자료" 제 1강 (1. 태극기와 주역), 2쪽.

'24'를 쉽게 얻을 수 있다. ④의 표에서 알 수 있듯이, 이 수들은 천부경의 구절 "대삼합육생칠팔구"과 "운삼사성환오칠"에 내재된 수들이다. 더욱, '칠팔구'의 합은 '24'이고 '삼사'의 곱과 '오칠'의 합이 '12'이다. 이 두 수 '12'와 '24'의 역수는 각각 대각선상에 있는 괘를 구성하는 '양효(−)/음효(--)'의 효爻의 폭의 비(=1/12)와, 음효(--) 사이의 공백과 두 효 사이의 공백의 비(=1/24)이다.

3.2.2. **힌트** (i) $k>1$, $C=[-k,1](\subset\mathbb{R})$라 하자. 이제 함수 $f:C\to C$을 모든 $x\in C$에 대하여 다음 그림처럼 정의하면 f는 대합이다.

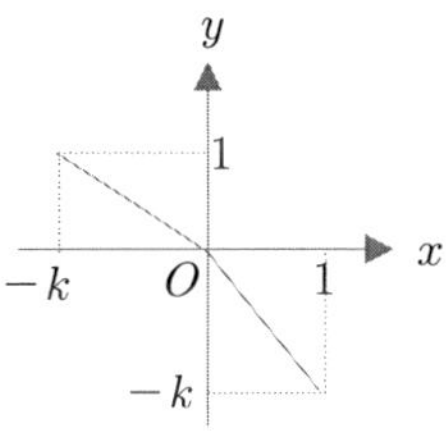

$$f(x)=\begin{cases}-ks, & 0\le x\le 1\\ -\dfrac{1}{k}x, & -k\le x\le 0\end{cases}$$

(ii) $C=\mathbb{R}^2$이라 하자. 각 $(x,y)\in C$에 대하여 $f(x,y)=(y,x)$로 정의하면 f은 대합이다.

(iii) 이외에 수학에서 대합으로 간주하는 것은 군群의 역원 $a\mapsto a^{-1}$, $n\times n$행렬들로 이루어진 환環에서, $n\times n$행렬 M의 행과 열의 위치를 서로 맞바꾼 전치행렬 M^t로 대응하는 사상 $M\mapsto M^t$, 복소수 z의 켤레conjugate인 $\bar{z}$로 대응하는 함수 $z\mapsto\bar{z}$ 등이 있다.

3.3.1. '마하반야바라밀다심경摩訶般若波羅密多心經'을 줄여서 간단히 '반야심경般若心經'이라고 말한다. 반야심경의 전문을 적어보면 다음과 같다.

觀自在菩薩 行深般若波羅蜜多時 照見五蘊皆空 度一切苦厄 舍利子 色不異空
관자재보살 행심반야바라밀다시 조견오온개공 도일체고액 사리자 색불이공

空不異色 色卽是空 空卽是色 受想行識 亦復如是 舍利子 是諸法空相 不生不滅
공불이색 색즉시공 공즉시색 수상행식 역부여시 사리자 시제법공상 불생불멸

不垢不淨 不增不減 是故 空中無色 無受想行識 無眼耳鼻舌身意 無色聲香味觸法
불구부정 부증불감 시고 공중무색 무수상행식 무안이비설신의 무색성향미촉법

無眼界 乃至 無意識界 無無明 亦無無明盡 乃至 無老死 亦無老死盡 無苦集滅道
무안계 내지 무의식계 무무명 역무무명진 내지 무노사 역무노사진 무고집멸도

無智亦無得 以無所得故 菩提薩埵 依般若波羅蜜多 故心無罣碍 無罣碍故 無有恐怖
무지역무득 이무소득고 보리살타 의반야바라밀다 고심무가애 무가애고 무유공포

遠離顚倒夢想 究竟涅槃 三世諸佛 依般若波羅蜜多 故得阿耨多羅三藐三菩提 故知
원리전도몽상 구경열반 삼세제불 의반야바라밀다 고득아뇩다라삼먁삼보리 고지

般若波羅蜜多 是大神呪 是大明呪 是無上呪 是無等等呪 能除一切苦 眞實不虛
반야바라밀다 시대신주 시대명주 시무상주 시무등등주 능제일체고 진실불허

故說 般若波羅蜜多呪 卽說呪曰『揭諦揭諦 波羅揭諦 波羅僧揭諦 菩提 娑婆訶』
고설 반야바라밀다주 즉설주왈『아제아제 바라아제 바라승아제 모지 사바하』(3번)

반야심경에는 5온蘊[18], 18계界인 12처處[19]와 6식계識界[20]가 모두 '무無'라고 설파한다. 자주 반복되는 글자들의 빈도수를 한번 관찰해보고 그 의미를 서로 토론하여보아라. 예를 들면, 반야심경에 들어 있는 '무無'의 빈도수는 21번이다. 이 수는 8번째 피보나치 수[21]이며 6번째 삼각수[22]이다.

---

18) 색色(육체), 수受(감각), 상想(생각), 행行(마음의 작용), 식識(의식)을 말한다.

19) 6근根과 6경境을 말한다. 6근은 눈眼, 귀耳, 코鼻, 혀舌, 몸身, 뇌意이고 6경은 빛깔色, 소리聲, 향기香, 맛味, 부딪침觸, 법法이다.

20) 안계眼界, 이계耳界, 비계鼻界, 설계舌界, 신계身界, 의식계意識界를 뜻한다.

21) '1, 1'의 2개의 항을 기준으로 하여 이웃하는 두 항을 더하여 생긴 수를 말한다. 즉, 피보나치 수는 1, 1, 2, 3, 5, 8, 13, 21, 34, 55, 89, 144, …이다. 잘 알려진 피보나치 수의 성질은 이웃하는 두 항의 비들이 황금비 $(1+\sqrt{5})/2 \fallingdotseq 1.680339887\cdots$로 수렴한다는 것이다.

22) n번째 삼각수는 $1+2+\cdots+n=n(n+1)/2$이다. $1+2+3+4+5+6=21$.

참고문헌 및 논문

곽진호· 이재운, 『조합적 곡면위상론』, 제 3판, 경문사, 2007.

권지예 외, 『이상문학상 수상 작품집 26』, ㈜문학사상사, 2002.

김승희 편, 『이상』, 韓國現代詩人硏究 6, 문학세계사, 초판 1982.

김은수 역주, 『주해 환단고기(註解 桓檀古記)』, 가나출판사, 1985.

김주현, 『이상 소설 연구』

김주현 주해, 『정본 이상문학전집』(1_시, 2_소설, 3_수필·기타), 소명출판, 2009.

_____, 『실험과 해체』

김원일, 『피카소』, 이룸, 2004.

김태화, 『해석학 입문』, 교우사, 2001(1판), 2011(3판).

_____, 『이상의 줌과 이미지』, 교우사, 2002

_____, 『수학논리, 그 무한한 힘』, 경문사, 2007(1판), 2009(2판).

_____, 『문학과 수학 I, II』, 부경대학교 출판부, 2018.

박봉구 외 5 공저, 『재미있는 수학의 세계』, 교우사, 1999.

박경미, 『수학콘서트』, 동아시아, 2006.

박현수, 『이상 문학 연구의 새로운 기원－신범순, 이상의 무한정원 삼차각나비』, 이상리뷰 6호, 이상문학회, 2007, 307~317쪽.

박형빈, 『수학은 생활이다』, 경문사, 1998(1판), 2001(2판).

신범순, 『이상의 무한정원 삼차각나비』, 현암사, 2007.

신현용·신혜선·나준영·신기철, 『수학 IN 음악』, 교우사, 2014.

이규봉 외2, 『수학의 산책』, 경문사, 2003.

이만근·전병기 엮음, 『올댓 피타고라스의 정리』, 경문사, 2007.

이승헌, 『단학』 한문화, 1992(초판), 2011(개정3판).

이승헌, 『운기단법』, 한문화, 2017. 1990(초판), 2015(4판).

이승헌, 『힐링소사어티를 위한 12가지 통찰』, 한문화, 2001(1쇄). 2015(24쇄).

이승헌, 『타오TAO, 나를 찾아가는 깨달음의 여행』, 한문화, 2017(2쇄).

이승헌, 『오늘부터 수승화강』, 한문화, 2021(1쇄).

이승훈 편, 『李箱문학전집 1-시』

이종우 편저, 『유한과 무한으로의 여행』, 경문사, 2000.

이지영, 『꼭 알아야 하는 실용음악 이론』, 기초/메이저 편, 가득뮤직, 2015.

임종국 편, 『李箱全集』, 태성사, 1956.

현각, 『만행·하바드에서 화계사까지』 , 열린원, 1999.

Bell, Eric Temple, *The Queen of Science*, 1931. 이무현 옮김, 『과학의 여왕, 수학』, 경문사, 1997.

Boyer, Carl B. & Uta C. Merzbach, *A History of mathematics*, 1968, 1989, 1991, John Wiley & Sons, Inc., 양영오·조윤동 옮김, 『수학의 역사(상/하)』, 경문사, 2000: 993.

Chang, Ted, *Strories of your life and others*, Virginia Kidd Agency, Inc., 2002. 김상훈 옮김, 『당신 인생의 이야기』, 행복한책읽기 작가선집 01, 2004.

Devaney, Robert L., *Chaos, Fractal, and Dynamics — Computer experiments in Mathematics*, Addison-Wesley, 1990.

Devlin, Keith, *Mathematics: The science of patterns; the search for order in Life, Mind and the Universe*, Scientific American Library, 1994. 허민·오혜영 옮김, 『수학: 양식의 과학』, 경문사, 1996.

Gibran, Kahlil, *THE PROPHET*, Alfred A. Knoff, New York, 1923. Online free eBook 2019: p.15-19.

Gray, John, *Men Are From Mars, Wemen Are from Venus*, HarpenCollins, 1992. 김경숙 옮김, 『화성에서 온 남자 금성에서 온 여자』, 동녘라이프, 2006.

Greene, Graham, *The End of the Affair*, Daily Mail Book of the Month, Heinemann, 1951. 황찬호 옮김, 『事件의 核心·사랑의 終末』, 삼성판 세계문학전집 43, 삼성출판사, 1976.

Guillen, Michael, *Bridge to infinity*, Sobel Weber Associations, Inc., 1983. 박영훈 옮김, 『인간적인 너무나 인간적인 수학』, 10101, 2000.

Guillen, Michael, *Five Equations that Changed the World,* 1995. 서윤호·허민 옮김, 『세

상을 바꾼 다섯 개의 방정식』, 1997.

Haddon, Mark, *The curious incident of the dog in the night-time*, Gillon Aitken Associates, 2003. 유은영 옮김, 「한밤중에 개에게 일어난 의문의 사건」, 문학수첩리틀북스, 2004.

Hardy, G. H., *A Mathematicain's Apology*, University of Alberta Mathema tical Sciences Society, 1940. Available on the World Wide Web at http://www.math.ualberta.ca/mss/.

Heiberg, J. L., *Euclid's Elements of Geometry*, 2008. Translated by Richard Fitzpatrick, 2008.

Hesse, Herman, *Demian*, 1919. 조혜정 옮김, 『데미안』, 반석, 2012.

Hofstadter, Douglas R., *Gödel, Escher, Bach: An Eternal Golden Braid*, Basic Books, United States, 1979. 박여성 옮김, 『괴델, 에셔, 바흐 - 영원한 황금노끈』 상/하, 까치, 1999.

Kanigel, Robert, *The man who knew infinity*, 1991. 김인수 옮김, 『수학이 나를 불렀다』, ㈜사이언스북스, 2000.

Kasner, E. & J. R. Newman, *Mathematics and the imagination*, Simon & Schuster, 1940.

King, John, *The modern numerology*, 1996. 김량국 옮김, 『수와 신비주의』, 열린책들, 2001.

Loomis, Elisha S. *The Phythagorean proposition*, 1928(1st ed.)

Maor, Eli, *TO INFINITY AND BEYOND · A cultural history of the infinite*, Birkhäuser Boston, 1987. 전대호 옮김, 『무한 그리고 그 너머 · 무한의 문화사』, ㈜사이언스북스, 1997.

Mankiewicz, Richard, *The story of mathematics*, Cassell & Co., 2001. 이상원 옮김, 『문명과 수학』, 경문사, 2002.

Mitchell, Stephen Ed., *Dropping Ashes on the Buddha*: The Teachings of Zen Master Seung Sahn, Grove Press, New York, 1976. 최윤정 옮김, 『부처님께 재를 털면 - 숭산스님의 가르침』, 여시아문, 1999.

Plato, *The Republic.* 이병길 옮김, 『국가론』, 박영사, 1975(초판), 1996 (2판), 2007(중판).

Plato, *The Republic,* 60 B.C. Translated by Benjamin Jowett, Grolier, 1871.

Plato, *Timaeous*, Translated by Benjamin Jowett.

Plato, *Plato's five dialogues-Theaitetos/Philebos/Timaios/Kritias/Parme nides*, 천병희 옮김, 『플라톤의 다섯 대화편-테아이테토스/필레보스/티마이오스/크리티아스/

파르메니데스』, 도서출판 숲, 2016.

Reid, Constance, *From zero to infinity*, Mathematical Association of America, 1992. 허민 옮김, 『영부터 무한대까지』, 경문사, 1997.

Russell, Bertrand, Mysticism and Logic and Other Essays, George Allene & Unwin LTD, London, 1917. IV. The Study of Mathematics(58-73): pp. 61. https://en.wiki source.org/ wiki/Mysticism_and_Logic and Other Essays.

Ruthstein, Edward, *Emblem Of Mind—The Inner Life of Music and Mathematics,* Times Books/University of Chicago Pree, 1995. 장석훈 옮김, 『수학과 음악』, 경문수학 산책 22, 경문사, 2002.

Saussure, Fredinand de, *Cours de linguistique générale*, 1916. 최승언 옮김, 『일반언어학 강의』, 민음사, 1997.

Schneider, Michael, *A beginner's guide to constructing the universe—The mathematical archetypes of Nature, Art and Science*, 1994. 이충호 옮김, 『자연, 예술, 과학의 수학적 원형』, 경문사, 2002.

Stewart, Ian, *What Shape is a Snowflake?—Magical numbers in Nature*, W. H. Freeman & Company, 2001. 전대호 옮김, 『눈송이는 어떤 모양일까?—자연 속에 있는 마법의 수』, 한승펴냄, 2005.

Thích, Nhất Hạnh, *Being Peace*, Parallax Press, Berkeley, Califonia, U.S.A., 1988. 류시화 옮김, 『틱낫한의 평화로움』, 열림원, 2002.

Wells, David, *The penguin dictionary of curious and interesting numbers*, Penguin Books, Ltd.., 1987(2판), 1997(신판).

Wells, David, *Books of curious and interesting puzzles*, Penguin Books, Ltd.,, 1992, 2006(신판).

Wells, David, *Prime numbers-The most mysterious figures in math*, John Wiley & Sons, Inc., 2005. 심재관 옮김, 『소수, 수학 최대의 미스터리』, 한승, 2007.

Werber, Bernard: *L'Abre des possibles*, 2002. 이세욱 옮김, 『나무』, ㈜열린책들, 2003.

Wertheim, Margaret, *Pythagoras' trouser: God, physicsm and the gender wars*, Five Continents Music, Inc., 1995. 최애리 옮김, 『피타고라스의 바지 여성의 시각에서 본 과학의 서회사』, 사이언스북스, 1997.

Yoko, Okawa, *博士の愛した數*, 2003. 김난주 옮김, 『박사가 사랑한 수식』, ㈜이레, 2004, 현대문학, 2014.

찾아보기

(ㅅ)

(ㅇ)

(ㅎ)

(영문)

(숫자 외)

문학과 수학과 ETC

초판발행 2022년 2월 22일

지은이 김태화
펴낸이 오판근
펴낸곳 (주) 교우
주 소 서울시 동대문구 약령시로 8 교우빌딩 2층 (주)교우
전 화 02-925-2861 / **팩 스** 02-925-2860, **편집부** 02-925-2825
홈페이지&북스토어 www.kyowoo.co.kr / 이메일 kyowoo@kyowoo.co.kr

등 록 1994년 3월 24일 제1994-000013호
ISBN 979-11-251-0352-3 (93410)

Published by Kyowoo Co., Ltd. Printed in Korea

(주) 교우는 보다 혁신적이고 참신한 도서를 다양하게 기획하고 있습니다.
책으로 펴내고자 하는 아이디어나 원고는 메일로 보내주세요.
(주) 교우는 전과정을 책임지고 최선을 다하겠습니다.

값 23,000원

교우미디어는 (주) 교우의 Imprint 사입니다.
수학정원·과학정원은 (주) 교우의 새로운 브랜드명입니다.

잘못된 책은 구입하신 서점에서 교환해 드립니다.